矿物显微图像自动分析与应用

肖仪武　方明山　田明君　著

查看彩图

U0342277

北　京

冶　金　工　业　出　版　社

2023

内 容 提 要

本书系统地介绍了基于显微镜的矿物自动分析技术发展概况、矿物显微图像成像原理、数字图像处理技术、关键矿物特征参数测定统计方法,并分别列举了基于光学显微镜的矿物自动分析系统、基于扫描电子显微镜的矿物自动分析系统和X射线显微镜在金属矿矿石及选矿产品工艺矿物学研究的应用实例。

本书可作为工艺矿物学及相关专业技术人员的培训教材,也可供机关矿山企业工程技术人员和工艺矿物学、矿物加工及地质勘查专业的高等院校师生参考。

图书在版编目(CIP)数据

矿物显微图像自动分析与应用/肖仪武,方明山,田明君著.—北京:冶金工业出版社,2023.3
ISBN 978-7-5024-9464-3

Ⅰ.①矿…　Ⅱ.①肖…　②方…　③田…　Ⅲ.①选矿—图像分析—研究　Ⅳ.①TD92

中国国家版本馆 CIP 数据核字(2023)第 060106 号

矿物显微图像自动分析与应用

出版发行	冶金工业出版社	电　话	(010)64027926
地　　址	北京市东城区嵩祝院北巷 39 号	邮　编	100009
网　　址	www.mip1953.com	电子信箱	service@ mip1953.com

责任编辑　王梦梦　美术编辑　吕欣童　版式设计　郑小利
责任校对　郑　娟　责任印制　窦　唯
三河市双峰印刷装订有限公司印刷
2023 年 3 月第 1 版,2023 年 3 月第 1 次印刷
787mm×1092mm 1/16;25 印张;604 千字;386 页
定价 179.00 元

投稿电话　(010)64027932　投稿信箱　tougao@cnmip.com.cn
营销中心电话　(010)64044283
冶金工业出版社天猫旗舰店　yjgycbs.tmall.com
(本书如有印装质量问题,本社营销中心负责退换)

前　　言

矿石的可选程度与矿石的结构、矿物组成及矿物嵌布粒度密切相关。换言之，矿石及矿物的基因特征是决定矿物分选的最本质因素，并将影响碎磨、重选、磁选、浮选等加工特性。通过对大量的矿石及选矿磨选产品的矿物特征参数的测定，并融入现代信息技术与矿物加工技术，可以经过智能决策评价矿石质量、推断矿石磨矿和分选的原则流程及预测选矿指标，进而诊断选矿生产因矿石性质的变化造成选矿生产指标不理想的原因，提出优化的建议。

为了最大限度地提高矿产资源开发利用效率，及时了解矿石工艺性质的变化，对矿物特征参数测试的精度和效率提出了更高的要求。但长期以来，工艺矿物学研究人员主要借助利用光学显微镜及扫描电子显微镜人工手动进行矿物鉴定并测定矿物特征参数，其工作效率低，难以及时指导选矿试验和生产。研究人员的主观因素、自身技术水平、工作经验等因素的差异，会造成测定的数据不准确及可重复性差。

随着计算机技术和数字图像硬、软件技术的发展，从20世纪80年代开始，数字图像技术的应用扩展到矿物分析领域。基于显微镜的矿物自动分析技术的相继出现，矿物特征参数测试逐渐从人工走向自动化，极大地推动了选矿工艺矿物研究的发展。本书系统地介绍了基于显微镜的矿物自动分析技术发展概况、矿物显微图像成像原理、数字图像处理技术、关键矿物特征参数测定统计方法，并分别列举了基于光学显微镜的矿物自动分析系统、基于扫描电子显微镜的矿物自动分析系统及X射线显微镜在金属矿矿石及选矿产品工艺矿物学研究的应用实例。本书共12章，第1、2、8、9、11、12章由肖仪武撰写，第3~7章由方明山和田明君撰写，第10章由方明山撰写。本书由肖仪武负责统稿修改。

本书在撰写过程中，得到了矿冶科技集团有限公司矿产资源研究所王臻、黄宏炜、张聿隆、刘娟、冯凯等同事的帮助及Zeiss、Bruker、TESCAN、Thermo

Fisher Scientific、Oxford Instruments 等仪器厂商的大力支持，在此一并表示衷心的感谢！

由于作者水平所限，书中不足之处，敬请读者批评指正。

作　者

2022 年 5 月

目　　录

1 绪 论

矿物是岩石和矿石的基本组成单位。显然，矿石是矿物的集合体。矿物学的发展是伴随着显微技术的发展而发展的，特别是计算机图像技术的问世更为显微技术注入了新的生命力。为了更好了解矿石的微观结构，可以依靠光学、电子系统进行细致观测目标矿物。从最早的光学显微镜，到 20 世纪中后期的电子显微镜及 X 射线显微镜为代表的一系列先进显微观测技术的出现与应用，实现了从微观状态来认识和研究目标矿物的特征。通过显微镜观察矿物的显微图像特征，确定矿石的矿物组成、嵌布关系、粒度组成、磨选产品的矿物解离度及有价矿物在选矿过程中的变化规律等，为选矿工艺流程方案的合理制定、选矿生产流程的优化及矿产资源的开发利用评价提供科学依据。

为了最大限度地提高矿产资源开发利用效率，及时了解矿石工艺性质的变化，亟须提高矿物特征参数测试的精度和效率。但长期以来，工艺矿物学研究主要依靠研究人员借助显微镜进行人工手动测定统计完成，工作效率低，且难以及时指导选矿试验和生产。近年来，随着基于显微镜的矿物自动分析技术的相继出现，矿物特征参数测试逐渐从人工走向自动化，极大地推动了选矿工艺矿物研究的发展。

1.1 显微镜的发明与沿革

1.1.1 光学显微镜

显微镜是人类最伟大的发明之一，是人们探寻和研究微观世界的有力助手，它突破了人类的视觉极限，使之延伸到肉眼无法看清的细微结构。早在公元前，就有人开始使用凸透镜来观察细小的物体，这也可以算是最早的单式显微镜，即只有一个透镜的显微镜。当时的单式显微镜放大倍数最多不过 25 倍，因为要提高放大倍数，透镜的直径必须要很短，而当时的制镜工艺根本达不到。大约 1590 年，荷兰眼镜制造商詹森（Jansen）和他的儿子无意间将两片凸透镜重叠在一起，发现镜片下的小蚂蚁大了许多倍。詹森父子被这奇怪的现象吸引住了，于是他们用薄铁片卷了两个铁筒，让小铁筒在大铁筒里滑动。他们把两个凸透镜分别装在大小铁筒上，利用铁筒的滑动，调整透镜的距离，这样就可以得到较清晰的成像。这个装置就是显微镜的雏形。在此基础上，1595 年，詹森在一根直径为一英寸（2.54cm）、长为一英尺半（45.72cm）的管子两端，分别装上一块凹透镜和一块凸透镜，组合起来制造了第一台原始的复式显微镜。即便如此，詹森时代的复式显微镜仍是被人们当作有趣的玩具。一直到 17 世纪，复式显微镜都没有单式显微镜使用广泛。因为当时的复式显微镜有一个极大的缺点，即当时的透镜制造技术不高，因此制造出的复式显微镜的像差和色差都很大，这使人们大都不喜欢使用复式显微镜。尽管如此，还是有些人制造、使用了一些复式显微镜。比如意大利人伽利略（Galileo）和英国人罗伯特·虎克（Robert Hooke）。1609 年，伽利略制成一台复合显微镜。伽利略的显微镜继承了詹森显微镜的特点，同样是两个可以伸缩的套筒，通过改变套筒的长度来调焦。但伽利略做了一点改进，在套筒外壁上刻上了很多螺纹，通过旋转套筒即可使套筒上下伸缩，完成调焦，这样显微镜使用起来就较为平稳。但伽利略显微镜也有一个缺点，该显微镜只能竖直放在桌面上，它的光源只能是来自物体表面的反射光，而不能采用透射光观察。

1665 年，英国的科学家罗伯特·虎克经过多年研制，制成了一架复式显微镜。虎克可以算是 17 世纪最伟大的科学实验仪器发明家和设计者。这个显微镜由两个部分组成：一个光源系统，一个显微系统。虎克在显微镜中加入粗动和微动调焦机构、照明系统和承载标本片的工作台。这些部件经过不断改进，成为现代光学显微镜的基本组成部分。这个显微镜最初完工的时候，存在着很大的球面像差和色差，这使得成像的质量很糟。虎克为此在光源系统上安装了光阑。很不幸，改造后的显微镜成像十分暗淡，还有光的衍射现象，成像的质量还是很差。尽管如此，虎克还是用这架显微镜观察自然界的奥秘，使显微镜从玩具变成了科学仪器。他开始应用显微镜观察到软木塞等物品的结缔组织，并使用"细孔"和"细胞"来说明，"细胞"一词从此被生物界直接采用。尽管这些细胞早已死去，只留下细胞壁，但这是细胞第一次被人类发现。虎克的这一发现，引起了人们对细胞学的研究。1665 年，他出版了《微物图志》一书。书中描述了显微镜的光学结构和观察到的图画，如矿石、动植物标本、软木塞、昆虫、细胞等，还讨论了云母、肥皂泡、油膜等透明薄膜的彩色干涉图与周期性分布图。虎克的发现对细胞学、光学的发展做出了极大的贡献。

将单式显微镜推向顶峰的是荷兰人列文·虎克（Leeuwen Hooke）。1648 年列文·虎克到阿姆斯特丹一家布店当学徒。其间，他对用于检测亚麻布质量的放大镜产生了兴趣。通过观察眼镜店工匠制作镜片的过程，列文·虎克掌握了高水平的磨制透镜技术，磨制的透镜放大倍数越来越高。1674 年，列文·虎克终于制成了一块直径只有 0.3cm 的小透镜。为了方便使用，列文·虎克将打磨的镜片镶嵌在金属版的小孔中，又在镜面前方安装上一根带尖儿的金属小棒，把要观察的东西放在尖上观察，并且用一个螺旋钮调节焦距，制成了一架显微镜。由于有着磨制高倍镜片的精湛技术，列文·虎克将单式显微镜的制作推向了极致，他磨制的单式显微镜的放大倍数将近 300 倍，超过了当时世界上已有的任何显微镜。列文·虎克利用显微镜观察矿物、植物、动物、微生物、污水和昆虫等。1675 年，他在静止的污水中第一次看到了肉眼看不到的"微小动物"，他也看到了酵母的细胞，并在1676 年首次看到了球状、杆状及螺旋状的细菌。

1846 年德国的卡尔·蔡司（Carl Zeiss）在耶拿市开设一间从事精密机械和光学仪器的生产作坊。1847 年，蔡司制造一种只用单片透镜的简易型显微镜，适合用于解剖工作。这批显微镜第一年卖了大约 23 台。他很快意识到需要有新的创新，开始研发复式显微镜，随后制造了 Stand I（见图 1-1），并于 1857 年推进销售市场。1861 年，蔡司光学显微镜在图林根州工业展览会上获得金牌，被认为是德国最佳的科学仪器。1866 年，蔡司工厂卖出了第 1000 台显微镜。这时，卡尔·蔡司认识到想要在光学显微镜制作上取得更大的突破，必须要从最基础的显微成像研究出发。同年德国的数学家和物理学家阿贝（Abbe）博士加入蔡司显微镜工厂，开展光学产品的基础科学原理研究及设计工作，并在光学显微镜理论上作出了两项重要贡献：（1）几何光学的"正弦条件"，确定了可见光波段上显微镜分辨本领的极限，为迄今光学设计的基本依据之一；（2）波动光学的显微镜二次衍射成像理论，把物面视为复合的衍射光栅，在相干光照明下，由物面二次衍射成像。这些成果奠定了先进的光学系统设计和制造的科学基础。1870 年，阿贝发明了用于光学显微镜照明的阿贝聚光器。阿贝的显微镜成像理论极大地提升了显微镜的质量。1877 年，蔡司公司生产出第一台油浸物镜光学显微镜，具有更高的检测分辨率。然而，一些问题依然存在，在此期间生产的光学玻璃不足以提供由阿贝正弦条件决定的理论分辨率。光学镜头的质量制约了显微镜应用。由于色差存在，限制了物镜的放大倍数。

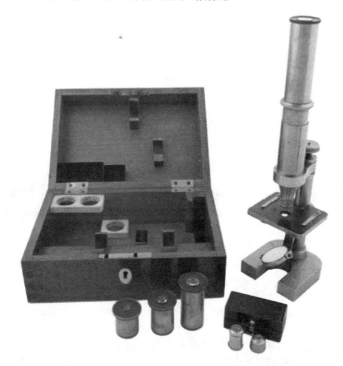

图 1-1　卡尔·蔡司 1857 年的复合式显微镜

1881 年阿贝与德国玻璃化学家奥托·肖特（Otto Schott）合作开展光学级玻璃研究，生产制造质地均匀、尺寸准确、具有良好光学性能的玻璃镜头。阿贝和肖特的重要突破是率先发明了硼硅酸盐玻璃，1886 年他们开发出了复消色差透镜从而消除了色差的影响。阿贝利用阿贝正弦条件这个理论结果配合肖特玻璃厂的新型玻璃为卡尔·蔡司制造出当时最高质量的光学显微镜。面目全新的、采用复消色差物镜的显微镜首次上市，这是光学显微镜发展的里程碑。蔡司公司推出的新型复消色差光学显微镜风靡全球，成为当时最先进的研究仪器之一，也使得矿物学研究领域迎来了新的发展机会。

随着显微镜物镜的发展，光学显微镜的观察视野也在不断地变大，在这个过程中照明方式越来越被重视。在显微成像当中，照明对成像的效果有至关重要的影响。传统的照明方式中聚光镜直接将照明光源的像成在样本平面，样本平面与光源发光面共轭，这导致了不均一、明暗有变化的照明效果。1893 年蔡司公司的科勒（Kohler）提出的照明方案很好地解决了这一问题。科勒照明系统的特点是光源的像通过聚光透镜聚焦在孔径光阑上，然后与孔径光阑的像一起聚焦在成像透镜后焦面的被测试样上。科勒巧妙设计，能使样品获得均匀而又充分明亮的照明，而且又不会产生耀眼的眩光，使成像透镜的分辨率最佳，从而使得阿贝物镜在显微成像方面发挥出更好的潜力，得到照明均匀的图像。科勒照明克服了临界照明的缺点，是研究型光学显微镜理想的照明方法。目前大部分光学显微镜均采用科勒照明方法。2004 年蔡司公司又在传统科勒照明基础上推出了带有反光碗的全系统复消色差照明技术，消除照明色差，增强光的还原性，进而提高分辨率，同时照明均匀而光效高。

　　偏光显微镜问世不久，即成了地质学家手中的锐利武器，导致了千百种矿物岩石的发现，成了岩矿鉴定工作的基本手段，促进了地质科学的发展，甚至到今天，仍然不失其应用价值。传统的光学显微镜只是光学元件和精密机械部件的组合，早期只能靠人眼观察放大了的矿物图像，后来在显微镜中加入了照相装置，通过感光胶卷记录矿物微观图像；现代光学显微镜（见图 1-2）采用摄像装置、CMOS（Complementary Metal-Oxide-Semiconductor）图像传感器及电荷耦合器件 CCD（Charge-Coupled Device）等作为显微镜的微观图像的存储接收器，再配置计算机，便能构成完整的图像采集、信息处理、储存和转发系统。

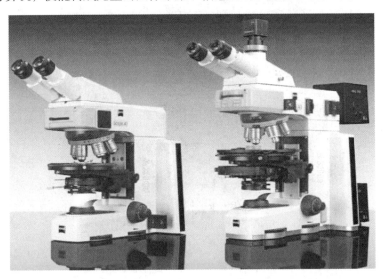

图 1-2　卡尔·蔡司研究级偏光显微镜

1.1.2　扫描电子显微镜

　　受阿贝分辨率极限理论限制，光在通过显微镜时要发生衍射，因此一个点在成像时就会变成一个放大的衍射光斑。如果两个衍射光斑靠得太近，即使分辨率再高，我们也无法分辨。可见光的分辨率极限是 $0.2\mu m$，小于 $0.2\mu m$ 的物质在普通光学显微镜下是无法识别的。提高显微镜分辨率的途径之一是设法减小光的波长，或者用电子束来代替光。19 世纪末，英国物理学家约瑟夫·约翰·汤姆森（J. J. Thomson）阐明了利用电场和磁场可以获得电子的可能性，这大大地推动了阴极射线管和电子显微镜的发展。1912 年，德国理论物理学家劳厄（Laue）证明 X 射线是波长为原子尺度的电磁波，具有衍射现象。1924 年，法国科学家德布罗意（De Broglie）发现，微观粒子本身除具有粒子特性以外还具有波动性。他指出不仅光具有波粒二象性，一切电磁波和微观运动物质（电子、质子等）也都具有波粒二象性。电磁波在空间的传播是一个电场与磁场交替转换向前传递的过程。电子在高速运动时，其波长远比光波要短得多。1927 年，美国科学家戴维森（Davisson）和英国科学家汤姆逊（G. P. Thomson）几乎同时在实验中发现晶体对电子的衍射现象，为德布罗意的假设提供了可靠的实验证明。于是科学家们就自然而然地想到是否可以用电子束来代替光波。用电子束来制造显微镜，关键是找到能使电子束聚焦的透镜。1926 年，德国物理学家布什（Busch）提出了关于电子在磁场中的运动理论，认为具有轴对称性的磁场对电子束来说起着透镜的作用。从理论上设想了可利用磁场作为电子透镜，达到使电子束会聚或发散的目的。有了上述两方面的理论，1931 年德国柏林高等工业学院高压实验室的克诺尔（Knoll）和鲁斯卡（Ruska）用冷阴极放电电子源和三个电子透镜改装了一台高压示波器，其加速电压为 70kV，放大率仅 13 倍。这是后来透射电子显微镜（TEM，Transmission Electron Microscope）的雏形。尽管这样的放大率还微不足道，但它有力地证明了使用电子束和电磁透镜可形成与光学影像相似的电子影像。这个发明用事实证实了用电子显微镜来放大成像是可行的。这为以后电子显微镜的制造奠定了基础。1931~1932 年，鲁斯卡在德国《物理学进展》杂志上发表了以"几何电子光学的进展"为题的论文，第一次使用了电子显微镜的名称。1933 年年底至 1934 年年初，在装有一个聚光镜和用短焦距的板靴式磁透镜代替空心线圈后，获得了放大 12200 倍的铝箔与纤维的像，电子显微镜的分辨率已经达到 50nm。

1937 年，鲁斯卡和鲍里斯（Borries）在西门子公司创建了第一个电子光学实验室，并于 1939 年研制成功第一台商品化的透射电子显微镜，其分辨率优于 10nm，突破了光学显微镜的分辨极限，于是透射电子显微镜开始受到科学界的重视。由于鲁斯卡在电子光学和设计第一台透射电子显微镜方面的开拓性工作而荣获 1986 年诺贝尔物理学奖。到了 20 世纪 40 年代美国的希尔发明了消像散器，解决了由于透射电子显微镜中电磁透镜的不完全旋转对称而造成的束斑不够圆的问题，使电子显微镜分辨率的提高有了新的突破。之后，美国亚利桑那州立大学物理系的考利（Cowley）教授等定量地解释了相位衬度像，即所谓高分辨像，从而建立和完善了高分辨电子显微学的理论和技术。除克诺尔、鲁斯卡以外，同时其他一些实验室和公司也在研制透射电镜。如荷兰的菲利浦（Philip）公司、美国的无线电公司（RCA）、日本的日立（HITACHI）公司等。

透射电子显微镜具有很高的空间分辨率，主要用于观察样品的内部结构，因其景深较小，对样品的表面形貌并不敏感。1929 年德国的雨果·斯蒂青（Hugo Stintzing）提出了利用电子束与样品之间的相互作用来获得样品表面高分辨率图像的构想，这就是用于样品表面形貌观察的扫描电子显微镜（SEM，Scanning Electron Microscopy）的基本原理。1938 年，德国的曼弗雷德·阿登（Manfred Ardenne）在透射电子显微镜中加上扫描线圈使电子束可聚焦成一束细微的探针用来扫描样品。穿过样品的电子被收集起来，在接收屏幕上显示出不同的电子强度，最后创建出高分辨率的接收图像，并试制出第一台扫描透射电子显微镜（STEM，Scanning Transmission Electron Microscope）。1942 年美籍俄罗斯人兹沃里金（Zworykin）等人开始研制利用反射电子束作为探测信号的扫描电子显微镜。他们详细分析了透镜像差、电子枪亮度和束斑尺寸之间的关系，从而探知获得最小束斑尺寸的方法；尝试用场发射冷阴极源代替钨灯丝热发射阴极源，虽然没能解决它的不稳定性，但获得了高放大倍率和高分辨的图像。这些研究成果为现代扫描电子显微镜的诞生作出了重要的贡献。他们着手研制的一台分辨率优于 50nm 的扫描电子显微镜，可惜由于第二次世界大战而使之中途夭折。二战结束后，英国剑桥大学的查尔斯·奥特利（Charles Oatley）和他的学生丹尼斯·麦克穆兰（Dennis McMullan）继续开展这方面的研究。1951 年，他们研制出真正实用的扫描电子显微镜，第二年就实现了 50nm 的分辨率。1956 年，英国史密斯（Smith）和奥特利用电磁透镜代替静电透镜，并首先在扫描电子显微镜中加入消像散器。1960 年，埃弗哈特（Everhart）和索恩利（Thornley）把闪烁体直接装到位于光电倍增器表面的光导管上，增加了信号的采集量，从而提高了信噪比。1963 年，皮斯（Pease）依据前人的研究成果采用 3 个电磁透镜进行了扫描电子显微镜的制造，该仪器实际是第一台商品扫描电子显微镜的雏形。1965 年斯图沃德（Steward）和合作者在英国剑桥大学仪器公司（Cambridge Instr. Co）生产了世界上第一台商品扫描电子显微镜（见图 1-3），放大倍率从几十倍到一万倍，其最大的特点是图像显示具有立体感。它一经出现，便立刻受到生物学、地质学、冶金学和半导体技术等各个学科领域的重视。从此开创了扫描电子显微镜的新纪元。

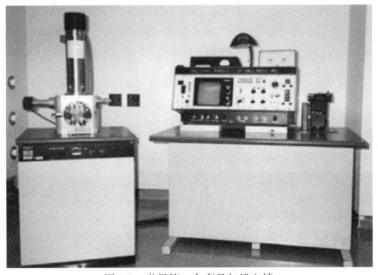

图 1-3　世界第一台商品扫描电镜

1965 年以来，扫描电子显微镜一直在不断地改进和完善，新型 LaB_6（六硼化镧）阴极电子枪的问世和场发射电子枪的改进，极大地提高了扫描电子显微镜的分辨本领。扫描电子显微镜的分辨本领虽没有透射电子显微镜那么高，但试样制备简单、焦深长、视场大，可直接观察很大很厚的实物试样，而且还能让它做上下、前后、左右、倾斜和旋转运动，从各个角度来仔细观察。扫描电子显微镜的放大倍数还能方便地从几倍连续地增大到几十万倍，既可对感兴趣的细节仔细研究，又可看到全貌。此外，实现了电子计算机的全面控制扫描电子显微镜操作，并把数字化信息的帧储存技术应用到扫描电子显微镜的成像系统中，研究成功了一种全数字化微处理器控制的现代扫描电子显微镜（见图 1-4）。

随着电子显微技术的发展，人们对不同物质的表面结构、形貌已经有了一定的了解，但是这样的研究还不够深入，有些时候需要了解不同物质的化学组成，才能进一步分析和研究。X 射线微区分析就是一种比较常用的方法。它是利用物质表面产生的特征 X 射线，对其进行收集、分析等处理，进而得到化学组成。X 射线微区分析装置有两种，一种利用 X 射线的特征波长，称为波长色散谱仪（简称波谱仪，WDS，Wavelength Dispersive Spectrometer）；另一种利用 X 射线的特征能量，称为能量色散谱仪（简称能谱仪，EDS，

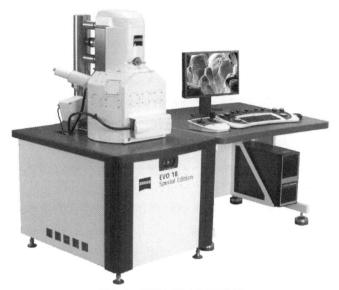

图 1-4 现代扫描电子显微镜

Energy Dispersive Spectxrmleter)。1911 年巴克拉（Barkla）发现 X 射线发射线系并能够被气体散射，且每一种元素都有其特征 X 谱线，他把它们分别命名为 K、L、M、N 等线系。1913 年莫塞莱（Moseley）发现了特征 X 射线的波长与原子序数的关系，从而奠定了 X 射线谱的化学定性和定量分析的基础。1956 年，第一台波谱仪出现在英国剑桥大学的卡迪文实验室改制的电子探针分析仪样机上。1958 年，法国 CAMECA 公司推出了 MS-85 型的第一台商用电子探针分析仪，意味第一台商用波谱仪也问世了。1962 年，全球第一家专业能谱仪制造商 Nuclear Diodes Inc 在美国成立。1968 年菲茨杰拉德（Fitzgerald）等人研制出锂漂移硅 Si(Li) 探测器。1969 年美国 Nuclear Diodes 公司推出第一台可配套于扫描电子显微镜的商用 505 型 X 射线能谱。1972 年，美国 Nuclear Diodes 公司更名为 EDAX International Inc，发展了一种 ECON 系列无窗口探测器，可满足分析超轻元素时的一些特殊需求，但 Si(Li) 晶体易受污染。1987 年 Kevex 公司开发了能承受一个大气压力差的 ATW 超薄窗，避免了上述缺点，可以探测到 B、C、N、O、F 等超轻元素，为大量应用创造了条件。为克服传统 Si(Li) 探测器需使用液氮冷却带来的不便，1989 年 Kevex 公司推出了可不用液氮的 Superdry 探测器，Noran 公司也生产了用温差电制冷的 Freedom 探测器（配有小型冷却循环水机）和压缩机制冷的 Cryocooled 探测器。1997 年，RONTEC 公司研制出全球第一款硅漂移探测器（SDD）的能谱仪。英国牛津（OXFORD）公司于 2006 年推出了扫描电子显微镜用的 SDD 能谱仪，2009 年还推出大面积的 $50mm^2$、$80mm^2$ 和 $100mm^2$ 的 SDD 能谱仪。随后，德国 Bruker 公司和美国 EDAX 公司也相继推出了大面积的 SDD 能谱仪。

　　虽然扫描电子显微镜的分辨本领早已远胜光学显微镜，但扫描电子显微镜要在真空条件下工作，对样品及外部条件要求比较高。因此，即使电子显微镜分辨率更高，但它仍然不能替代光学显微镜。

1.1.3 X 射线显微镜

　　1895 年，德国物理学家伦琴（Rontgen）在进行克鲁克斯（Crookes）管试验时发现了

X 射线（X-ray）。1912 年德国物理学家马克斯·劳厄（Max Laue）证明了 X 射线是一种波长比可见光短很多（0.001~10nm）的电磁波，这意味着以 X 射线作为显微镜的光源，有可能获得比光学显微镜更高的分辨能力。1913 年，美国科学家考林杰（Coolidge）发明了真空 X 射线管。1917 年，奥地利数学家雷登（Radon）提出用高度准直、极细笔状 X 射线束，环绕人体某一部分做断层扫描。未被吸收的光子穿透人体后被检测器接收，这些模拟信号经过数据处理和运算后可重建图像，这就是断层照相的基本思想。1963 年，开普敦大学的科马克（Cormak）解决了计算机断层扫描技术的理论问题，并提出了精确的数学推算方法，实现 X 射线扫描图像的重建。1971 年，英国 EMI 公司的工程师豪斯菲尔德（Hounsfield）在参考科马克发表的应用数学重建图像理论的基础上，把电子计算机断层照相技术引入医学，使电子计算机技术与 X 射线机相结合，完成图像重建过程，并成功研制了世界上第一台 X 射线计算机断层扫描机（CT, Computerized Tomography）。

CT 从它的诞生之日起便成为医疗诊断方面不可或缺的技术手段。CT 技术从第一代的单射线源单探测器的平行束 CT 发展到现在的多探测器甚至多射线源的扇束 CT 以至于螺旋 CT，极大地提高了扫描精度，同时扫描时间也被大大地缩短了。但是普通 CT 的分辨率通常只有 1~2mm，远远不能满足科学研究对高分辨率的要求。随着 X 射线源、探测器及计算机技术地不断进步发展，高分辨率 X 射线三维成像技术发展非常迅速，其空间分辨率已达到微米至纳米量级。通常把分辨率能够达到微米量级的 CT 设备称作显微 CT（Micro-CT），具有良好的"显微"作用。因此，高分辨率 X 射线显微 CT 也称为 X 射线显微镜。

1984 年费尔德坎普（Feldkamp）等人提出的锥束重建算法对 Micro-CT 的发展起着巨大的推动作用。随着基于 FDK 算法的锥束重建技术的引入，Micro-CT 纵向分辨率提升到了与横向分辨率相同的水平。一些商用的 Micro-CT 系统也开始相继出现。瑞士 SCANCO Medical AG 成立于 1988 年，依托苏黎世大学，是全世界最先投入 Micro-CT 研发和生产的公司（见图 1-5）。比利时 BRUKER-MICROCT 公司，即原来的 SkyScan 公司，该公司于

图 1-5 SCANCO μCT50

1995 年率先研发出商业化微焦 CT 平台，生产 Micro-CT（见图 1-6）。

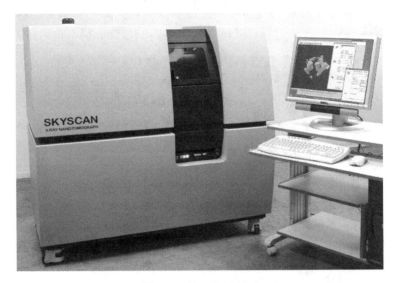

图 1-6 SKYSCAN 2011

物理学家云文斌博士 2000 年创立了美国 Xradia 公司，开发了一系列高分辨率 X 射线显微镜的核心技术。2013 年德国蔡司集团收购了美国 Xradia 公司。蔡司 Xradia 公司将光学物镜引入 CT 成像中，采用光学加几何两级放大的架构对样品实现放大扫描，使用闪烁体与光学物镜耦合高分辨率探测器及高通量 X 射线源，实现大尺寸样品和大工作距离下无损高分辨率 3D 成像，加快了断层扫描速度，提高了工作效率。该公司推出的蔡司 Xradia 610 & 620 Versa（见图 1-7）采用了突破性的高功率（25W）X 射线源技术，可实现 500nm 的真实空间分辨率及最小 40nm 的体素，拓展了亚微米级无损成像的研究界限。

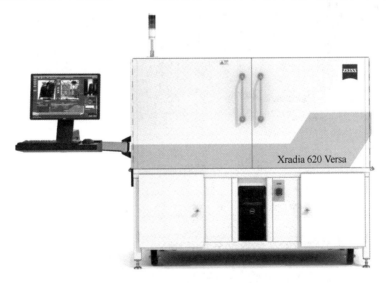

图 1-7 ZEISS Xradia 620 Versa

2018 年，捷克 TESCAN 公司收购了位于比利时的动态 3D 和 4D X 射线 CT 成像系统设计和制造商 XRE NV, 并成立 TESCAN XRE, 正式推出亚微米 X 射线显微镜 UniTOM (见图 1-8), 可以达到最小 500nm 的真实空间分辨率。中国天津三英精密仪器股份有限公司研制的 nanoVoxel-2000 系列 X 射线显微镜 (见图 1-9), 成像分辨率也达到了 500nm。

图 1-8 UniTOM

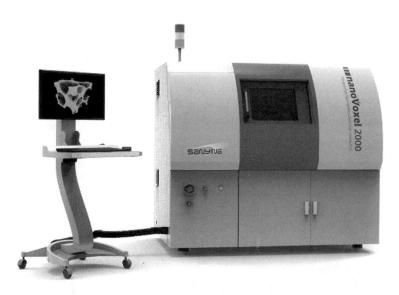

图 1-9 nanoVoxel-2000 系列

1.2 矿物自动分析系统的概况

1.2.1 基于扫描电子显微镜的矿物自动分析系统

在 20 世纪 60 年代末和 70 年代, 一些国家开发了一系列基于扫描电子显微镜和电子探针的半自动或自动的矿物分析系统, 包括英国帝国理工大学皇家矿业学院 (Royal School of Mines) 研制的 Geoscan-Minic 系统、美国宾夕法尼亚州立大学 (Pennsyl-vania State

University）开发的 CESEMI（Computer Evaluation of SEM Images）系统、法国地质调查局（BRGM，Bureau de Recherches Géologiques et Minières）研究出基于日本电子（JEOL）扫描电子显微镜的矿物自动分析系统等。1976 年年底，澳大利亚联邦科学与工业研究组织（CSIRO，Commonwealth Scientific and Industrial Research Organization）矿物工程部主任艾伦·福雷斯特·里德（Allen Forrest Reid）负责开发了 MINSCAN 系统，基于电子探针识别多相复合颗粒中矿物的边界轮廓。早期开发的系统都没有达到商业化所需的成熟度。

20 世纪 80 年代，澳大利亚 CSIRO 首席科学家保罗（Paul）发明了能够自动利用特征 X 射线能谱技术与扫描电子显微镜技术相结合，精确地照相并且鉴定矿石中矿物的方法。这项技术便是后来我们熟知的专利——扫描电镜矿物定量（QEM＊SEM，Quantitative Evaluation of Minerals by Scanning Electron Microscopy）。加拿大矿产能源技术中心（CANMET）采矿和矿物科学实验室（MMSL）开发了一种基于电子探针分析的图像分析系统 MP-SEM-IPS。该系统由一台 JEOL JXA-733 电子探针、Tracor Northern 能量色散 X 射线分析仪和 Kontron SEM-IPS 图像分析仪等组成。挪威科技大学（Norwegian University of Science and Technology）也开发出一种基于扫描电子显微镜的颗粒结构测定系统（PTA，Particle Texture Analysis），通过扫描电子显微镜背散射电子图像和 X 射线能谱分析进行矿物识别。此系统还能够结合电子微区衍射 EBSD（Electron Back Scatter Diffraction）并展工作，以获得比 X 射线能谱分析更丰富的矿物识别能力。1982 年在澳大利亚墨尔本的 CSIRO 安装了一台基于扫描电子显微镜的 QEM＊SEM 系统（见图 1-10）。该系统配备了一台 JEOL JSM-35C 扫描电子显微镜和一个 EDS 检测器。1985 年销售了第一台 QEM＊SEM 系统，安装在美国明尼苏达大学。1987 年，第一台工业 QEM＊SEM 安装在南非约翰内斯堡联合投资有限公司（现称安格鲁铂业）。

图 1-10　QEM＊SEM

20 世纪 90 年代，轻元素 X 射线检测仪被引入矿物鉴定中，矿物自动分析技术得到较快的发展。1994 年，澳大利亚坎巴尔达（Kambalda）镍矿安装了基于现代扫描电子显微镜 Philips XL40 和图像分析的矿物分析系统。1995 年由澳大利亚 CSIRO 保罗（Paul）领导的技术团队开发了配有数字化扫描电子显微镜和轻元素检测器的新一代 QEM＊SEM 系统，并更名为 QEMSCAN（Quantitative Evaluation of Minerals by SCANning Electron Microscopy）。于 1996 年在澳大利亚 CSIRO 安装了第一台基于 LEO 440 扫描电子显微镜的 QEMSCAN 系统。QEMSCAN 是一个全自动的矿物定量分析系统，通过扫描电子显微镜背散射电子（BSE）图像灰度区分矿石颗粒和作为背底的环氧树脂，在目标颗粒上布置密集网格点作为 X 射线能谱分析点，然后对样品表面进行扫描，采集样品表面不同位置的 X 射线能谱信息，获得每个测量点的元素组成从而鉴定矿物。通过对样品表面进行自动面扫描，计算获得矿物含量、粒度、解离度、颗粒形态及孔隙度等矿物结构特征参数。

顾鹰（Ying Gu）博士于 1996 年加入澳大利亚昆士兰大学 JuliusKruttschnitt 矿物研究中心（JKMRC）开发矿物解离度分析（MLA, Mineral Liberation Analyser）系统。1997 年，飞利浦公司向 JKMRC 交付了首台基于 Philips XL40 扫描电子显微镜的 MLA 系统。同年，FEI 公司（美国）与飞利浦电子光学公司（荷兰）合并了业务，从而 FEI 成为 MLA 技术的扫描电子显微镜平台的制造商。1999 年，位于澳大利亚布里斯班的 JKMRC MLA 成立，并于 2001 年 3 月扩建为 JKTech MLA，负责 MLA 的推广与销售。2000 年，第一台 MLA 系统（见图 1-11）出售给了南非安格鲁铂业公司。

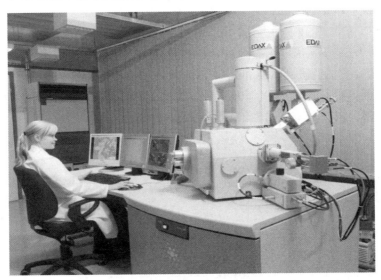

图 1-11　JKTech MLA

2011 年德国 Carl Zeiss 公司与美国 Fugro Robertson 公司合作开发了 Roqscan 矿物分析系统，主要用于石油天然气行业。2014 年 Carl Zeiss 公司发布了 Mineralogic 矿物分析系统（见图 1-12），并于 2020 年发布了 Mineralogic 1.7 版本。Mineralogic 不同于其他厂家的矿物分析，用对比谱图的方法来比对矿物类型，而是采用全定量分析的方法来判断矿物内的元素组成。

2011 年捷克 TESCAN 公司推出了矿物分析系统 TIMA（TESCAN Integrated Mineral Analyzer）。TIMA（见图 1-13）可以支持最多 4 个能谱仪同时工作，可以以更快的速度采集，并且整合能谱方位角及检出角，确保所有能谱在共同的工作距离下工作。为提高谱图识别的准确性，TIMA 首先获取每个像素点的谱图并进行比对，将相同谱图（同颗粒内）

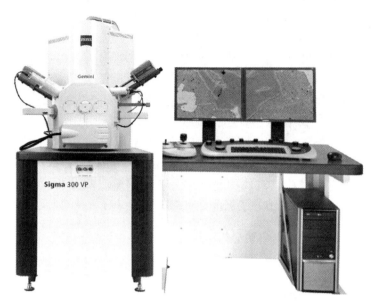

图 1-12 ZEISS Mineralogic

进行叠加。该技术不仅减少了数据占用空间大小，而且增强了颗粒谱图的信噪比，使矿物鉴定更容易。

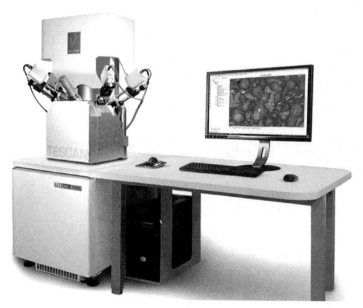

图 1-13 TESCAN TIMA

2012 年英国牛津仪器（Oxford Instruments plc）推出了矿物自动识别分析系统 INCAMineral。INCAMineral 基于牛津仪器 X-Max 大面积能谱系统，可以快速准确地采集每一个颗粒的形貌和成分信息，结合 X 射线能谱数据和背散射图像的形貌鉴别不同的矿物。既可以通过 X 射线谱图匹配功能进行相鉴别，也可以通过实时的定量结果进行分类，这满足一些成分相似的矿物准确识别。2013 年澳大利亚鹰盛科技（Yingsheng Technology）公司创始人顾鹰博士带领团队开发了先进的矿物识别与表征系统（AMICS，Advanced Mineral Identification and Characterization System）。AMICS采用了先进的图像处理功能可实现测量样品颗粒的精准分割、矿物边界精准识别和粘连颗粒的精准分离，引进了分析区域的概念，将一个矿物颗粒合理地分划成若干个分析区域，通过面积因子+灰度因子双重控制进行区域的精准划分，最先进的算法保证了该过程的高速进行。对谱图的处理过程中，不仅考虑了谱峰位置，还考虑了谱峰强度、宽度、BSE信息等，进行多维度确定和分析，提高了矿物识别的准确率。数据库中有超过两千多种矿物，非常便于矿物的鉴定和识别。2016年4月，FEI公司发布最新一代矿物自动分析系统Maps Mineralogy。在我国，矿冶科技集团有限公司（原北京矿冶研究总院）成功研制了工艺矿物学自动分析仪（BPMA，BGRIMM Process Mineralogy Analyzer），填补了国内在自动矿物定量分析技术研发领域的空白。

1.2.2 基于光学显微镜的矿物自动分析系统

虽然基于扫描电子显微镜的矿物自动分析系统已经成为工艺矿物学研究的重要手段，但是该系统存在受测试视域小、分析测试耗时较长、元素组成或灰度接近的矿物也难以准确识别，而且硬件复杂需专业维护等问题也影响其推广和应用，尤其在一线的矿山企业。光学显微镜是鉴定矿物最常用和最简单方便的一种手段。从文献报道中可知，一些科研机构和企业早就开展了基于光学显微镜的矿物自动分析系统技术研究，但技术不够成熟难以商品化。将数字图像处理技术应用于光学显微镜图像的难点在于：一方面矿石中矿物的组成极其复杂，且存在各种不同种类矿物交混镶嵌的现象，不仅其中有些矿物的反射色和反射率非常接近，而且各特性差别不大的矿物经常会混杂在一起，这给准确区分带来了难题；另一方面对于磨矿或选矿产品来说，需要用环氧树脂胶结固化粉状样品再磨制成光片才能在光学显微镜下观察、拍摄图像。由于环氧树脂与非金属矿物颜色及灰度非常接近，会造成矿物颗粒分不清是单体还是连生体，矿物单体解离度测定结果也会存在偏差，不能反映真实情况。

澳大利亚CSIRO开发了用于铁矿石、烧结矿和球团矿矿相自动识别和表征的CSIRO OIA（Optical Image Analysis）系统（见图1-14）。该系统基于光学显微镜铁矿石和烧结矿中各矿相反射色及矿相组织结构的差异进行识别和统计计算，可以获得包括矿相组成、孔隙度、粒度分布、组织结构分类等信息，为评估炼铁原材料的质量、改善配矿和烧结工艺及优化冶金过程提供科学依据。

在我国，矿冶科技集团有限公司突破了技术难点，开发了基于光学显微镜的矿物特征参数分析系统（MCPAS，Mineral Characteristic Parameter Analysis System）（见图1-15）。该系统以金属矿物在光学显微镜下所呈现的特征反射色的色彩信息为矿物识别的依据。以矿物显微图像中目的矿物所呈现出的色彩特征RGB（Red红，Green绿，Blue蓝）为基础进行HSV（Hue色调，Saturation饱和度，Value明度）色彩模型转换，结合数字图像处理技术和人工智能识别技术对其色彩进行量化表征和分类识别，建立起目的矿物数据库，作为矿物自动识别的标准。它可以自动测定铁矿、铜铅锌硫化矿矿石中目的矿物之间的相对比例、目的矿物的粒度及集合体工艺粒度；磨矿或选矿产品中目的矿物的单体解离度及呈连生产出的目的矿物粒度等参数。从矿物学的角度查明影响选矿指标的因素、诊断选矿工艺流程的缺陷，为选矿工艺流程的制定与优化、生产指标的提高提供指导。

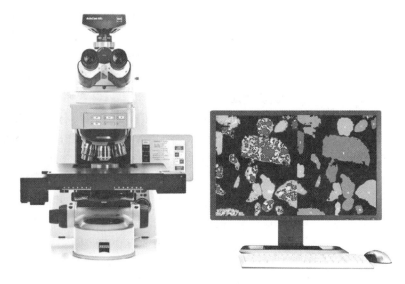

图 1-14 CSIRO OIA

图 1-15 MCPAS

1.3 矿物自动分析技术面临的问题和挑战

矿物自动分析系统的出现和应用，是现代工艺矿物学研究取得的重大成就，促进了学科的发展。与此同时也面临着诸多测试难点和挑战，主要包含以下几个方面。

（1）矿物种类众多，在反光偏光显微镜下有些矿物的反射率和反射色比较接近难以区分。例如磁铁矿（浅灰色）与闪锌矿（灰色），磁黄铁矿（乳黄色）与镍黄铁矿（淡黄色）等。矿物反射色常受连生矿物反射色的影响而产生所谓"视觉色变效应"。如灰色矿物与白色矿物连生会显得更暗，而与暗色矿物连生时则显得较淡；淡黄色矿物与黄色矿物连生会显成白色，而与灰色矿物连生时则显得很黄。例如磁黄铁矿本为灰色，但当其与蓝灰色的赤铁矿连生时就变成淡粉红色；黄铜矿本为铜黄色，若与磁黄铁矿连生就变成黄绿色。此外，某些矿物具有明显的反射多色性，如辉钼矿为灰白色/灰带淡蓝色；石墨为灰色带棕/蓝灰色；铜蓝为深蓝色/蓝白色；磁黄铁矿为乳黄带棕/棕色带红；辉铋矿为白色微蓝/灰白色/黄白色等。在透射偏光显微镜下有些矿物无色（石英、方解石、石膏、水镁石等），相当多的透明矿物具有多色性，如电气石（浅褐-紫褐）、钠闪石（淡黄绿-蓝-深蓝）、紫苏辉石（淡绿-淡黄-淡红）。由于切面方向的不同及薄片厚度的差异都会引起矿物颜色的变化，这些都会给矿物的识别造成极大的困难。

（2）对于一些平均原子序数相同或相近的矿物，如石英和钠长石、镍黄铁矿和紫硫镍矿、黄铁矿和磁黄铁矿、方铅矿和自然金等，其扫描电子显微镜背散射图像的灰度值相同或相近，如果这些矿物在一个矿石颗粒中彼此相邻，将难以实现矿物颗粒灰度图分相，容易造成矿物识别的错误。一些成分相差不大的矿物，如赤铁矿（Fe_2O_3）和磁铁矿（Fe_3O_4）等，利用 X 射线能谱鉴别存在很大的困难。此外，对于一些同质多象变体，如金红石-板钛矿-锐钛矿等，其化学成分相同，无法用 X 射线能谱识别。利用 X 射线能谱鉴别含轻元素（如 Li、Be、B、C 和 F）的矿物一直是行业存在的难题。

（3）CT 图像是基于灰度的，所以 CT 图像只能区分一些灰度有明显差异的矿相。如果灰度值比较接近，比如镍黄铁矿和斑铜矿就区分不出来。扫描时 X 射线通量的变化也会导致相同矿物的灰度值变化很大。这些因素都会影响矿物的识别准确性。

（4）随着矿物显微图像自动分析技术的不断发展，成像分辨率的进一步提高，将对数据吞吐量和传输速度提出更高要求，如何实现数据的准确、快速采集和传输需要不断进行探索研究。

1.4 展望

随着矿产资源的不断开发与利用，将来面对越来越多的低品位、复杂多金属矿石合理利用的问题，工艺矿物学的作用显得尤为重要。矿山建设生产规模的扩大，选矿厂日处理矿石量达到万吨甚至十万吨以上，迫切需要了解矿石工艺性质在空间的分布规律及对选矿生产的影响，这就对工艺矿物学研究人员提出了更高的要求，自动化、智能化的矿物特征分析手段也成为了必然。

随着物理学、光学、电子信息技术、图像学、计算机技术及人工智能等领域研究工作的深入展开和各种新理论、新方法的出现，矿物显微图像自动分析技术也将朝着快速、简便、精确、智能化、多功能和综合性等方向发展，促进矿物特征检测技术的不断创新。

（1）基于光学显微镜的矿物自动分析系统和基于扫描电子显微镜的矿物自动分析系统各有优缺点。反射率和反射色比较接近的矿物及具有"视觉色变效应"和多色性的矿物，它们具有稳定的化学组成或者化学组成之间有明显的差异，这些矿物通过 X 射线能谱就很容易鉴别。对于一些平均原子序数相同或相近的矿物（镍黄铁矿和紫硫镍矿、黄铁矿和磁黄铁矿、方铅矿和自然金等）及化学成分相差不大的矿物（赤铁矿和磁铁矿），它们的光学性质具有明显的差异性，可以利用反光偏光显微镜通过反射色进行识别。因此可以借助偏光显微镜与扫描电子显微镜的互联，充分发挥各自的优势，提高矿物的识别率。成本相对较低的光学显微镜技术可用于快速搜索和定位样品中感兴趣的低含量的矿物（如金、银、铂族矿物），然后利用扫描电子显微镜-X 射线能谱进行矿物鉴别与分析，可以大大提高工作效率。为了使光显微镜与扫描电子显微镜之间进行更有效和无缝的分析，应加强对关联仪器之间的物台坐标定位研究及感兴趣的区域智能判断分析。

（2）微区多种分析技术的集成。目前扫描电子显微镜能将 X 射线能谱仪（EDS）探测器集成，获得矿物的成分信息，未来若能集成电子背散射衍射（EBSD）等微区结构分析技术，将实现多重信号分析，提供研究样品中矿物在原位微区尺度更详细的化学成分和结构信息，适用于同质多象矿物的鉴别。此外，偏光显微镜也可尝试与 X 射线荧光光谱分析、激光诱导击穿光谱仪等进行关联，这种关联技术能力的发展能够进一步提高矿物的识别率和自动化分析能力。

（3）随着新的重构算法、硬件加速技术进步和计算机性能的提高，推动 X 射线显微镜向着高对比度、超高分辨、快速实时及多模态成像方向发展。开展在不同 X 射线通量扫描时检测矿物 X 射线显微镜成像的灰度值变化，研究在多少 X 射线通量扫描时会使得不同矿物灰度值差异最大，从而建立矿物灰度值数据库，借助人工智能图像分析技术，提高矿物的识别率。

（4）在线分析技术。目前矿物工艺特征参数的测量与分析都是在实验室内完成的。为了及时了解矿石工艺性质及其对选矿的影响，迫切需要快速实时在线矿物特征分析技术。在线矿物特征分析系统将成为工艺矿物学专家与仪器厂商共同奋斗的目标，集成 X 射线、光电信息、计算机图像分析及人工智能等技术进行开发。

（5）矿石组构的量化表征技术研究。矿石是在各种成矿作用中形成的，由于形成作用和形成的地质条件不同，矿石矿物组成的特点和相互关系也是多种多样的，会具有不同的矿石构造和矿石结构。矿石的结构、构造特点能反映出有用矿物颗粒形状、大小及相互结合的关系，影响矿石碎磨过程中有用矿物单体解离的难易程度和可选性。而目前对矿石的结构、构造特点都是定性描述的。随着计算机图像分析及人工智能技术的发展，利用光学显微镜、扫描电子显微镜及 X 射线显微镜开展对矿石组构的量化表征技术研究。

（6）矿石质量智能评价与选矿生产智能诊断技术研究。通过大量的矿石及选矿磨选产品的反映矿石工艺性质的特征参数的自动检测，将工艺矿物学及选矿技术与现代信息技术深度融合建立合理的数学模型，经过智能决策评价矿石质量、推断矿石磨矿和分选的原则流程及预测选矿指标，并诊断选矿生产因矿石性质的变化造成选矿生产指标不理想的原因，提出优化的建议。

2 矿物显微图像

随着图像处理技术的发展及其在多个科学领域的应用，国内外研究者将其应用到矿物颗粒的微观特性研究方面，数字图像技术被广泛地应用于矿物颗粒大小的测量及矿物颗粒组织结构特征的量化。目前利用数字图像处理技术对矿石中矿物颗粒特性进行研究的手段主要分为光学显微镜和扫描电子显微镜。

2.1 光学显微镜图像

由于组成矿石的矿物种类较多，矿物粒度粗细分布又不均且紧密结合在一起，故在手标本上鉴别很困难。因此，矿石中矿物的鉴定、矿石结构研究、矿物粒度测定及磨矿或选矿产品中矿物解离度分析等工作常常依据矿物的光学性质、利用光学显微镜来完成。

2.1.1 光学显微镜的成像（几何成像）原理

光学显微镜之所以能将被检测物体放大是通过透镜来实现的。因此光学显微镜的主要光学部件都由透镜组合而成。从透镜的性能可知，只有凸透镜才能起放大作用，而凹透镜不行。为便于了解光学显微镜的放大原理，简要说明一下凸透镜的 5 种成像规律：

（1）当物体位于透镜物方二倍焦距以外时，则在像方二倍焦距以内、焦点以外形成缩小的倒立实像；

（2）当物体位于透镜物方二倍焦距上时，则在像方二倍焦距上形成同样大小的倒立实像；

（3）当物体位于透镜物方二倍焦距以内，焦点以外时，则在像方二倍焦距以外形成放大的倒立实像；

（4）当物体位于透镜物方焦点上时，则像方不能成像；

（5）当物体位于透镜物方焦点以内时，则像方也无像的形成，而在透镜物方的同侧比物体远的位置形成放大的直立虚像。

光学显微镜是根据凸透镜的成像原理，经过凸透镜的两次成像，就是利用上述成像规律（3）和（5）把物体放大的。如图 2-1 所示，物体 AB 位于物镜（凸透镜 L1）前方，离开物镜的距离大于物镜的焦距，但小于两倍物镜焦距。所以，它经物镜以后，必然形成一个倒立的放大的实像 A1B1。而后以第一次成的物像作为"物体"，再经目镜（凸透镜 L2）第二次放大成像。由于我们观察的时候是在目镜的另外一侧，根据光学原理，第二次成的像应该是一个虚像，这样像和物才在同一侧。因此第一次成的像应该在目镜的一倍焦距以内，这样经过第二次成像，第二次成的像是一个放大的正立的虚像 A2B2，如果相对实物说的话，应该是倒立的放大的虚像。

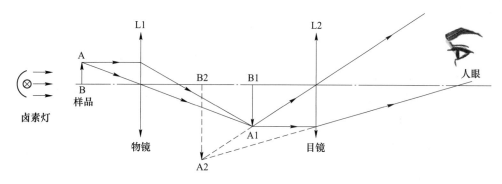

图 2-1　光学显微镜成像光路图

2.1.2　偏光显微镜

　　偏光显微镜的主要结构与普通光学显微镜相同，主要由目镜和物镜组成，所产生的图像是样品放大的倒像。总的放大倍数等于目镜和物镜放大倍数的乘积。不同的是偏光显微镜比普通光学显微镜多加了两块偏振镜。偏光显微镜在矿物研究领域具有广泛的应用。

2.1.2.1　偏光显微镜的基本原理

A　单折射性与双折射性

　　光线通过某一物质时，如光的性质和进路不因照射方向而改变，这种物质在光学上就具有"各向同性"，又称单折射体，如普通气体、液体及非结晶性固体；若光线通过另一物质时，光的速度、折射率、吸收性和光波的振动性、振幅等因照射方向而有不同，这种物质在光学上则具有"各向异性"，又称双折射体，如晶体。

B　光的偏振现象

　　光波根据振动的特点，可分为自然光与偏光。自然光的振动特点是在垂直光波传导轴上具有许多振动面，各平面上振动的振幅相同，其频率也相同；自然光经过反射、折射、双折射及吸收等作用，可以成为只在一个方向上振动的光波，这种光波则称为"偏光"或"偏振光"。

C　偏光的产生及其作用

　　偏光显微镜最重要的部件是偏光装置——起偏器和检偏器。过去两者均由尼科尔（Nicola）棱镜组成，它是由天然的方解石制作而成的，但由于受到晶体体积较大的限制，难以取得较大面积的偏振，近年来，偏光显微镜则采用人造偏振镜来代替尼科尔棱镜。人造偏振镜是以硫酸喹啉又名 Herapathite 的晶体制作而成，呈绿橄榄色。当普通光通过它后，就能获得只在一直线上振动的直线偏振光。

　　偏光镜分别装在光学显微镜物台下或垂直照明器中（前偏光镜或下偏光镜）及物镜与目镜间（分析镜或上偏光镜），用来观察偏光通过晶体时或从晶体表面反射时产生的各种光学现象。偏光显微镜分析是以偏振光为光源，通过显微镜下观察偏振光下矿物所产生的光学性质来鉴定矿物。对于透明矿物的显微镜分析，需磨制成厚度为 0.03mm 的薄片，采用偏光显微镜的透射光系统观察；对于不透明矿物（以金属矿物为主）需磨制光片，采用偏光显微镜的反射光系统观察。

　　若单独使用下（前）偏光镜，简称单偏光。可观察矿物的晶形、解理、突起、吸收性、多色性、反射率、双反射等。若上、下偏光镜同时使用，并使二者振动面垂直，简称正交偏光。可观察晶体的消光、干涉色、偏光色及旋转性等。正交偏光时，若再加上聚光镜和勃氏镜（简称锥光），可在高倍物镜下观察晶体的干涉图或偏光图，用以测定其轴性、光性符号、光轴角和各种色散特征等。偏光显微镜的基本附件有不同倍数的物镜、目镜、各种补色器及光源等，如附有垂直照明器及矿相专用物镜，则成为透、反两用偏光显微镜。

2.1.2.2　反射偏光显微镜

　　反射偏光显微镜也称反光显微镜，是用来观察、研究不透明矿物的一种光学显微镜。反射偏光显微镜的光路如图 2-2 所示，光线从光源经过孔径光阑和视场光阑到达分光镜，这时大约有一半的光被反射到了物镜光瞳并被物镜收集成一束投射到样品表面。被反射的光线在返回的途中再次经过分光镜，大概有一半光线通过透镜形成中间像，之后中间像被目镜再次放大并被观察。反射光照明中的分辨力大小取决于照明光线的波长及数值孔径。通常情况下，反射光中的科勒照明系统的调节只需要调节孔径光阑即可，因为视场光阑一经调试好后，对所有物镜都是适合的。通过光在矿物光面上反射时所产生的现象，观察和测定矿物的反射率、反射色、多色性、非均质性和内反射等来鉴定矿物。

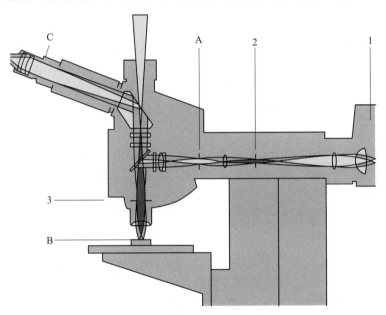

图 2-2　反射偏光显微镜的光路

1—光源；2—孔径光阑；3—物镜光瞳；A—视场光阑；B—样品表面；C—中间像

A　矿物的反射率

　　矿物光面对垂直入射光线的反射能力，称为矿物的反射力，即矿物光面在反光显微镜下的明亮程度。表示反射力大小的数值称为反射率。由于反射率是矿物本身的属性，因此它是不透明矿物最重要的光学特征和主要鉴定依据。矿物的反射率 R 取决于矿物的折射率 N 与吸收系数 K。由于大多数矿物的 N 和 K 随光波波长的变化而变化，所以在不同波长入射光下测定或计算出来的反射率也不一样。矿物对各种光波的反射率也具有某些特征意义，对不透明矿物鉴定工作很有帮助。用光电显微光度计测定矿物的反射率值时，通常用国际矿相学委员会规定的几种波长的单色光，即蓝（470nm）、绿（546nm）、黄（589nm）和红（650nm）光测定。其测得的反射率值，必须注明是在哪种波长入射光下进行的。

常见矿物反射率可见表2-1。

表2-1 常见矿物反射率（空气中）

矿物名称	白光	单色光（波长/nm）			
		470（蓝光）	546（绿光）	589（黄光）	650（红光）
自然银	95.0	88	93	94	95
银金矿	83.0	76	90	92	93
自然金	74.0	36	70.67	80.09	94
自然铜	81.2	48	56	79	87
自然铂	70.0	66	70	71	72
自然铋	67.9	54~62	60~67	62~70	64~72
方钴矿	55.8	57	56	55	54
毒砂	51.7~55.7	51~55	52~54	53~54	53
黄铁矿	54.5	46	53	54	54
白铁矿	48.9~55.5	45~52	49~56	50~55	48~53
针镍矿	54~60	43~44	50~54	52~58	54~60
镍黄铁矿	52	40	47	49	52
黄铜矿	44~46.1	34	47	48	49
辉铋矿	42.0~48.7	38~49	37~49	37~48	36~47
方铅矿	43.2	47	44	43	43
方黄铜矿	40.0~42.0	29~34	35~39	38~41	41~43
磁黄铁矿	38.0~45.2	31~36	35~40	37~42	40~43
辉锑矿	30.2~40.0	31~53	31~48	30~45	30~42
软锰矿	30.0~41.5	30.5~39.9	29.0~40.0	28.1~39.3	27.5~38.1
辉铜矿	32.2	37~38	32~33	31~32	29~30
黝铜矿	30.7	30.3	30.3	29.8	28.2
辉钼矿	15.2~37.0	21~45	20~39	19~39	19~39
赤铁矿	25.0~30.0	28~32	26~30	23~29	23~26
黝锡矿	28.0	26~27	28	27~28	27
雌黄	20.3~25.0	27~31	23~28	22~27	21~26
雄黄	18.5	22.5~24.8	21.4~21.8	20.3~20.6	19.5~19.8
斑铜矿	21.9	17	21	25	29
磁铁矿	21.1	21	21	21	21
闪锌矿	17.5	18	17	17	17
钛铁矿	17.8	17~20	16~19	17~20	18~20

矿物名称	白光	单色光（波长/nm）			
		470（蓝光）	546（绿光）	589（黄光）	650（红光）
黑钨矿	16.8~18.5	16~17	15~16	15~16	15~16
针铁矿	16.1~18.5	17~20	16~18	15~17	14~16
铬铁矿	12.1	14	14	13	13
石墨	6.0~17.0	6~22	7~23	7~24	7~25
锡石	11.2~12.8	11~13	11~12	11~12	11~12
石英	4.6				
方解石	4~6				

注：单色光反射率值根据 COM 公布的金属矿物定量资料卡。

B 矿物的反射色

矿物的反射色是指矿物磨光面在反光显微镜垂直入射光下所呈现的颜色，即矿物表面反射光的颜色，是鉴定不透明矿物（金属矿物）的主要特征之一。反射色是一个很直观的光学性质，当在反光显微镜下观察光片时，首先感觉到的就是矿物的反射色。而人眼对颜色的判断能力是很强的，如自然金、黄铜矿、黄铁矿三种矿物，虽然反射色都是黄色基调，但在光学显微镜镜下金黄色、铜黄色、浅黄色一般不会混淆（见图 2-3~图 2-5）。因此，矿物的反射色在鉴定矿物方面是很有用的，尤其对那些具有鲜明反射色特征的矿物，更具有重要的鉴定意义。

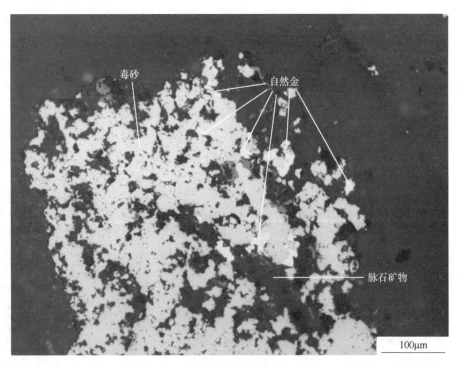

图 2-3 自然金（金黄色）呈粒状嵌布于毒砂与脉石矿物粒间

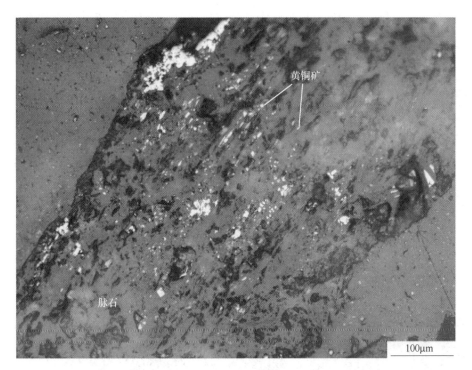

图 2-4 黄铜矿（铜黄色）呈微粒浸染在脉石矿物中

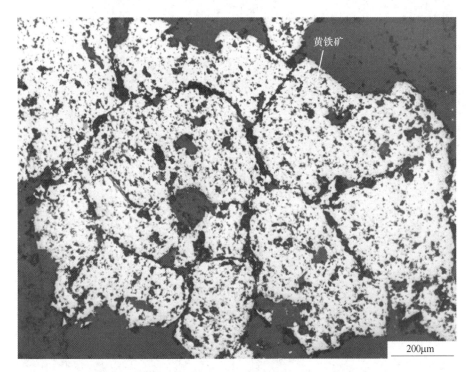

图 2-5 黄铁矿（浅黄色）呈粗粒集合体嵌布于脉石矿物中

影响反射色观察的因素除光源的色调和矿物的磨光质量外，还有就是周围矿物的影响，即视觉的色变效应。矿物反射色是指矿物单独存在时的颜色。而同一种矿物分别与不同的矿物连生时，往往会使观察者产生视觉色变。例如辉铜矿本为无色矿物（灰白微带蓝色调）类（见图2-6），但与方铅矿、黄铜矿连生时，就呈明显的蓝色（见图2-7）；若与

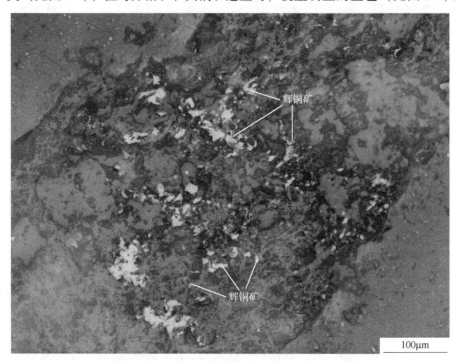

图 2-6 辉铜矿（灰白微带蓝色调）呈不规则状嵌布在脉石矿物中

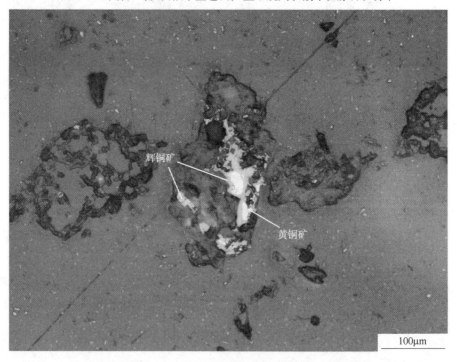

图 2-7 辉铜矿（蓝色）交代黄铜矿（铜黄色）呈镶边结构

铜蓝连生时，则显浅灰色（见图2-8）。再如磁铁矿反射应为灰色，但和赤铁矿连生时，呈明显的棕色调，但与钛铁矿连生时，则显灰白色。虽然色变效应影响对矿物反射色的准确判断，但对某些矿物的鉴定却有所裨益。常见矿物的反射色和相对色变（效应）见表2-2。

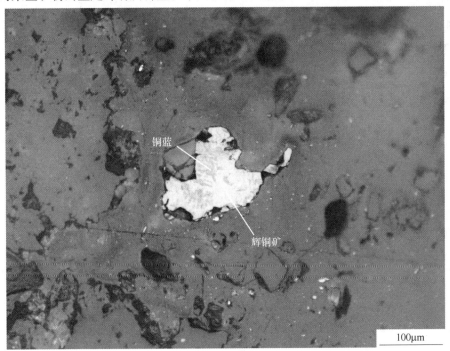

图 2-8 辉铜矿（浅灰色）与铜蓝（深蓝色）共生嵌布在脉石矿物中

表 2-2 常见矿物的反射色和相对色变

矿物		反射色	相对色变（附连生矿物）
自然金		金黄色；亮黄色	黄色（自然银）；较黄（银金矿）；亮黄（黄铜矿）
银金矿		亮淡黄色	淡黄色（自然金）；亮浅黄色（方铅矿）
针镍矿		淡黄色；纯黄色	亮淡黄色（黄铜矿）；稍黄（黄铁矿）
黄铁矿		浅黄色；黄白色	较黄（白铁矿）；淡黄（黄铜矿）
白铁矿		黄白色；淡黄微绿	白色（黄铁矿）；微绿黄（毒砂）
黄铜矿		铜黄色	暗黄绿色（自然金）；浓亮黄色（方黄铜矿）；黄（方铅矿）；亮黄（闪锌矿）
镍黄铁矿	有色类	淡黄色；白色微黄	浅黄色（磁黄铁矿）；白色微黄（硫钴矿）
自然铜		玫瑰红色；铜红色	亮粉红色（辉铜矿）；粉红色（自然银）
红砷镍矿		亮粉红色微黄；粉红带褐	粉红色（方钴矿）；粉红带黄（红锑镍矿）
磁黄铁矿		乳黄色微带粉褐色	较暗，带红褐色（镍黄铁矿）；粉红（方黄铜矿）；较暗，无红色调（红砷镍矿）
斑铜矿		粉红带褐；玫瑰棕色	较暗（硫砷铜矿）；色较深（锗石）
铜蓝		天蓝色；蓝色微紫	蓝微带紫（辉铜矿）
蓝辉铜矿		浅蓝色；灰蓝色	较暗蓝（辉铜矿）；鲜蓝（斑铜矿）

续表 2-2

矿物		反射色	相对色变（附连生矿物）
深红银矿	有色类	浅蓝灰白色；蓝灰色	稍亮（淡红银矿）；蓝灰色（方铅矿）
淡红银矿		蓝灰色	稍暗（深红银矿）；蓝灰色（方铅矿）
自然银		亮白色	亮乳白色（自然锑、自然铂）；淡黄色（锑银矿）
方铅矿	无色类	白色	淡粉色（辉铋矿、硫锑铅矿）；暗蓝灰色（自然金）
辉锑矿		白色；浅灰白色	微乳白（方铅矿）；暗乳白（辉铋矿）
毒砂		白色；微粉	白色（黄铁矿）；亮白带淡黄色（方铅矿）；灰白微紫（自然锑）
黝铜矿		灰白色微淡褐	褐灰微绿（方铅矿）；蓝灰色（黄铜矿）
辉铜矿		灰白色微蓝	浅蓝色（方铅矿）；蓝灰色（黄铁矿）
辉钼矿		白色	相似微黄（方铅矿）；较亮无褐色（石墨）
赤铁矿		灰白色微蓝	蓝灰色（黄铁矿）；白色微蓝（磁铁矿、钛铁矿）；微褐（辉铜矿）
磁铁矿		浅灰色微棕	棕灰色（赤铁矿）；灰白色（钛铁矿）；棕色（磁赤铁矿）
闪锌矿		灰色	深灰色（方铅矿）；稍暗灰（磁铁矿）

C 矿物的双反射和反射多色性

在入射光为平面偏光的条件下（单偏光下），当旋转载物台一周时，非均质性矿物都可能有明亮程度或颜色的变化。这种明亮程度（反射率）随矿物方向不同而变化的性质称双反射，而与之相应的反射色变化称为反射多色性。双反射与反射多色性是在单偏光下观察的一种现象，而只有一些强非均质性矿物才能被看到，所以仅对那些具有明显双反射或反射多色性的矿物才有意义。因为观察是在单偏光下进行，所以观察时先推入起偏镜（前偏光镜）去掉分析镜（上偏光镜）。转动载物台，观察矿物有无亮度和颜色的变化。例如铜蓝当其延长方向与偏光振动面平行时为深蓝色，垂直时为浅蓝色。

为适应高性能反光显微镜对矿物双反射和反射多色性的观测分级，可将显双反射和反射多色性的矿物，分为如下四级（空气中）：

（1）特强：在单晶中，亮度和颜色变化极其明显，往往一瞥即见，如石墨、辉钼矿和铜蓝等；

（2）显著：在单晶中亮度或颜色变化较显著，如辉锑矿、红锑镍矿等；

（3）清楚：在单晶中亮度和颜色变化较清楚可见，如磁黄铁矿和白铁矿等；

（4）微弱：在单晶中其亮度和颜色的变化不明显，仅在晶粒集合体中可以看出，如毒砂和赤铁矿等。

一些矿物的双反射和双射多色性见表 2-3。

表 2-3   矿物的双反射和双射多色性

矿物	普通中间性颜色	低主反射率颜色	高主反射率颜色
铜蓝	不同程度的蓝色	深紫蓝色	浅蓝色
蓝硒铜矿	绿灰到蓝灰色	深橄榄绿灰色	浅蓝灰色
辉钼矿	白到灰色	白灰色	白色
辉铋矿	黄白色	白灰色	黄白色
淡红银矿	蓝白到绿白色	蓝灰色	黄白色
磁黄铁矿	鲜明褐黄色	粉红褐色	褐黄色
红砷镍矿	粉红色到褐白色	鲜明粉红褐色	蓝白色
红锑镍矿	带紫的粉红色	紫红色	鲜明粉红黄色
方黄铜矿	古铜黄色	粉红褐色	鲜明黄色
墨铜矿	无色	褐灰色	乳黄色
针镍矿	黄色	黄色	亮黄色

2.1.2.3   透射偏光显微镜

利用晶体光学和光性矿物学原理及方法，将研究的矿石或岩石样品磨制成薄片，在偏光显微镜下观察透明矿物的光学性质特征，从而鉴定矿物和测定矿物的粒度、解离度等各种工艺参数。透光偏光显微镜的光学系统如图 2-9 所示。

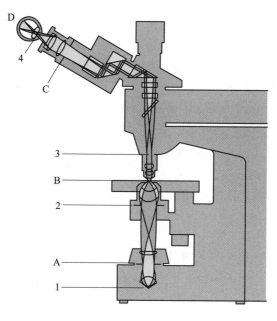

图 2-9   透光偏光显微镜的光学系统

1—灯丝；2—孔径光阑；3—物镜光瞳；4—观察者的瞳孔

A—视场光阑；B—样品平面；C—目镜中的中间像平面；D—观察者眼睛的视网膜

透光偏光显微镜下鉴定矿物，分为单偏光、正交偏光、聚敛光下观察三个步骤，下面进行详细说明。

A　单偏光镜下观察

a　晶形

晶形对识别典型的具有良好晶面的矿物很有用。如石榴子石在薄片中常为自形的六边形；白榴石常呈八边形；磷灰石横断面常为六边形而纵断面为柱状；榍石常为菱形；白云石常为信封状；锆石常常呈四方柱状或两端为锥形的长柱状。需要注意的是，由于薄片切面的随机性，上述矿物的斜切面也可以表现为其他的形状。如石榴石和白榴石还可以出现正方形、长方形甚至三角形的晶形；磷灰石也可以表现为正方形或长方形晶形。

b　解理

某些解理特征明显的矿物，能根据其解理很快确定。如云母具有一组细密、平直而不间断的解理；角闪石的两组解理以56°相交；辉石、红柱石、方柱石的两组解理近于正交。但与解理斜交的切面上所表现的角度要比其最大交角要小。具有两组解理的矿物，在其纵断面上只表现一组解理，如角闪石、辉石在薄片中经常只出现一组解理。由于切面的限制，具有3组以上解理的矿物在薄片上常常只显示一组或两组解理，甚至表现出没有解理。如方解石和白云石有3组解理，但在薄片中一般只能看到两组。

c　颗粒形态

某些矿物虽然没有完整的晶形，但其颗粒形态有某种特征，可以作为识别的一种标记。如蛇纹石常为纤维状，蓝晶石和硅灰石常呈板片状，云母、绿泥石、滑石、黏土矿物也多呈板状或叶片状产出。

d　颜色和多色性、吸收性

薄片中矿物的颜色是矿物对透射光波选择吸收的结果。一些矿物有特征的颜色，如黑云母、普通角闪石、电气石、金红石等，可以作为鉴定的标志之一；另一些矿物只显示较淡的颜色，如紫苏辉石、红柱石、绿帘石。旋转物台，有的矿物的颜色发生改变，此称为多色性；颜色的深浅发生改变，称为吸收性。这是由于非均质矿物（除垂直光轴以外的切面）的光学性质随方向而异，对各色光的选择吸收及吸收强度都随方向而异。其中，一轴晶矿物有两个主要颜色，如黑电气石（绿-蓝）、金红石（黄-暗红褐）；二轴晶矿物有3个主要颜色，如黑云母（暗褐-暗红褐-浅黄）、普通角闪石（暗绿-绿-浅黄绿）、蓝闪石（深天蓝-蓝-浅黄绿）、紫苏辉石（淡绿-淡黄-淡红）、十字石（金黄-淡黄-无色）。矿物的多色性如果明显，是鉴定的重要依据。

e　贝克线、突起和糙面

薄片中两个折射率不同的物质的接触处，可以看到有一道暗边，称为矿物的边缘，在边缘附近还可以看到一条较明亮的细线，称为贝克线；各种不同的矿物表面显得高低不同，甚至有的矿物好像凹下去一样，此称为矿物的突起；有的矿物表面显得较为光滑，而有的矿物则表面粗糙，此称为矿物的糙面。

贝克线是由于相邻两物质折射率不同，光线在其接触面上发生折射、反射作用而产生的。提升镜筒，贝克线向折射率大的物质移动；下降镜筒，贝克线向折射率小的物质移动。突起与糙面都是由矿物与覆盖于其上的加拿大树胶的折射率的不同引起的。矿物与加拿大树胶的折射率差值越大，突起就显得越高，糙面也越明显。所谓正突起与负突起，是指矿物的折射率大于加拿大树胶时为正，小于加拿大树胶时为负。负突起的矿物看起来像是凹下去，具体的测定需要借助贝克线，找到该矿物的颗粒与加拿大树胶的接触处，如果提升镜筒，贝克线向加拿大树胶移动，则该矿物是负突起。

贝克线、突起、糙面，都是矿物折射率相对大小的反映。由于折射率是矿物最主要的光学常数，因此这些光学特征是鉴定矿物的主要依据之一。如榍石、锆石、金红石可以以其具有正极高突起与其他矿物区别开来，然后根据另外一两个光性特征就可以很快将其鉴定；萤石以负高突起区别于其他光性特征类似的矿物。

B　正交偏光下的观察

a　消光

矿物在正交偏光下变黑暗的现象，称为消光。均质矿物和非均质矿物垂直光轴的切面，无论怎么转动物台，在正交镜下总是消光的，称为全消光。非均质矿物除垂直光轴外的其他切面，旋转物台一周，会有 4 次变暗，即有 4 次消光，这 4 个位置称为该矿物的消光位。消光位是矿物的一个鉴定特征。当矿物处在消光位时，如果其解理缝、双晶缝、晶形或晶面与目镜十字丝之一平行，称为平行消光；如果二者斜交，则称为斜消光，其交角为消光角；如果目镜十字丝为两组解理或两个晶面夹角的平分线，称为对称消光。

一轴晶矿物，大多数切面为平行消光和对称消光；二轴晶矿物中，斜方晶系矿物大部分切面是平行消光和对称消光，少数可见斜消光，而且消光角一般都较小；单斜晶系矿物，各种消光类型都有，但以斜消光常见；三斜晶系矿物，绝大多数则是斜消光。矿物斜消光时，可以测其消光角，作为一个鉴定参考要素，一般选择干涉色最高的切面，此时切面平行于光轴面。如辉石最高干涉色的切面，如果是平行消光，则为斜方辉石；如果是斜消光，则为单斜辉石。对于单斜辉石和单斜角闪石，如果切面上只能见到一组解理，可以选择最大干涉色切面观察，角闪石消光角一般不超过 30°，而辉石消光角一般在 30°~45°，可以作为它们的一个鉴别特征。

b　干涉色

非均质矿物除垂直光轴外的其他切面，不在消光位时，则发生干涉作用，显示的颜色，称为干涉色。将石英楔插入正交偏光镜间的试板孔内，慢慢推入，干涉色会出现有规律的变化，可以据此将干涉色划分为四到五个级序。绝大多数矿物的干涉色都可以相应从中找到。熟悉干涉色的级序，对于鉴定矿物具有重要意义。

干涉色级序的高低，取决于矿物切面上的双折射率的大小。只有在平行光轴面时，矿物的双折射率才最大，此时呈现的干涉色级序最高，对于矿物才有鉴定意义。某些矿物，在正常的厚度薄片中显示出白色干涉色，且插入石膏或云母试板无变化，其干涉色称为高级白。如方解石、白云石、榍石等。如果薄片中矿物本身的颜色较显著，可以遮蔽具有低一级干涉色或高级浅色的干涉色，需要仔细分辨清楚。

c　正延性和负延性

长条状矿物或解理发育完好的矿物，可以测试其是正延性还是负延性，作为鉴定的一个特征。当矿物的延长方向与其光率体椭圆切面长半径平行或夹角小于 45°时，称为正延性；而当延长方向与光率体椭圆切面短半径平行或夹角小于 45°时，称为负延性。当其他光学性质相似时，延性是鉴别矿物的一个有效特征。如红柱石与斜方辉石尤其是紫苏辉石很相似，但红柱石是负延性，紫苏辉石是正延性；夕线石以其正延性可以区别于磷灰石和红柱石。

d　双晶

有的矿物的双晶在单偏光下就可以观察到，但大部分矿物的双晶在正交偏光下才表现得明显。双晶对于鉴定某些矿物有重要意义。如微斜长石（格子双晶）、斜长石（聚片双晶）、正长石（卡式双晶）、堇青石（六连晶）、金红石（肘状双晶）、十字石（十字形双晶），而方解石和白云石可以根据其聚片双晶和菱形解理的相交关系进行区别。

C 锥光镜下的观察

在下偏光镜之上、载物台之上，加上一个聚光镜，使透出下偏光镜的平行偏光变成锥形偏光，换上高倍物镜，推入勃氏镜或去掉目镜，上偏光镜继续保留，这样构成一个完整的锥光系统。射入薄片的锥光束，除中央一条光波垂直入射外，其余光波都是倾斜射入，而且越往外倾斜角度越大，不同方向的入射光同时通过矿片，到达上偏光镜后发生的消光和干涉应不相同，在镜下呈现特殊的干涉图，根据这种干涉图可以测出矿物的一些有用的光学性质。

a 一轴晶矿物的干涉图

一轴晶矿物的任何切面都会产生某一种干涉图，可以分为垂直光轴、斜交光轴、平行光轴三种类型。其中垂直或接近垂直光轴的切面的干涉图易于观察。垂直光轴的切面，在正交偏光下无论怎么旋转物台都呈黑色或接近黑色，在锥光镜下，其干涉图由一个黑十字与同心圆干涉色色圈组成，黑十字的臂与上下偏光振动方向平行，插入试板，根据 4 个扇面（象限）中干涉色的升降变化，就能确定 Ne 与 No 的相对大小，从而确定矿物的光性符号。在斜交光轴的切面中，黑十字的中心不在视域中心，旋转物台，黑十字及干涉图围绕视域中心旋转，当黑十字偏离中心过多，视域中只见到黑十字的一条臂，但是黑十字的中心仍然可以通过观察臂的移动推断。知道了黑十字中心的位置，根据 4 个象限里试板插入以后干涉色的升降，就可以同样测出矿物的光性符号。平行光轴的切面，当光轴与上下偏光振动方向之一平行时，为一粗大模糊的黑十字，稍稍转动物台，黑十字从中心分裂，并沿光轴方向迅速退出视域。光轴即为 Ne 方向，插入试板即可测出光性符号。

b 二轴晶矿物的干涉图

二轴晶矿物的干涉图比一轴晶要复杂得多，可有 5 种类型的干涉图，即垂直锐角等分线切面、垂直一个光轴切面、斜交光轴（与锐角等分线也斜交）、垂直钝角等分线切面、平行光轴面切面的干涉图。其中，以垂直锐角等分线切面干涉图最有代表性，垂直一个光轴的干涉图对于测定矿物光性也很简捷，而以斜交光轴同时斜交锐角等分线的干涉图最为常见，下面只介绍这三种类型的干涉图，以及如何运用它们测定二轴晶矿物的光性符号。

垂直锐角等分线的切面，处于消光位时（光轴面与上下偏光振动方向之一平行），干涉图由一个黑十字及 8 字形干涉色色圈组成，黑十字位于视域中心，8 字形干涉色色圈以两个光轴出露点为中心，其干涉色级序向外逐渐升高。转动物台，黑十字从中心分成两个弯曲的黑带，当转动物台 45° 时，两个弯曲黑带顶点之间的距离最远，它们代表两个光轴的出露点，其距离与光轴角大小成正比。在弯曲黑带顶点内外，与光轴面迹线一致的光率体椭圆切面的长短半径正好相反，此时插入试板，如果两个弯曲黑带顶点之间干涉色升高，而弯曲黑带凹方干涉色降低，则为正光性矿物；如果情况相反，则为负光性矿物。

垂直一个光轴切面的干涉图相当于垂直锐角等分线干涉图的一半，当光轴面与上下偏光振动方向成 45° 夹角时，插入试板，根据弯曲黑带凹凸方向干涉色升高和降低的情况，按照垂直锐角等分线切面同样的方法，可以测定其光性符号。

斜交光轴和锐角等分线的切面最为常见，其干涉图相当于垂直锐角等分线干涉图的一部分，按照切面与光轴面垂直还是斜交可以有两种类型，当光轴面与上下偏光振动方向之一平行时，前者其黑带在视域中心，后者黑带偏在视域一侧，转动物台45°，插入试板，根据黑带凹凸两边干涉色升降的情况，按照垂直锐角等分线同样的方法，即可测定其光性符号。

c　二轴晶矿物光轴角的估算

二轴晶矿物的光轴角 2V 是一个重要的光学常数，利用其垂直一个光轴的切面的干涉图可以粗略地估算出其光轴角。在光轴面与上下偏光振动方向成45°夹角时，可以根据黑带的弯曲程度估量光轴角的大小。注意这只适用于平均折射率为 1.60 的矿物，要较为精确地测定光轴角，需要用垂直锐角等分线的切面进行（马拉尔法、托比法、逸出角法）。

2.2　扫描电子显微镜图像

扫描电子显微镜（SEM）是一种介于透射电子显微镜和光学显微镜之间的一种观察手段。它利用聚焦成很窄的高能电子束来扫描样品，通过光束与物质间的相互作用，来激发各种物理信息，对这些信息收集、放大、再成像以达到对物质微观形貌表征的目的。新式扫描电子显微镜的二次电子像的分辨率已达到 1nm 以下，放大倍数可从数倍原位放大到30 万倍以上。

由于电子枪的效率不断提高，使扫描电子显微镜的样品室附近的空间增大，可以装入更多的探测器。因此，目前的扫描电子显微镜不只是分析形貌像，它还可以和其他的分析仪器组合，使人们能在同一台仪器上进行形貌、微区成分和晶体结构等多种微观组织结构信息的同位分析。扫描电子显微镜和 X 射线能谱分析仪相结合，可以做到观察微观形貌的同时进行矿物原位微区成分分析。

2.2.1　电子束与样品的相互作用

电子枪产生的高能电子束轰击试样表面时，入射电子与试样的原子核和核外电子产生弹性散射和非弹性散射作用。弹性散射是入射电子与试样中原子相互作用后只改变轨迹而能量基本不变的散射过程。非弹性散射是入射电子与试样原子发生相互作用后发生能量损失的散射，其中电子动量的损失以多种机制（产生二次电子、韧致辐射、内壳层电离、等离子体及光子激发）产生。在此过程中，高能电子束激发出反映试样形貌、结构和成分的各种信号（见图 2-10），如二次电子、背散射电子、透射电子、俄歇电子、特征 X 射线、连续 X 射线（韧致辐射）、阴极荧光、吸收电子、电子束感生电流等。其中，二次电子、背散射电子、俄歇电子、透射电子为电子信号，特征 X 射线、连续 X 射线、阴极荧光为电磁波信号，吸收电子、电子束感生电流为电流信号。将各种信号与原始电子束信号之间的比例称为某种信号的产额。

2.2.1.1　二次电子

在入射电子束作用下被轰击出来并离开样品表面的样品的核外电子称为二次电子。一个能量很高的入射电子射入样品时，可以产生许多自由电子，这些自由电子中 90%是来自样品原子外层的价电子。二次电子的能量较低，一般都不超过 50eV。对于从样品表面出射的各个方向的二次电子几乎都能被吸引采集，可得到无明显阴影的图像；另外，随着样品倾角的增大，二次电子产额也随之增高。因此，二次电子特别适合观察凹凸不平的样品

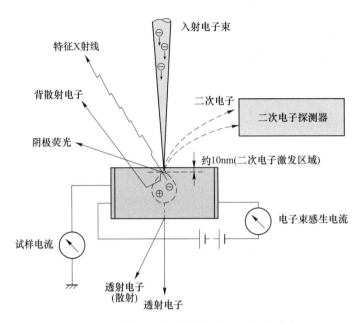

图 2-10   电子与试样相互作用产生的各种信息

表面。二次电子一般都是在表层 5~10nm 深度范围内发射出来的，它对样品的表面形貌十分敏感，适用于观察样品表面的微观结构。

2.2.1.2 背散射电子

背散射电子是被固体样品中的原子核反弹回来的一部分入射电子，其中包括弹性背散射电子和非弹性背散射电子。弹性背散射电子是指被样品中原子核反弹回来的，散射角大于 90°的那些入射电子，其能量没有损失（或基本上没有损失）。由于入射电子的能量很高，所以弹性背散射电子的能量能达到数千到数万电子伏。非弹性背散射电子是入射电子和样品核外电子撞击后产生的非弹性散射，不仅方向改变，能量也有不同程度的损失。如果有些电子经多次散射后仍能反弹出样品表面，这就形成非弹性背散射电子。非弹性背散射电子的能量分布范围很宽，从数十电子伏直到数千电子伏。从数量上看，弹性背散射电子远比非弹性背散射电子所占的份额多。由于入射电子束进入试样较深，入射电子束已经被散射开，其电子束的束斑直径比二次电子的束斑直径要大，背散射电子的成像分辨率较低，一般在 50~200nm。背散射电子的成像衬度主要与矿物所含原子的原子序数（Z）有关，与试样表面形貌也有一定的关系，因此既可观察形貌像，也可以观察成分像。

2.2.1.3 吸收电子

入射电子进入样品后，经多次非弹性散射能量损失殆尽（假定样品有足够的厚度没有透射电子产生），最后被样品吸收。若在样品和地之间接入一个高灵敏度的电流表，就可以测得样品对地的信号，这个信号是由吸收电子提供的。入射电子束和样品作用后，若逸出表面的背散射电子和二次电子数量越少，则吸收电子信号强度越大。若把吸收电子信号调制成图像，则它的衬度恰好和二次电子或背散射电子信号调制的图像衬度相反。当电子束入射一个多元素组成的矿物表面时，由于不同原子序数部位的二次电子产额基本上是相同的，则产生背散射电子较多的部位（原子序数大）其吸收电子的数量就较少，反之亦然。因此，吸收电子能产生原子序数衬度，同样也可以用来进行定性的微区成分分析。

2.2.1.4 透射电子

如果被分析的样品很薄，那么就会有一部分入射电子穿过薄样品而成为透射电子。这里所指的透射电子是采用扫描透射操作方式对薄样品成像和微区成分分析时形成的透射电子。这种透射电子是由直径很小（<10nm）的高能电子束照射薄样品时产生的。因此，透射电子信号是由微区的厚度、成分和晶体结构来决定。透射电子中除了有能量和入射电子相当的弹性散射电子外，还有各种不同能量损失的非弹性散射电子，其中有些遭受特征能量损失 ΔE 的非弹性散射电子（即特征能量损失电子）和分析区域的成分有关。因此，可以利用特征能量损失电子配合电子能量分析器来进行微区成分分析。

2.2.1.5 特征 X 射线

当原子的内层电子被入射电子激发或电离时，原子就会处于能量较高的激发状态，此时外层电子将向内层跃迁以填补内层电子的空缺，从而使其有特征能量的 X 射线释放出来。根据莫塞莱定律，如果用 X 射线探测器测到了样品微区中存在某一种特征波长，就可以判定这个微区中存在着相应的元素。

2.2.1.6 俄歇电子

在入射电子激发样品的特征 X 射线过程中，如果在原子内层电子能级跃迁过程中释放出来的能量并不以 X 射线的形式发射出去，而是用这部分能量把空位层内的另一个电子发射出去（或使空位层的外层电子发射出去），这个被电离出来的电子称为俄歇电子。俄歇电子的平均自由程很小（1nm 左右），而只有在距离表面层 1nm 左右范围内（即几个原子层厚度）逸出的俄歇电子才具备特征能量。因此，俄歇电子特别适用做表面层成分分析。

扫描电子显微镜的功能就是使一个细聚焦的电子束照射试样，并分别检测由试样发出的各种信号，主要为二次电子和背散射电子，最终根据信号的产额大小，按照明暗以图像形式显示出来。X 射线能谱仪或波谱仪的成分分析是利用非弹性散射产生的特征 X 射线能量和强度进行定性、定量分析。

2.2.2 扫描电子显微镜的结构与工作原理

扫描电子显微镜由电子光学系统，信号收集处理、图像显示和记录系统，真空系统 3 个基本部分组成（见图 2-11）。

2.2.2.1 电子光学系统（镜筒）

电子光学系统包括电子枪、电磁透镜、扫描线圈和样品室（见图 2-12）。

A 电子枪

扫描电子显微镜中的电子枪和透射电子显微镜的电子枪相似，只是加速电压比透射电子显微镜低。

B 电磁透镜

扫描电子显微镜的电磁透镜都不作成像透镜用，而是作聚光镜用。它们的功能只是把电子枪的束斑逐级聚焦缩小，使原来直径约为 $50\mu m$ 的束斑缩小成一个直径只有数纳米的细小斑点。要达到这样的缩小倍数，必须用几个透镜来完成。扫描电子显微镜一般都有 3 个聚光镜，前两个聚光镜是强磁透镜，可把电子束光斑缩小，第 3 个聚光镜是弱磁透镜，

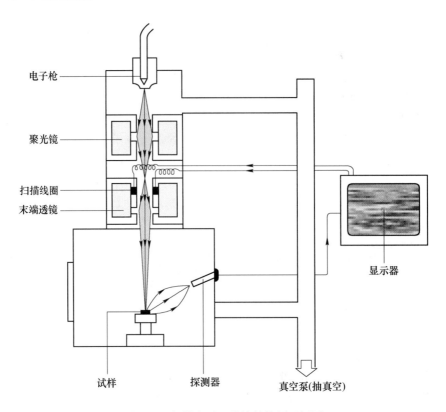

图 2-11 扫描电子显微镜结构原理框图

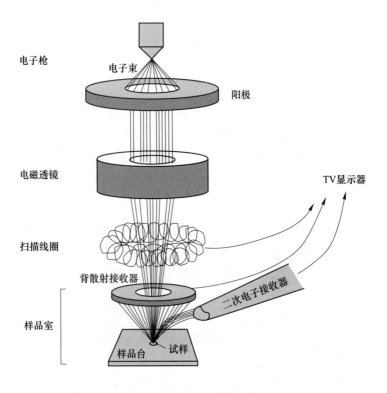

图 2-12 电子光学系统示意图

具有较长的焦距。布置这个末级透镜（习惯上称之为物镜）的目的在于使样品室和透镜之间留有一定的空间，以便装入各种信号探测器。扫描电子显微镜中照射到样品上的电子束直径越小，就相当于成像单元的尺寸越小，相应的分辨率就越高。

C 扫描线圈

扫描线圈的作用是使电子束偏转，并在样品表面做有规则的扫描。图 2-13 为电子束在样品表面进行扫描的两种方式。进行形貌分析时都采用光栅扫描方式，如图 2-13（a）所示。当电子束进入上偏转线圈时，方向发生转折，随后又由下偏转线圈使它的方向发生第二次转折。发生二次偏转的电子束通过末级透镜的光心射到样品表面。在电子束偏转的同时还带有一个逐行扫描的动作。电子束在上、下偏转线圈的作用下，在样品表面扫描出方形区域，相应地在显像管荧光屏上也画出一帧比例图像。样品上各点所受到电子束轰击时发出的信号可由信号探测器接收，并通过显示系统在显像管荧光屏上按强度描绘出来。如果电子束经上偏转线圈转折后未经下偏转线圈改变方向，而直接由末级透镜折射到入射点位置，这种扫描方式称为角光栅扫描或摇摆扫描，如图 2-13（b）所示。入射电子束被上偏转线圈转折的角度越大，则电子束在入射点上摆动的角度越大。在进行电子通道花样分析时，将采用这种操作方式。

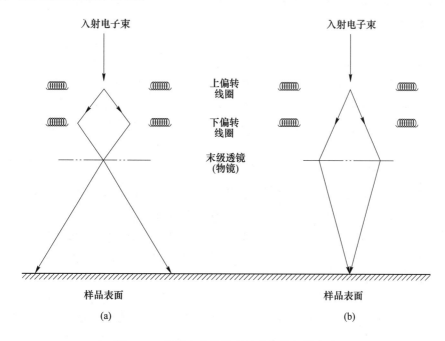

图 2-13 电子束在样品表面进行的扫描方式
(a) 光栅扫描；(b) 角光栅扫描

D 样品室

样品室内除放置样品外，还安置了信号探测器。各种不同信号的收集和相应检测器的安装位置有很大的关系。如果安置不当，则有可能收不到信号或收到的信号很弱，从而影响分析精度。

样品台本身是一个复杂而精密的组件，它应能夹持一定尺寸的样品，并能使样品做平移、倾斜和转动等运动，以利于对样品上每一特定位置进行各种分析。

2.2.2.2　信号收集处理、图像显示和记录系统

二次电子、背散射电子和透射电子的信号都可采用闪烁计数器来进行检测。信号电子进入闪烁体后即引起电离，当离子和自由电子复合后就产生可见光。可见光信号通过光导管送入光电倍增器，光信号放大，即又转化成电流信号输出，电流信号经视频放大后就成为调制信号。由于镜筒中的电子束和显像管中的电子束是同步扫描的，而荧光屏上每一点的亮度是根据样品上被激发出来的信号强度来调制的。因此，样品上各点的状态各不相同，接收到的信号也不相同，于是就可以在显像管上看到一幅反映样品各点状态的扫描电子显微图像。

2.2.2.3　真空系统

为保证扫描电子显微镜电子光学系统的正常工作，对镜筒中的真空度有一定的要求。一般情况下，如果真空系统能提供 $1.33×10^{-2} \sim 1.33×10^{-3}$ Pa 的真空度，就可以防止样品的污染。如果真空度不足，将会导致：（1）电子束的被散射加大；（2）电子枪灯丝的寿命缩短；（3）产生虚假的二次电子效应；（4）使透镜光阑和试样表面受碳氢化物的污染加速等。因此真空度不足将影响成像质量。

2.2.3　扫描电子显微镜成像

扫描电子显微镜成像主要是利用样品表面的微区特征，如形貌、原子序数、化学成分、晶体结构等差异，在电子束作用下产生不同强度的物理信号，使阴极射线管荧光屏上不同的区域呈现出不同的亮度，从而获得具有一定衬度的图像。常用的扫描电子显微镜成像包括主要由二次电子信号所形成的形貌衬度像和由背散射电子信号所形成的原子序数衬度像。

2.2.3.1　二次电子形貌衬度原理

二次电子是低能量的电子，产生范围很浅，主要用于分析样品的表面形貌。二次电子只能从样品表面层 $5 \sim 10$ nm 深度范围内被入射电子束激发出来。被入射电子束激发出的二次电子数量和原子序数没有明显的关系，但是二次电子对微区表面的几何形状十分敏感。二次电子像的衬度是形貌衬度，衬度的形成主要取于样品表面相对于入射电子束的倾角。如果样品表面光滑平整（无形貌特征），则不形成衬度；而对于表面有一定形貌的样品，其形貌可看成由许多不同倾斜程度的面构成的凸尖、台阶、凹坑等细节组成，这些细节的不同部位发射的二次电子数不同，从而产生衬度。二次电子像分辨率高、无明显阴影效应、场深大、立体感强，是扫描电子显微镜的主要成像方式，特别适用于粗糙样品表面的形貌观察。

图 2-14 说明了样品表面和电子束相对取向与二次电子产额之间的关系。入射电子束和样品表面法线平行时，即图 2-14 中 $\theta=0°$，二次电子产额最少。若样品表面倾斜了 $45°$，则电子束穿入样品激发二次电子的有效深度增加到 $\sqrt{2}$ 倍，入射电子束使距表面 $5 \sim 10$ nm 的作用体积内逸出表面的二次电子数量增多（见图 2-14 中灰色区域）。有效二次电子的数量与样品表面法线和入射电子束的夹角有密切关系，即在电子束的照射下，产生的二次电子数量取决于样品的表面形貌。用数学关系表述如下：

$$\delta = \frac{k}{\cos\alpha}$$

式中，δ 为二次电子产额；α 为电子束与试验表面法线的夹角；k 为比例常数。

可见，入射电子束与试样夹角越大，二次电子产额也越大。

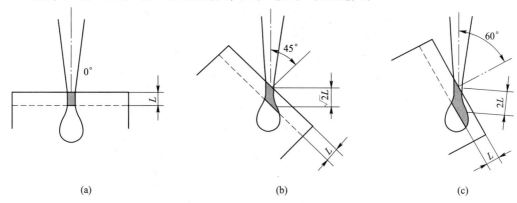

图 2-14　二次电子成像原理图

（a）入射电子束与样品表面法线平行（$\theta=0°$）；（b）入射电子束与样品表面法线夹角为 45°（$\theta=45°$）；
（c）入射电子束与样品表面法线夹角为 60°（$\theta=60°$）

图 2-15 所示为根据上述原理画出的造成二次电子形貌衬度的示意图。图 2-15 中样品上 B 面的倾斜度最小，二次电子产额最少，亮度最低；反之，C 面倾斜度最大，亮度也最大。

图 2-16 为硅藻土的微观表面形貌图，可以明显观察到硅藻土的孔道结构。

2.2.3.2　背散射电子衬度原理

背散射电子产生于距离样品表面几百纳米的深度，因此背散射电子图像的分辨率低于二次电子图像分辨率。然而，背散射电子的产额与原子序数有很大的关系。因此，背散射电子成像的衬度是原子序数的不同引起的。在背散射模式下，样品表面原子序数大的区域，背散射信号强，则扫描电子显微镜图像中表现为亮度高；相反，原子序数小的区域比较暗。

图 2-17 为原子序数与背散射电子产额之间的关系曲线。在原子序数 Z 小于 40 的范围内，背散射电子的产额对原子序数十分敏感。在进行分析时，样品中重元素区域相对于图像上是亮区，而轻元素区域则为暗区。

矿物是具有一定化学组成的天然化合物，可以利用矿物的平均原子序数（$\bar{Z}$）造成的衬度变化对各种矿物进行定性分析。$\bar{Z}$ 的计算公式如下：

$$\bar{Z} = \frac{\sum NAZ}{\sum NA}$$

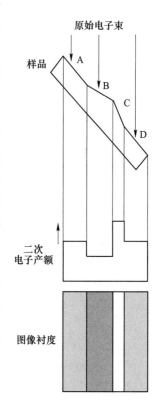

图 2-15　二次电子形貌衬度示意图

式中，A 为元素的原子质量；Z 为元素的原子序数；N 为每种元素的原子数；$\sum NA$ 为矿物的分子量。

图 2-16 硅藻土的孔道结构

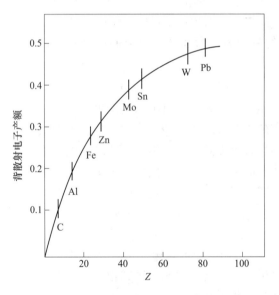

图 2-17 背散射电子产额和原子序数的关系

常见矿物的平均原子序数见表 2-4。从表 2-4 中的数据可知，相当部分的硅酸盐及铝硅酸盐矿物，比如镁橄榄石、叶蜡石、蓝闪石、镁铝榴石、顽火辉石、硬玉、镁堇青石、红柱石、蓝晶石、夕线石、钠长石等，由于这些矿物的平均原子序数相同或十分接近，致使扫描电子显微镜背散射图像难以进行区分。金属矿物由于其化学组成不同，而且金属元素的原子序数相对较大，激发出的背散射电子数量也不同，扫描电子显微镜图像上能出现亮度上的差别。因此，参照矿物平均原子序数值的差异，可以判断通过背散射图像是否能够区分不同的矿物。从图 2-18 可以看出，由于组成银金矿（Au、Ag）的元素比组成磁黄铁矿（$Fe_{1-x}S$）元素的原子序数大很多，因此在扫描电子显微镜背散射图像中银金矿明显比磁黄铁矿亮。

表 2-4 矿物平均原子序数

矿物名称	分子式	$\bar{Z}$
石墨/金刚石	C	6.0
菱镁矿	$Mg[CO_3]$	8.9
水镁石(氢氧镁石)	$Mg(OH)_2$	9.4
三水铝石(铝土矿)	$Al(OH)_3$	9.5
蛇纹石	$Mg_6[Si_4O_{10}](OH)_8$	10.2
绿柱石	$Be_3Al_2[Si_6O_{18}]$	10.2
高岭石	$Al_4[Si_4O_{10}](OH)_8$	10.2
锂辉石	$LiAl[Si_2O_6]$	10.3
方沸石	$Na_2[AlSi_2O_6]_2 \cdot 2H_2O$	10.4
滑石	$Mg_3[Si_4O_{10}](OH)_2$	10.5
镁橄榄石	$Mg_2[SiO_4]$	10.6
尖晶石	$MgAl_2O_4$	10.6
叶蜡石	$Al_2[Si_4O_{10}](OH)_2$	10.6
蓝闪石	$Na_2Mg_3Al_2[Si_4O_{11}]_2(OH)_2$	10.6
刚玉	Al_2O_3	10.6
镁铝榴石	$Mg_3Al_2[SiO_4]_3$	10.6
顽火辉石	$Mg_2[Si_2O_6]$	10.6
硬玉	$NaAl[Si_2O_6]$	10.7
镁堇青石	$Mg_2Al_3[AlSi_5O_{18}]$	10.7
红柱石/蓝晶石/夕线石	Al_2SiO_5	10.7
钠长石	$Na[AlSi_3O_8]$	10.7
石英/β-石英/蛋白石	SiO_2	10.8
白云石	$CaMg[CO_3]_2$	10.9
明矾石	$KAl_3[SO_4]_2(OH)_6$	11.2
霞石	$KNa_3[AlSiO_4]_4$	11.2
金云母	$K\{Mg_3[AlSi_3O_{10}](OH)_2\}$	11.2
白云母	$K\{Al_2[AlSi_3O_{10}](OH)_2\}$	11.3
透闪石	$Ca_2Mg_5[Si_4O_{11}]_2(OH)_2$	11.4
透长石/正长石/微斜长石	$K[AlSi_3O_8]$	11.8
钙长石	$Ca[AlSi_3O_8]$	12.0
石膏	$Ca[SO_4] \cdot 2H_2O$	12.1
白榴石	$K[AlSi_2O_6]$	12.1

续表2-4

矿物名称	分子式	$\bar{Z}$
透辉石	$CaMg[Si_2O_6]$	12.2
普通角闪石	$Ca_2Na(Mg,Fe^{II})_4(Al,Fe^{III})$ $[(Si,Al)_4O_{11}]_2(OH)_2$	12.3
十字石	$FeAl_4[SiO_4]_2O_2(OH)_2$	12.5
方解石/文石	$Ca[CO_3]$	12.6
钙铝榴石	$Ca_3Al_2[SiO_4]_3$	12.9
光卤石	$KMg(H_2O)_6Cl_3$	13.0
铁堇青石	$Fe_2Al_3[AlSi_5O_{18}]$	13.2
硬石膏	$Ca[SO_4]$	13.4
硅灰石	$Ca_3[Si_3O_9]$	13.6
绿帘石	$Ca_2FeAl_2[Si_2O_7][SiO_4]O(OH)$	13.7
硬绿泥石	$Fe_2Al[Al_3(SiO_4)_2O_2](OH)_4$	13.7
镁铁闪石	$(Mg,Fe)_7[Si_4O_{11}]_2(OH)_2$	13.8
黑云母	$K\{(Mg,Fe)_3[AlSi_3O_{10}](OH)_2\}$	13.8
普通辉石	$Ca(Mg,Fe^{II},Fe^{III},Ti,Al)[(Si,Al)_2O_6]$	13.8
羟磷灰石	$Ca_5[PO_4]_3OH$	14.1
氟磷灰石	$Ca_5[PO_4]_3F$	14.1
霓石	$NaFe[Si_2O_6]$	14.1
紫苏辉石	$(Mg,Fe)_2[Si_2O_6]$	14.2
萤石	CaF_2	14.6
榍石	$CaTi[SiO_4]O$	14.7
锰铝榴石	$Mn_3Al_2[SiO_4]_3$	15.2
钙铁辉石	$CaFe[Si_2O_6]$	15.3
铁铝榴石	$Fe_3Al_2[SiO_4]_3$	15.6
钙铁榴石	$Ca_3Fe_2[SiO_4]_3$	15.8
菱锰矿	$Mn[CO_3]$	15.9
金红石/锐钛矿	TiO_2	16.4
菱铁矿	$Fe[CO_3]$	16.5
钙钛矿	$CaTiO_3$	16.5
水锰矿	$MnOOH$	18.5
铁橄榄石	$Fe_2[SiO_4]$	18.7
软锰矿	MnO_2	18.7
钛铁矿	$FeTiO_3$	19.0
褐锰矿	$Mn^{2+}Mn_6^{3+}SiO_{12}$	19.1
针铁矿(褐铁矿)	$FeO(OH)$	19.2
菱锌矿	$Zn[CO_3]$	19.3
蓝铜矿	$Cu_3[CO_3]_2(OH)_2$	19.4

矿物名称	分子式	$\overline{Z}$
孔雀石	$Cu_2[CO_3](OH)_2$	19.9
铬铁矿	$FeCr_2O_4$	19.9
赤铁矿/镜铁矿	Fe_2O_3	20.6
黄铁矿/白铁矿	$Fe[S_2]$	20.7
磁铁矿	$FeFe_2O_4$	21.0
异极矿	$Zn_4(H_2O)[Si_2O_7]$	21.6
方黄铜矿	$CuFe_2S_3$	23.2
黄铜矿	$CuFeS_2$	23.5
天青石	$Sr[SO_4]$	23.7
铜蓝	CuS	24.6
锆石	$Zr[SiO_4]$	24.8
斑铜矿	Cu_5FeS_4	25.3
闪锌矿	ZnS	25.4
砷黝铜矿	$Cu_{12}As_4S_{13}$	26.1
蓝辉铜矿	Cu_8CuS_5	26.1
雌黄	As_2S_3	26.3
辉铜矿	Cu_2S	26.4
赤铜矿	Cu_2O	26.7
毒砂	$Fe[AsS]$	27.2
雄黄	AsS	27.9
自然铜	Cu	29.0
黝锡矿	Cu_2FeSnS_4	30.5
红砷镍矿	$NiAs$	30.8
辉钼矿	MoS_2	31.6
锑黝铜矿	$Cu_{12}Sb_4S_{13}$	32.2
重晶石	$Ba[SO_4]$	37.3
硫化银	AgS	39.9
锡石	SnO_2	41.1
辉锑矿	Sb_2S_3	41.1
辉银矿	Ag_2S	43.0
自然银	Ag	47.0
锑银矿	Ag_3Sb	48.1
钨锰矿	$MnWO_4$	51.2
钨铁矿	$FeWO_4$	51.3
白钨矿	$Ca[WO_4]$	51.8
铬铅矿	$Pb[CrO_4]$	58.0

矿物名称	分子式	$\bar{Z}$
钼铅矿	$Pb[MoO_4]$	58.6
白铅矿	$Pb[CO_3]$	65.3
钍石	$Th[SiO_4]$	67.2
辉碲铋矿	Bi_2Te_2S	68.7
辉铋矿	Bi_2S_3	70.5
辰砂	HgS	71.2
方铅矿	PbS	73.1
锑金矿	Au_3Sb	74.2
自然铂	Pt	78.0
自然金	Au	79.0
自然铋	Bi	83.0

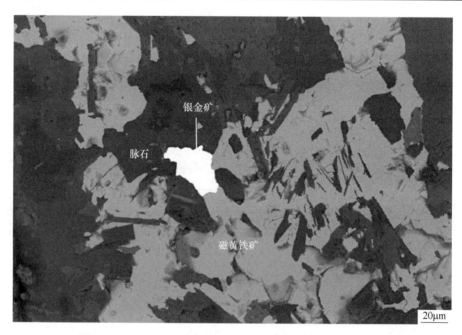

图 2-18　银金矿以不规则状嵌布于磁黄铁矿与脉石矿物粒间

2.2.4　X 射线能谱分析

矿物不仅可以利用扫描电子显微镜背散射电子图像的灰度差异进行区分，还可以结合 X 射线能谱（EDS，Energy Dispersive Spectroscopy）分析依据矿物成分的不同进行识别。X 射线能谱分析是电子显微技术最基本的，具有成分分析功能的方法。

2.2.4.1　特征 X 射线的产生

特征 X 射线的产生是入射电子使内层电子激发而发生的现象。即内壳层电子被轰击后跳到比费米能高的能级上，电子轨道内出现的空位被外壳层轨道的电子填入时，作为多余的能量放出的就是特征 X 射线。特征 X 射线具有元素固有的能量，所以根据它的能量值就可以确定元素的种类，而且根据谱的强度分析就可以确定其含量。

2.2.4.2 X 射线能谱仪组成

X 射线能谱仪由半导体探测器、前置放大器和多道脉冲高度分析器组成。它是利用 X 射线光子的能量来进行元素分析的。X 射线光子由锂漂移硅探测器［即 Si(Li) 探测器］接收后给出电脉冲信号，该信号的幅度随 X 射线光子的能量不同而不同。脉冲信号再经放大器放大整形后，送入多道脉冲高度分析器，然后根据 X 射线光子的能量和强度区分样品元素的种类和含量。

A 半导体探测器

半导体探测器的主要作用是把接收到的 X 射线光子变成电脉冲信号，其脉冲幅度正比于 X 射线光子的能量。目前使用的半导体探测器主要有两种：锂漂移硅探测器和超纯锗探测器。下面介绍锂漂移硅探测器。

锂漂移硅探测器一般都是用高纯单晶硅中掺杂有微量锂的半导体固体探测器（SSD, Solid State Detector）。SSD 是一种固体电离室，当 X 射线入射时，室中就产生与这个 X 射线能量成比例的电荷。这个电荷在场效应管（FET, Field Effect Transistor）中聚集，产生一个波峰值比例于电荷量的脉冲电压。为了使硅中的锂稳定和降低 FET 的热噪声，平时和测量时都必须用液氮冷却 EDS 探测器。

B 前置放大器和主放大器

前置放大器的作用就是将从探测器收集来的脉冲电荷积分成电压信号，并初步放大。前置放大器的增益的选择要求能保证输出的电压信号幅值正比于电子-空穴对的数目，从而保证正比于入射 X 射线光子的能量。另外，前置放大器的信噪比较大，故前置放大器采用场效应管，并始终保持在液氮温度下。

主放大器的作用是将前置放大器输出的电压信号继续放大并整形。主放大器的增益是可调的。它决定入射 X 射线光子和脉冲高度之间的对应关系。

C 多道脉冲高度分析器

多道脉冲高度分析器的作用是把从主放大器送出来的脉冲，按其高度分成若干档。脉冲幅度相近的编在同一档内进行累计，这相当于把 X 射线光子能量接近地放在一起计数。每个档称为一道，每个道都编上号，称为道址。道址号是按 X 射线光子能量大小编排的，X 射线光子能量低的对应道址小，X 射线光子能量大的对应的道址大，道址和能量之间存在对应关系。每一道都有一定的宽度，称为道宽。常用的 X 射线光子能量范围为 $0 \sim 20.48 keV$。如果总道数为 1024 道，那么每个道址的道宽，也即对应的电子能量范围是 20eV。

多道脉冲高度分析器还包含有存储器、显示器和其他输出设备。存储器负责把输入的脉冲分别记在相应的道址中，并进行累计。用多道脉冲高度分析器来测量波峰值和脉冲数，这样就可以得到横轴为 X 射线能量，纵轴为 X 射线光子数的谱图，可以用显像管或打印机显示出谱线（见图 2-19）。

2.2.4.3 X 射线能谱分析

X 射线能谱分析是利用 X 射线光子的能量来进行元素分析的。X 射线光子由锂漂移硅

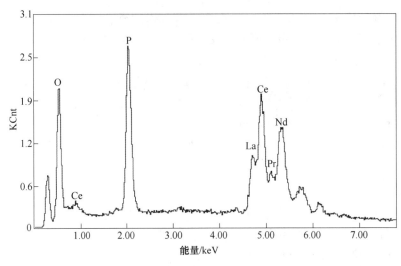

图 2-19 独居石能谱图

探测器接收后给出电脉冲信号，该信号的幅度随 X 射线光子的能量不同而不同。脉冲信号再经放大器放大整形后，送入多道脉冲高度分析器，然后根据 X 射线光子的能量和强度区分样品元素的种类和含量。X 射线能谱分析包括定性分析和定量分析。

A 定性分析

X 射线能谱定性分析是一种快速而有效的定性分析方法。矿物中同一元素的同一线系特征 X 射线的能量值是一定的，不同元素的特征 X 射线能量值各不相同。利用能谱仪接受和记录样品中特征 X 射线全谱，并展示在屏幕上，然后移动光标确定各谱峰的能量值，通过查表和释谱，可测定出矿物的元素组成，这就是能谱定性分析的基本原理和分析过程。

X 射线能谱定性分析有三种模式：

（1）点分析：将电子束固定在所需分析的微区上，可直接从显示屏上得到微区内全部元素的谱线；

（2）线分析：电子束沿一条分析线进行扫描时，能获得元素含量变化的线分布曲线。结果和试样形貌像对照分析，能直观地获得元素在不同区域内的分布；

（3）面分析：电子束在试样表面扫描时，元素在试样表面的分布能在屏幕上以亮度分布显示出来。亮度越亮，说明元素含量越高。面分布常常与形貌对照分析。

B 定量分析

X 射线能谱定量分析是以测量特征 X 射线的强度作为分析基础，可分为有标样定量分析和无标样定量分析两种。

（1）有标样定量分析：在相同条件下，同时测量标样和试样中各元素的 X 射线强度，通过强度比，再经过修正后可求出各元素的百分含量。有标样分析准确度高。

（2）无标量定量分析：标样 X 射线强度是通过理论计算或者数据库进行定量计算。

3 数字图像

3.1 图像

图像是当光辐射能量照在客观存在的物体上，经反射或透射得到反射光能量或透射光能量，或由发光物体本身发出的光能量，当人类用眼睛感受外界的光能量，经过视神经、传导神经后在大脑中重现出的景物的视觉信息，这就是最原始的图像。在高度信息化的社会中，图形和图像在信息传播中所起的作用越来越大。广义地讲，凡是记录在纸介质上的、拍摄在底片和照片上的，显示在电视、投影仪和计算机屏幕上的所有具有视觉效果的画面都可以称为图像。图像是三维场景在二维平面上的影像，它具有抽象性、降维性和一览性等特点。

（1）抽象性。图像包含的或从图像获取的信息，往往用语言难以表达。也就是说，相对于语言描述，图像积极地表达了更多的信息。

（2）降维性。图像记录的是二维画面，但是其内容是描述三维世界或三维物体的。也就是说，生成图像时进行了从三维到二维的降维处理。

（3）一览性。人处理图像信息时，几乎能在瞬时捕获二维画面整体信息并进行处理。如果进一步观察局部细节，更能获得与全局无矛盾的解释。

3.1.1 数字图像

根据图像记录方式的不同，图像可分为两大类：一类是模拟图像（analog image）；一类是数字图像（digital image）。模拟图像是通过某种物理量（光、电等）的强弱变化来记录图像上各点的亮度信息的，例如模拟电视图像；而数字图像则完全是用数字（即计算机存储的数据）来记录图像各点的亮度信息。数字图像是由模拟图像数字化或离散化得到的，组成数字图像的基本单位是像素（pixel），也就是说，数字图像是像素的集合。例如，常见的二维静止黑白图像是以像素为元素的矩阵，每个像素上的值代表图像在该位置的亮度，称为图像的灰度值。数字图像像素具有整数坐标和整数灰度值。

由模拟图像得到数字图像的过程，是将空间上连续和度上连续的模拟图像进行离散化处理，也就是数字化（digitizing）。数字化得到的数字图像，是由行和列双向排列的像素组成，像素的值就是灰度值（grey-level），彩色图像的像素值是三基色颜色值。

3.1.2 图像数字化设备

数字图像是由模拟图像数字化得到的，完成数字化操作的装置就是图像传感器及其计算机接口，习惯上称为数字图像成像系统。例如，最常见的可见光图像传感器和成像系统有数码相机、数码摄像机和扫描仪等，这些设备可以分别用于现场景物的数字化成像和纸介质图片的数字化成像，这些设备中核心的图像传感器器件通常采用 CCD（电感耦合器件）阵列或 CCD 线列。

图像传感器及成像系统分为主动和被动两种。主动传感器带有主动照射源，照射源将光线或其他射线（例如 X 射线）投射到景物上，经过景物表面的反射吸收或景物内部的吸收衰减，传感器接收景物表面的反射射线能量或透射射线能量，并对其进行数字化成像。被动传感器则利用自然光照明或景物主动发出的辐射（例如红外辐射），接收到景物的漫反射射线能量或主动辐射射线能量，并对其进行数字成像。

CCD 可以用来感应可见光的光强。数码相机（digital camera）是 CCD 阵列的一个最典型的应用，其核心是一个高分辨的 CCD 阵列，用于采集静止图像（即数码照片）；另一个典型的应用是数码摄像机，俗称 digital video camera，其核心是一个高速的 CCD 阵列，用于采集视频图像（即数码电影）。另外输出模拟电视信号的视频摄像头也广泛采用 CCD 阵列作为前端的传感器。扫描仪中使用的 CCD 一般是阵列排列，CCD 阵列可以每次扫一行，而扫描仪的机械传动装置控制 CCD 线阵与被扫描的模拟图像介质之间的相对运动，实现全图的扫描。通常，CCD 阵列的像素数目越多，收集到的图像就会越清晰，图像分辨率越高。

3.1.3 图像的数字化表示

为了产生一幅数字图像，需要把连续的感知数据转换为数字形式。这种转换包括两种处理：采样和量化。

3.1.3.1 采样

图像在空间上的离散化称为采样。也就是用空间上部分点的灰度值代表图像，这些点称为采样点。图像是一种二维分布的信息，为了对它进行采样操作，需要先将二维信号变为一维信号，再对一维信号完成采样。具体做法是，先沿垂直方向按一定间隔从上到下顺序地沿水平方向进行直线扫描，取出各水平行上灰度值的一维扫描信号。而后再对一维扫描信号按一定间隔采样得到离散信号。即先沿垂直方向采样，再沿水平方向采样，用两个步骤完成采样操作。对于运动图像（即时间域上的连续图像），需先在时间轴上采样，再沿垂直方向采样，最后再沿水平方向采样三个步骤。

对一幅图像采样时，若每行（即横向）像素为 M 个，每列（即纵向）像素为 N 个，则图像大小为 $M×N$ 个像素。

在进行采样时，采样点间隔的选取是一个非常重要的问题，它决定了采样后图像的质量，即忠实于原图像的程度。采样间隔的大小选取要依据原图像的细微浓淡变化来决定。一般，图像中细节越多，采样间隔应越小。

3.1.3.2 量化

模拟图像经过采样后，在空间上离化为像素，但采样所得的像素值（即灰度值）仍是连续量，把采样后所得的各像素的灰度值从模拟量到离散量的转换称为图像灰度的量化。灰度值的范围为 0~255，表示亮度从暗到明，对应图像中的颜色为从黑到白。

灰度值量化的方法有两种：一种是等间隔量化，另一种是非等间隔量化。等间隔量化就是简单地把采样值的范围等间隔地分割并进行量化，也称为均匀量化或线性量化。非等间隔量化也称非均匀量化，它依据一幅图像具体的灰度值分布的概率密度函数，按总的量化误差最小的原则来进行量化。具体做法是对图像中像素灰度值频繁出现的灰度值范围，量化间隔取小一些；而对那些像素灰度值极少出现的范围，则量化间隔取大一些。

由于图像灰度值的概率分布密度函数因图像不同而异，所以不可能找到一个适用于各种不同图像的最佳非等间隔量化方案。因此，使用上一般多采用等间隔量化。

一幅图像在采样时，行、列的采样点与量化时每个像素化的级数，既影响数字图像的质量，也影响到该数字图像数据量的大小。假定图像取 $M×N$ 个样点，每个像素量化后的灰度二进制位数为 Q，一般 Q 总是取为 2 的整数幂，即 $Q = 2^k$，则存储一幅数字图像所需的二进制位数（b）为

$$b = M × N × Q \tag{3-1}$$

字节数（Byte）为

$$B = \frac{M × N × Q}{8} \tag{3-2}$$

对一幅图像，当量化级数 Q 一定时，采样点数 $M × N$ 对图像质量有着显著的影响。采样点数越多，图像质量越好；当采样点数减少时，图像的块状效应就逐渐明显。同理，当图像的采样点数一定时，采用不同量化级数的图像质量也不一样。量化级数越多，图像质量越好；量化级数越小，图像质量越差，量化级数最极端的情况就是二值图像，图像出现假轮廓。

当限定数字图像的大小时，采用如下原则，可得到质量较好的图像：

（1）对缓变的图像，应该细量化、粗采样，以避免假轮廓；

（2）对细节丰富的图像，应细采样、粗量化，以避免模糊（混叠）。

对于彩色图像，是按照颜色成分红（R）、绿（G）、蓝（B）分别采样和量化的。若各种颜色成分均按 8bit 量化，即每种颜色量级别是 256，则可以处理 256×256×256 = 16777216 种颜色。

数字图像的质量很大程度上取决于采样和量化中所用的样本数和灰度级。空间分辨率（spatial resolution）是描述图像数字化过程中对空间坐标离散化处理的精度。空间分辨率越高，数字图像所表达的景物细节越丰富，但图像的数字化、存储、输出及处理的难度也越大，因此需要根据工作的要求选择一个合适的空间分辨率。

3.2 像素

假设用间隔相等的栅格将图像横向、纵向各均分为均等的 8 等份，则图像被分割为许多小方格，每一个小方格称为像素（pixel）。像素是指由图像的小方格组成的，这些小方块都有一个明确的位置和被分配的色彩数值，小方格颜色和位置就决定该图像所呈现出来的样子。可以将像素视为整个图像中不可分割的单位或者是元素。

一幅图像可定义为一个二维函数，其中 x、y 是空间（平面）坐标，而在任何一对空间坐标（x, y）处的幅值 f 称为图像在该点的强度或灰度。当 x、y、f 是有限的离散数值时，就可称该图像为数字图像。

将连续图像 $f(x, y)$ 经数字化后，可以用一个离散量组成的矩阵 $g(x, y)$（即二维

数组来表示）：

$$g(x, y) = \begin{bmatrix} f(0, 0) & f(0, 1) & \cdots & f(0, n-1) \\ f(1, 0) & f(1, 1) & \cdots & f(1, n-1) \\ \vdots & \vdots & & \vdots \\ f(m-1, 0) & f(m-1, 1) & \cdots & f(m-1, n-1) \end{bmatrix} \tag{3-3}$$

矩阵（3-3）中的每一个元素就是像元、像素和图像元素。而 $g(x, y)$ 代表 (x, y) 点的灰度值，即亮度值。

3.3 颜色空间

"颜色空间"一词源于西方的"color space"，又称作"色域"。色彩学中，人们建立了多种颜色模型，以一维、二维、三维甚至四维空间坐标来表示某一颜色，这种坐标系统所能定义的颜色范围即颜色空间。颜色空间是颜色抽象表示和数学描述方法，是进行颜色信息研究的理论基础。与灰度图像相比，彩色图像携带了更多的可视化信息，彩色图像处理已成为一个重要的研究领域。在彩色图像处理中，如何根据图像处理的需要选择一个合适的颜色空间是一项关键问题。

3.3.1 RGB 颜色空间

RGB 颜色空间以 R(Red)、G(Green)、B(Blue) 三种基本色为基础，进行不同程度的叠加，产生丰富而广泛的颜色，所以俗称三基色模式。红绿蓝代表可见光谱中的三种基本颜色或称为三原色，每一种颜色按其亮度的不同分为 256 个等级。RGB 空间是生活中最常用的一个颜色显示模型，电视机、电脑的 CRT 显示器等大部分都是采用这种模型。自然界中的任何一种颜色都可以由红、绿、蓝三种色光混合而成，现实生活中人们见到的颜色大多是混合而成的色彩。RGB 颜色空间可以用三维的笛卡尔坐标系统来表示，如图 3-1 所示。在正方体的主对角线上，各原色的强度相等，产生由暗到明的白色，也就是不同的灰

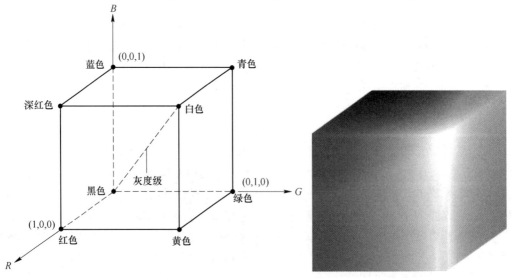

图 3-1 RGB 彩色立方体示意图

度值。(0, 0, 0) 为黑色，（1, 1, 1）为白色。正方体的其他 6 个角点分别为红色、黄色、绿色、青色、蓝色和深红色。

3.3.2 CMY 颜色空间

CMY 颜色空间是当阳光照射到一个物体上时，这个物体将吸收一部分光线，并将剩下的光线进行反射，反射的光线就是我们所看见的物体颜色。印刷工业常采用 CMY 色彩系统。CMY 模式的原色为青色（Cyan）、品红色（Magenta）、黄色（Yellow）。青色、品红色、黄色是该表色系统的三基色，它们分别对应三种墨水。青色吸收红光，品红色吸收绿光，黄色吸收蓝光，印刷好的图像被白光照射时会产生合适的反射，从而形成不同的色彩。

在实际应用中，由于黑色（Black）用量较大，印刷中往往直接用黑色墨水来产生黑色，从而节约青色、品红色、黄色三种墨水的用量。因此，常用 CMYK 来表示 CMY 模型。

3.3.3 YIQ 颜色空间

YIQ 颜色空间通常被北美的电视系统所采用，属于 NTSC（National Television Standards Committce）系统。在 YIQ 系统中，Y 分量代表图像的亮度信息，I、Q 两个分量则携带颜色信息，I 分量代表从橙色到青色的颜色变化，而 Q 分量则代表从紫色到黄绿色的颜色变化。将彩色图像从 RGB 转换到 YIQ 颜色空间，可以把彩色图像中的亮度信息与色度信息分开，分别独立进行处理。

3.3.4 HSI 颜色空间

HSI 颜色空间模型是美国色彩学家孟塞尔（H. A. Munseu）于 1915 年提出的，它反映了人的视觉系统感知彩色的方式，以色调、饱和度和强度三种基本特征量来感知颜色。

色调 H（Hue）：与光波的波长有关，它表示人的感官对不同颜色的感受，如红色、绿色、蓝色等，它也可表示一定范围的颜色，如暖色、冷色等。

饱和度 S（Saturation）：表示颜色的纯度，纯光谱色是完全饱和的，加入白光会稀释饱和度。饱和度越大，颜色看起来就会越鲜艳，反之亦然。

强度 I（Intensity）：对应成像亮度和图像灰度，是颜色的明亮程度。HSI 模型的建立基于两个重要的事实：（1）I 分量与图像的彩色信息无关；（2）H 和 S 分量与人感受颜色的方式是紧密相连的。这些特点使得 HSI 模型非常适合彩色特性检测与分析。

HSI 模型与 RGB 模型之间可按以下方法相互转换。

（1）RGB 转换到 HSI。首先，对取值范围为［0, 255］的 R、G、B 值按式（3-4）进行归一化处理，得到 3 个［0, 1］范围内的 r、g、b 值：

$$r = \frac{R}{R+G+B}; g = \frac{G}{R+G+B}; b = \frac{B}{R+G+B} \tag{3-4}$$

则对应 HSI 模型中的 H、S、I 分量的计算公式（$h \in [0.2\pi]$）为

$$h = \begin{cases} \theta & \text{当 } g \geqslant b \\ 2\pi - \theta & \text{当 } g < b \end{cases} \tag{3-5}$$

$$s = 1 - 3\min(r, g, b) \tag{3-6}$$

$$i = \frac{R + G + B}{3 \times 255} \quad (i \in [0, 1]) \tag{3-7}$$

$$\theta = \arccos\left[\frac{\dfrac{(r - g) + (r - b)}{2}}{(r - g)^2 + (r - b)(g - b)^{1/2}}\right] \tag{3-8}$$

由式（3-4）~式（3-8）计算出的 h 值的范围为 $[0, 2\pi]$，s 值的范围为 $[0, 1]$，i 值的范围为 $[0, 1]$。为便于理解，常将 h、s、i 分别转换为 $[0°, 360°]$、$[0, 100]$、$[0, 255]$：

$$\left.\begin{array}{l} H = h \times \dfrac{180}{\pi} \\ S = s \times 100 \\ I = i \times 255 \end{array}\right\} \tag{3-9}$$

（2）HSI 转换为 RGB。利用 h、s、i 将 HSI 转换为 RGB 的公式为

$$\left.\begin{array}{l} b = i(1 - s) \\ r = i\left[1 + \dfrac{s\cos h}{\cos(60° - h)}\right] \\ g = 3i - (g + b) \end{array}\right\} \tag{3-10}$$

$$\left.\begin{array}{l} h = h - \dfrac{2\pi}{3} \\ r = i(1 - s) \\ g = i\left[1 + \dfrac{s\cos h}{\cos(60° - h)}\right] \\ b = 3i - (r + b) \end{array}\right\} \tag{3-11}$$

$$\left.\begin{array}{l} h = h - \dfrac{4\pi}{3} \\ r = i(1 - s) \\ g = i\left[1 + \dfrac{s\cos h}{\cos(60° - h)}\right] \\ b = 3i - (g + b) \end{array}\right\} \tag{3-12}$$

由式（3-9）~式（3-12）计算出的 r、g、b 值的范围为 $[0, 1]$。为便于理解与显示，常将其转换为 $[0, 255]$：

$$\left.\begin{array}{l} R = r \times 255 \\ G = g \times 255 \\ B = b \times 255 \end{array}\right\} \tag{3-13}$$

3.3.5 HSV 颜色空间

HSV 颜色空间是根据颜色的直观特性由 A. R. Smith 在 1978 年创建的一种颜色空间，可以用一个圆锥空间模型来描述，也称六角锥体模型（hexcone model），是一种将 RGB 色彩空间中的点在倒圆锥体中表示的方法（见图 3-2）。色调（H）是色彩的基本属性，就是

通常说的颜色的名称，如红色、黄色等。饱和度（S）是指色彩的纯度，越高色彩越纯，低则逐渐变灰，取 0~100% 的数值。明度（V），取 0~max（计算机中 HSV 取值范围和存储的长度有关）。HSV 颜色空间中圆锥的顶点处，$V=0$，H 和 S 无定义，代表黑色；圆锥的顶面中心处 $V=$ max，$S=0$，H 无定义，代表白色。

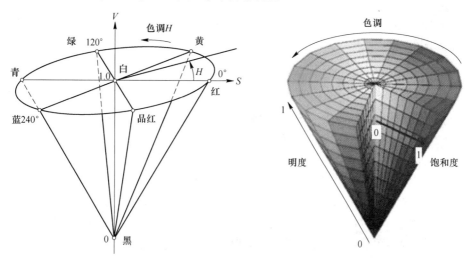

图 3-2　HSV 颜色空间的圆锥空间模型

实际应用时，从 RGB 到 HSV 的转化公式如下：设 max 等于 R、G 和 B 中的最大者，min 为最小者。对应的 HSV 空间中的（h，s，v）值为

$$h = \begin{cases} 0°, & if \ \max = \min \\[2mm] 60° \times \dfrac{G-B}{\max-\min} + 0°, & if \ \max = R \ and \ G \geqslant B \\[2mm] 60° \times \dfrac{G-B}{\max-\min} + 360°, & if \ \max = R \ and \ G < B \\[2mm] 60° \times \dfrac{G-B}{\max-\min} + 120°, & if \ \max = G \\[2mm] 60° \times \dfrac{G-B}{\max-\min} + 240°, & if \ \max = B \end{cases} \tag{3-14}$$

$$s = \begin{cases} 0, & if \ \max = 0 \\[2mm] \dfrac{\max-\min}{\max} = 1 - \dfrac{\min}{\max}, & otherwise \end{cases} \tag{3-15}$$

$$v = \max \tag{3-16}$$

3.3.6　Lab 颜色空间

Lab 颜色空间模型是 CIE 于 1976 年制定的颜色空间。Lab 颜色由亮度或光亮度分量 L 和 a、b 两个色度分量组成。其中，a 在正向的数值越大表示越红，在负向的数值越大则表示越绿；b 在正向的数值越大表示越黄，在负向的数值越大表示越蓝。Lab 颜色与设备无关，无论使用何种设备（如显示器、打印机、计算机或扫描仪）创建或输出图像，这种模型都能生成一致的颜色。

3.4 图像类型

在计算机中，按照颜色和灰度的多少可以将图像分为灰度图像、二值图像、索引图像和真彩色 RGB 图像 4 种基本类型。目前，大多数图像处理软件都支持这 4 种类型的图像。

3.4.1 灰度图像

灰度图像是数字图像最基本的形式，灰度图像可以由黑色照片数字化得到，或对彩色图像进行去色处理得到。灰度图像只表达图像的亮度信息而没有颜色信息。因此，灰度图像的每个像素点上只包含一个量化的灰度级（即灰度值），用来表示该点的亮度水平，并且通常用 1 个字节（8 个二进制位）来存储灰度值。

如果灰度值用 1 个字节表示，则可以表示的正整数范围是 0~255。也就是说，像素灰度值取值在 0~255，灰度级数为 256 级。"0"表示纯黑色，"255"表示纯白色，中间的数字从小到大表示由黑到白的过渡色。在特殊应用中，可能需要采用更高的灰度级数。例如 CT 图像的灰度级数高达数千，需要采用 12 位或 16 位二进制位存储数据，但这类图像通常都采用专用的显示设备和软件来进行显示和处理。

3.4.2 二值图像

二值图像是灰度图像经过二值化处理后的结果。二值图像只有两个灰度级，理论上只需要 1 个二进制表示。一幅二值图像的二维矩阵仅由 0、1 两个值构成，"0"代表黑色，"1"代白色。由于每一像素（矩阵中每一元素）取值仅有 0、1 两种可能，所以计算机中二值图像的数据类型通常为 1 个二进制位。二值图像通常用于文字、线条图的扫描识别（OCR）和掩膜图像的存储。

3.4.3 彩色图像

彩色图像的数据不仅包括亮度信息，还要包含颜色信息。颜色的表示方法是多种多样的，最常见的是三基色模型，例如红绿蓝 RGB（Red/Green/Blue）三基色模型，利用 RGB 三基色可以混合成任意颜色。因此，RGB 模型在各种颜色成像设备和彩色显示设备中使用，常规的彩色图像也都是用 RGB 三基色来表示的，每个像素包括红绿蓝三种颜色的数据，每个数据用 1 个字节（8 位二进制位）表示，则每个像素的数据为 3 个字节（即 24 位二进制），这就是人们常说的 24 位真彩色。

3.5 图像灰度化

将彩色的图像转换为灰度图像的过程称为图像灰度化。由于彩色图像每个像素的颜色由 R、G、B 三个分量组成，即红、绿、蓝三种颜色。每种颜色都有 255 种灰度值可以取，而灰度图像则是 R、G、B 三个分量灰度值相同的一种特殊的图像。灰度化处理是把含有亮度和色彩的彩色图像变换为灰度图像的过程。所以在数字图像处理过程中将彩色图像转换成灰度图像后就会使后续的图像处理时的计算量变得相对很小，这就是图像灰度化的原因。而且灰度图像对图像特征的描述与彩色图像没有什么区别，仍能反映整个图像整体和局部的亮度和色度特征。现在大部分的彩色图像都是采用 RGB 颜色模式，处理图像时，要分别对 R、G、B 三种分量进行处理。实际上，R、G、B 并不能反映图像的形态特征，只是从光学的原理上进行颜色的调配。所以，人们在进行图像处理和预处理时都会先进行图像的灰度化处理，方便对图像的后续化处理，减少图像的复杂度和信息处理量。

彩色图像 RGB 模型中，如果 $R=G=B$，则彩色表示一种灰度颜色，其中这个值称为灰度值。一般情况下，彩色图像的每个像素用 3 个字节表示，每个字节对应着 R、G、B 分量的亮度（红、绿、蓝），转换后的黑白图像的一个像素用一个字节表示该点的灰度值，它的值在 0~255 之间，数值越大，该点越白，即越亮；越小则越黑。

一般有 3 种方法对彩色图进行灰度化，即最大值法、平均值法和加权平均值法。

3.5.1 最大值法

最大值法是将彩色图像中的 3 个分量的亮度的最大值作为灰度图像的灰度值。
$$\text{Gray}(i,j) = \max\left[R(i,j),G(i,j),B(i,j)\right] \tag{3-17}$$

3.5.2 平均值法

平均值法是将彩色图像中的 3 个分量的亮度值求平均值，从而得到一个灰度值，将其作为灰度图像的灰度。
$$\text{Gray}(i,j) = \left[R(i,j)+G(i,j)+B(i,j)\right]/3 \tag{3-18}$$

3.5.3 加权平均值法

根据 3 个分量的重要性及其他指标，将 3 个分量以不同的权值进行加权平均运算。
$$\text{Gray}(i,j) = 0.11R(i,j)+0.59G(i,j)+0.3B(i,j) \tag{3-19}$$

4 图 像 增 强

在图像的生成、传输或变换的过程中，由于多种因素的影响，总会造成图像质量的下降，这就需要进行图像增强。图像增强是图像处理中的一类基本技术，其主要目的有两个：一是改善图像的视觉效果，提高图像的清晰度。"改善"是指针对给定图像的模糊状况及它的应用场合，有目的地强调图像的整体或局部特性。二是将图像转换成为一种适合人类或机器进行分析处理的形式，以便从图像中获取更有用的信息。

图像增强与感兴趣物体的特性、观察者的习惯和处理目的相关。因此，图像增强算法应用是有针对性的，并不存在通用的增强算法。

图像增强技术包括：图像平滑、图像锐化、图像腐蚀、图像膨胀、图像开运算、图像闭运算和图像细化。

4.1 图像平滑

图像平滑的目的之一是消除噪声；其二是模糊图像，在提取大目标之前去除小的细节或弥合目标间的缝隙。从信号频谱角度来看，信号缓慢变化的部分在频率域表现为低频，而迅速变化的部分表现为高频。对图像而言，它的边缘、跳跃及噪声等灰度变化剧烈的部分代表图像的高频分量，而大面积背景区和灰度变化缓慢的区域代表图像的低频分量。因此，可以通过低通滤波即减弱或消除高频分量而不影响低频分量来实现图像平滑。图像平滑可以在频率域进行，也可以在空间域（一般以模板卷积方式）进行。

4.1.1 图像噪声

图像在获取、存储、处理、传输过程中，会受到电气系统和外界干扰而存在一定程度的噪声。图像噪声使得图像模糊，甚至淹没图像特征，给分析带来困难。噪声可以理解为"妨碍人们感觉器官对所接收的信源信息理解的因素"。噪声也可以理解为不可预测的，只能用概率统计方法来认识的随机误差。噪声可以借用随机过程及其概率密度函数来描述，通常用其数字特征，如均值、方差等。

按照产生原因，图像噪声可分为外部噪声和内部噪声。由外部干扰引起的噪声为外部噪声，如外部电气设备产生的电磁波干扰、天体放电产生的脉冲干扰等。由系统电气设备内部引起的噪声为内部噪声，如内部电路的相互干扰。

按照统计特性，图像噪声可分为平稳噪声和非平稳噪声。统计特性不随时间变化的噪声称为平稳噪声。统计特性随时间变化的噪声称为非平稳噪声。

按噪声和信号之间的关系，图像噪声可分为加性噪声和乘性噪声。假定信号为 $S(t)$，噪声为 $n(t)$，如果混合叠加波形是 $S(t)+n(t)$ 的形式，则称其为加性噪声；如果叠加波形为 $S(t)[1+n(t)]$ 的形式，则称其为乘性噪声。加性噪声与信号强度不相关，而乘性噪声则与信号强度有关。为了分析处理方便，往往将乘性噪声近似认为是加性噪声，而且总是假定信号和噪声是互相独立的。

图像噪声一般具有以下特点：

（1）噪声在图像中的分布和大小不规则，即具有随机性；

（2）噪声与图像之间一般具有相关性。例如，摄像机的信号和噪声相关，黑暗部分噪声大，明亮部分噪声小。又如，数字图像中的量化噪声与图像相位相关，图像内容接近平坦时，量化噪声呈现为轮廓，但图像中的随机噪声会因为颤噪效应反而使量化噪声变得不很明显。

（3）噪声具有叠加性。在串联图像传输系统中，各个串联部件引起的噪声叠加起来，造成信噪比下降。

4.1.2 模板卷积

模板可以是一幅小图像，也可以是一个滤波器，或者说是一个窗口，通常用矩阵来表示。每个模板都有一个原点，对称模板的原点一般取模板中心点，非对称模板的原点可根据使用目的选取。模板卷积是数字图像处理中常用的一种邻域运算方式，它是指模板与图像进行类似于卷积或相关（尽管卷积与相关形式上不同，但由于它们之间的相似性，数字图像处理中常认为它们都是卷积）的运算。模板卷积可实现图像平滑、图像锐化、边缘检测等功能。模板卷积中的模板又称为卷积核，卷积核中的元素称为卷积系数或模板系数或加权系数，其大小及排列顺序决定了对图像进行邻域处理的类型。模板卷积的基本步骤如下：

（1）模板在输入图像上移动，让模板原点依次与输入图像中的每个像素重合；

（2）模板系数与跟模板重合的输入图像的对应像素相乘，再将乘积相加；

（3）把结果赋予输出图像，其像素位置与模板原点在输入图像上的位置一致。

假设模板 h 有 m 个加权系数，模板系数 h_i 对应的图像像素为 p_i，则模板卷积可表示为

$$z = \sum_{i=0}^{m-1} h_i p_i \tag{4-1}$$

图 4-1 是一个模板卷积示例，模板原点在模板中间。当模板原点移至输入图像的圆圈处，卷积核与被其覆盖的区域 [见图 4-1（a）中心的灰色矩形框] 做点积，即 $0×5+(-1)×5+0×8+(-1)×5+0×1+1×7+0×5+1×6+0×8=3$，将此结果赋予输出图像的对应像素 [见图 4-1（c）的圆圈处]。模板在输入图像中逐像素移动并进行类似运算，即可得模板卷积结果 [见图 4-1（c）]。

在模板或卷积运算中，需注意两个问题。

（1）图像边界问题。当模板原点移至图像边界时，部分模板系数可能在原图像中找不到与之对应的像素。解决这个问题可以采用两种简单方法：1）当模板超出图像边界时不作处理；2）扩充图像，可以复制原图像边界像素 [见图 4-1（a）中的灰色部分] 或利用常数来填充扩充的图像边界，使得卷积在图像边界也可计算。

（2）计算结果可能超出灰度范围。例如，对于 8 位灰度图像，当计算结果超出 [0，255]时，可以简单地将其值置为 0 或 255。

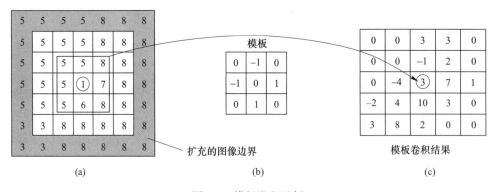

图 4-1 模板卷积示例

（a）输入图像；（b）卷积核；（c）输出图像

4.1.3 邻域平均法

邻域平均法的思想是用像素及其指定邻域内像素的平均值或加权平均值作为该像素的新值，以便去除突变的像素点，从而滤除一定的噪声。邻域平均法的数学含义可用式（4-2）表示：

$$g(x, y) = \frac{\sum_{i=1}^{mn} w_i z_i}{\sum_{i=1}^{mn} w_i} \tag{4-2}$$

式中，z_i 为以 (x, y) 为中心的邻域像素值；w_i 为对每个邻域像素的加权系数或模板系数；mn 为加权系数的个数或称为模板大小。

邻域平均法的主要优点是算法简单，但它在降低噪声的同时使图像产生模糊，特别是在边缘和细节处。为解决邻域平均法造成的图像模糊问题，可采用阈值法、K 邻点平均法、梯度倒数加权平滑法、最大均匀性平滑法、小斜面模型平滑法等，它们讨论的重点都在于如何选择邻域的大小、形状和方向，如何选择参加平均的点数及邻域各点的权重系数等。

4.1.4 中值滤波

中值滤波是一种非线性滤波，它能在滤除噪声的同时很好地保持图像边缘。中值滤波的原理很简单，它把以某像素为中心的小窗口内的所有像素的灰度按从小到大排序，取排序结果的中间值作为该像素的灰度值。为方便操作，中值滤波通常取含奇数个像素的窗口。例如，假设窗口内有 9 个像素的值为 65、60、70、75、210、30、55、100 和 140，从小到大排序后为 30、55、60、65、70、75、100、140、210，则取值 70 作为输出结果。

中值滤波器只是统计排序滤波器（order-statistics filters）的一种。统计排序滤波器先对被模板覆盖的像素按灰度排序，然后取排序结果某个值作为输出结果。若取最大值，则为最大值滤波器，可用于检测图像中最亮的点。若取最小值，则为最小值滤波器，用于检测最暗点。

中值滤波具有许多重要性质，具体如下。

（1）不影响阶段信号、斜坡信号，连续个数小于窗口长度一半的脉冲受到抑制，三角波信号顶部变平。图 4-2 是使用宽度为 5 的窗口对离散阶段信号、斜坡信号、脉冲信号及三角波信号进行中值滤波和邻域均值滤波的示例，左边一列为原波形，中间一列为均值滤波结果，右边一列为中值滤波结果。

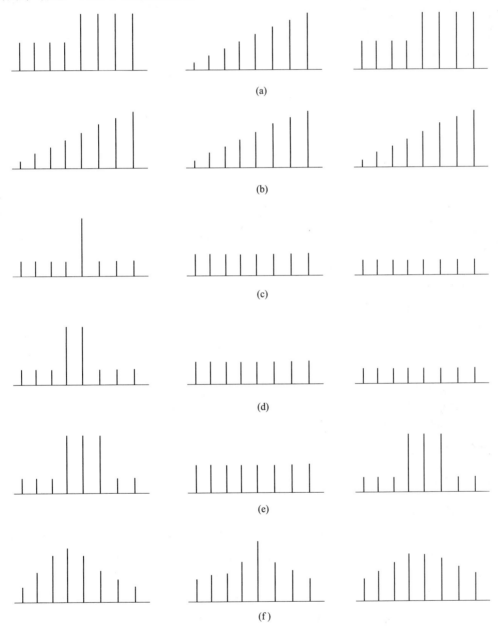

图 4-2　邻域平均和中值滤波对不同信号的响应

（a）阶段信号及领域均值滤波与中值滤波的响应；（b）斜坡信号及领域均值滤波与中值滤波的响应；
（c）单脉冲信号及领域均值滤波与中值滤波的响应；（d）双脉冲信号及领域均值滤波与中值滤波的响应；
（e）三脉冲信号及领域均值滤波与中值滤波的响应；（f）三角波信号及领域均值滤波与中值滤波的响应

（2）中值滤波的输出与输入噪声的密度分布有关。对于高斯噪声（均值为零的正态分布的随机噪声），中值滤波效果不如均值滤波。对于脉冲噪声，特别是脉冲宽度小于窗口宽度的一半时，中值滤波效果较好。

（3）中值滤波频谱特性起伏不大，可以认为中值滤波后，信号频谱基本不变。中值滤波的窗口形状和尺寸对滤波效果影响较大，往往应根据不同的图像内容和不同的要求加以选择。常用的中值滤波窗口有线状、方形、圆形、十字形等。窗口尺寸的选择可以先试用小尺寸窗口，再逐渐增大窗口尺寸，直到滤波效果满意为止。就一般经验来讲，对于有缓变的较长轮廓线物体的图像，采用方形或圆形窗口为宜。对于包含有尖顶角物体的图像，用十字形窗口。窗口大小则以不超过图像中最小有效物体的尺寸为宜。如果图像中点、线、尖角细节较多，则不宜采用中值滤波。

对一些内容复杂的图像，可以使用复合型中值滤波，如中值滤波线性组合、高阶中值滤波组合、加权中值滤波及迭代中值滤波等。

（1）中值滤波线性组合。中值滤波线性组合是指将几种窗口尺寸大小和形状不同的中值滤波器复合使用，只要各窗口都与中心对称，滤波输出可保持几个方向上的边缘跳变，而且跳变幅度可调节。其线性组合方程如下：

$$Y_{ij} = \sum_{k=1}^{N} a_k \underset{A_k}{\mathrm{Med}}(f_{ij}) \tag{4-3}$$

式中，a_k 为不同中值滤波的系数；A_k 为窗口。

（2）高阶中值滤波组合。其线性组合方程如下：

$$Y_{ij} = \underset{k}{\overset{\max}{\left[\underset{A_k}{\mathrm{Med}}(f_{ij}) \right]}} \tag{4-4}$$

它可以使输入图像中任意方向的细线条保持不变。

（3）其他类型的中值滤波。为了在一定的条件下尽可能去除噪声，又有效保持图像细节，可以对中值滤波器参数进行修正，如加权中值滤波，也就是对输入窗口进行加权。也可以迭代中值滤波，即对输入图像重复相同的中值滤波，直到输出不再有变化为止。

4.1.5　多幅图像平均法

多幅图像平均法就是对同一景物的多幅图像取平均来消除噪声。设理想图像为 $f(x, y)$，含噪图像为 $g(x, y)$，若图像中的噪声 $n(x, y)$ 是均值为 0 且互不相关的加性噪声，对 M 幅内容相同但含不同噪声的图像 $g(x, y)$ 求平均，则平均结果的数学期望就是 $f(x, y)$，平均后可使噪声方差减少 M 倍。当 M 增大时，平均结果将更加接近理想图像。

多幅图像取平均处理常用于摄像机的视频图像中，用以减少光电摄像管或 CCD 器件等方所引起的噪声。需要注意的是，多幅图像平均法的难点在于多幅图像之间的配准，实际操作困难。

4.2　图像锐化

对图像进行清晰度的强调称为锐化。图像的清晰度是指图像轮廓边缘的清晰程度，它主要包括以下内容。

（1）分辨出图像线条间的区别：即图像层次对景物质点的分辨率或细微层次质感的精细程度。其分辨率越高，景物质点的分辨率或细微层次质感的精细程度越高，景物质点表现地越细致，清晰度则越高。反之，则图像比较模糊。

（2）衡量线条边缘轮廓是否清晰：即图像层次轮廓边界的虚实程度，常用锐度表示，其实质是指层次边界渐变密度的过渡宽度。若过渡宽度小，那么图像的层次边界清晰；若过渡宽度大，那么图像的层次边界模糊。

（3）图像细小层次间的清晰程度：尤其是细小层次间的明暗对比或细微反差是否清晰。反差大，图像就清晰；反之，则图像模糊。因此，图像的清晰度也称为细微层次的清晰程度。

对图像进行锐化的最终目的是使模糊的图像变清晰，而图像模糊的实质是使图像受到平均或积分运算，所以对图像进行微分运算可以使图像变得清晰。通过对数字图像被增强后的频谱分析，图像模糊后其高频分量减少，因此也可以通过高通滤波来实现增强图像清晰度的目的。但是要注意，被锐化的原图像必须要有较高的信噪比，否则会使噪声增强比强调信号还强。图像增强一般有微分法、非锐化滤波和高增滤波法。

4.2.1 微分法

图像模糊的实质就是图像受到平均或积分运算，因而用它的逆运算"微分"，求出信号的变化率，有加强高频分量的作用，可以使图像轮廓清晰。在数字图像处理中，微分运算由差分运算来近似实现。一阶微分定义如下：

$$\frac{\partial f}{\partial x} = f(x+1,y) - f(x,y) \tag{4-5}$$

$$\frac{\partial f}{\partial y} = f(x,y+1) - f(x,y) \tag{4-6}$$

二阶微分定义如下：

$$\frac{\partial^2 f}{\partial x^2} = f(x+1,y) + f(x-1,y) - 2f(x,y) \tag{4-7}$$

$$\frac{\partial^2 f}{\partial y^2} = f(x,y+1) + f(x,y-1) - 2f(x,y) \tag{4-8}$$

为了能增强任何方向的边缘，希望微分运算是各向同性的（旋转不变性）。可以证明，偏导数的平方和运算具有各向同性，梯度幅度和拉普拉斯运算符合上述条件。

4.2.1.1 梯度算子

在点（x，y）处，f(x，y)的梯度是一个矢量。

$$\nabla f(x,y) = \begin{bmatrix} Gx & Gy \end{bmatrix}^T = \begin{bmatrix} \frac{\partial f}{\partial x} & \frac{\partial f}{\partial y} \end{bmatrix}^T \tag{4-9}$$

梯度幅度定义为

$$\mathrm{mag}(\nabla f(x,y)) = \begin{bmatrix} G^2 x + G^2 y \end{bmatrix} \frac{1}{2} \tag{4-10}$$

梯度方向角为

$$\varphi(x,y) = \arctan\left(\frac{Gy}{Gx}\right) \tag{4-11}$$

为了简化运算，梯度幅度可近似为

$$\mathrm{mag}(\nabla f(x,y)) \approx |Gx| + |Gy| \tag{4-12}$$

当用式（4-10）和式（4-11）计算 G_x 和 G_y 时，称此梯度法为水平垂直差分法，用式（4-13）表示如下：

$$\mathrm{mag}(\nabla f(x,y)) \approx |f(x+1,y) - f(x,y)| + |f(x,y+1) - f(x,y)| \tag{4-13}$$

4.2.1.2　拉普拉斯算子

拉普拉斯（Laplacian）算子是一种各向同性的二阶微分算子，在 (x,y) 处的值定义为

$$\nabla^2 f = \frac{\partial^2 f}{\partial x^2} + \frac{\partial^2 f}{\partial y^2} \tag{4-14}$$

将式（4-12）和式（4-13）代入式（4-14）得

$$\nabla^2 f = f(x+1,y) + f(x-1,y) + f(x,y+1) + f(x,y-1) - 4f(x,y) \tag{4-15}$$

4.2.2　非锐化滤波和高增滤波

非锐化滤波，也称为非锐化掩模（unsharp masking），是指从原始图像中减去原始图像的一个非锐化的或者说是平滑的图像，从而达到增强边缘等细节的目的，可用式（4-16）表示：

$$g(x,y) = f(x,y) - f_s(x,y) \tag{4-16}$$

式中，$f(x,y)$ 表示输入图像；$f_s(x,y)$ 表示由输入图像得到的平滑图像；$g(x,y)$ 为非锐化掩模后的输出图像。图像平滑的实质是一种低通滤波，从原始图像中减去它的一个平滑图像，就相当于除去了低频成分，保留了高频成分，从而产生一个高通图像。

如果原始图像与高通图像相加，则可以在保持原始图像概貌的同时突出边缘等细节。更一般的形式是，将原始图像乘以一个比例系数 A，高通图像也乘以一个比例系数 K，两者相加得到一个增强图像，就称该过程为高增滤波（high-boost filtering）。高增滤波公式如下：

$$f_{hb}(x,y) = Af(x,y) + Kg(x,y) \tag{4-17}$$

式中，$f_{hb}(x,y)$ 表示高增滤波后的输出图像；$g(x,y)$ 是输入图像 $f(x,y)$ 的一个高通图像，也可以是前面的非锐化掩模结果。A 和 K 是两个比例系数，$A \geqslant 0$，$0 \leqslant K \leqslant 1$。$K$ 在 $0.2 \sim 0.7$ 取值时，高增滤波效果较为理想。当 A 足够大时，图像锐化作用相对被减弱，使得输出图像与输入图像的常数倍接近。

4.3　图像腐蚀

图像腐蚀的作用是消除物体边界点，使边界向内部收缩的过程，可以把小于结构元素的物体去除。这样选取不同大小的结构元素，就可以去除不同大小的物体。如两个物体间有细小的连通，通过腐蚀可将两个物体分开。

腐蚀的数学表达式是

$$S = X \otimes B = \{x, y \mid B_{xy} \subseteq X\} \tag{4-18}$$

式中，S 表示腐蚀后的二值图像集合；B 表示用来进行腐蚀的结构元素，结构元素内的每一个元素取值为 0 或 1，它可以组成任何一种形状的图形，在图形中有一个中心点；X 表示原图像经过二值化后的像素集合。式（4-18）的含义是用 B 来腐蚀 X 得到集合 S，S 是由 B 完全包括在 X 中时 B 的当前位置的集合。通常是拖动结构元素在 X 图像域移动，横向移动间隔取 1 个像素，纵向移动间隔取 1 个扫描行。在每一个位置上，当结构元素 B 的中心点平移到 X 图像上的某一点 (x, y)，如果结构元素内的每一个像素都与以 (x, y) 为中心的相同邻域中对应像素完全相同，那么就保留 (x, y) 像素点；对于原图中不满足条件的像素点则全部删除，从而达到使物体边界向内收缩的效果。

在腐蚀处理过程中，将结构元素在图像中移动，如果结构元素完全包含在目标图像 X 中，则保留目标图像中对应于中心点的像素点，否则删除像素点。腐蚀实际上是图像的外围去掉，同时保留图像内部的部分。

4.4 图像膨胀

图像膨胀的作用与腐蚀的作用正好相反，它是对二值化物体边界点进行扩充，将与物体接触的所有背景点合并到该物体中，使边界向外部扩张的过程。如果两个物体之间的距离比较近，则膨胀运算可能会把两个物体连通到一起。膨胀对填补图像分割后物体中的空洞很有用。

膨胀的数学表达式为

$$S = X \oplus B = \{x, y \mid B_{xy} \cap X \neq \varphi\} \tag{4-19}$$

式中，S 表示膨胀后的二值图像集合；B 表示用来进行膨胀的结构元素，结构元素内的每一个元素取值为 0 或 1，它可以组成任何一种形状的图形，在图形中有一个中心点；X 表示原图像经过二值化后的像素集合。式（4-19）的含义是用 B 来膨胀 X 得到集合 S，S 是由 B 映像的位移与 X 至少有一个像素相同时 B 的中心点位置的集合。通常是拖动结构元素在 X 图像域移动，横向移动间隔取 1 个像素，纵向移动间隔取 1 个扫描行。在每一个位置上，当结构元素 B 的中心点平移到 X 图像上的某一点 (x, y)，如果结构元素的像素与目标物体至少有一个像素相交，那么就保留 (x, y) 像素点，从而达到使物体边界向外扩张的效果。膨胀实际上是把图像的外围扩充了一圈，同时保留图像内部的部分。

4.5 图像开运算

前面介绍的腐蚀和膨胀，看上去好像是一对互逆的操作，实际上，这两种操作不具有互逆的关系。开运算和闭运算正是依据腐蚀和膨胀的不可逆性演变而来的。先腐蚀后膨胀的过程就称为开运算。原图经过开运算后，能够去除孤立的小点、毛刺和小桥（连通两块区域的小点），消除小物体和平滑较大物体的边界，同时并不明显改变其面积。

开运算的数学表达式是

$$S = X \cdot B = (X \otimes B) \oplus B \tag{4-20}$$

式中，S 表示进行开运算后的二值图像集合；B 表示用来进行开运算的结构元素，结构元素内的每一个元素取值为 0 或 1，它可以组成任何一种形状的图形，在图形中有一个中心点；X 表示原图像经过二值化后的像素集合。式（4-20）的含义是用 B 来开启 X 得到集合 S，S 是所有在集合结构上不小于结构元素 B 的部分的集合，也就是选出了 X 中的某些与

B 相匹配的点，而这些点则可以通过完全包含在 X 中的结构元素 B 的平移来得到。

可见，当使用圆盘结构元素时，开运算对边界进行了平滑，去掉凸角。在凸角点周围，图像的集合结构无法容纳给定圆盘，从而使凸角点被开运算删除。而当使用线段结构元素，沿线段宽度方向较大的部分才能够保存下来，而较小的凸部分将被删除。因此，经过开运算后，能够去除孤立的小点、毛刺和小桥（连通两块区域的小点），平滑较大物体的边界，同时并不明显改变其面积。

实现方法如下：

（1）获得原图像的首地址及图像的高和宽；

（2）调用腐蚀函数对图像进行腐蚀处理；

（3）调用膨胀函数对腐蚀后的图像进行膨胀处理。

4.6   图像闭运算

闭运算是通过对腐蚀和膨胀的另一种不同次序的执行而得到的。闭运算是先膨胀后腐蚀的过程，其功能是用来填充物体内细小空洞、连接邻近物体和平滑其边界，同时不明显改变其面积。

闭运算的数学表达式是

$$S = X \cdot B = (X \oplus B) \otimes B \tag{4-21}$$

式中，S 表示进行闭运算后的二值图像集合；B 表示用来进行闭运算的结构元素，结构元素内的每一个元素取值为 0 或 1，它可以组成任何一种形状的图形，在图形中有一个中心点；X 表示原图像经过二值化后的像素集合。式（4-21）的含义是用 B 来闭合 X 得集合 S，就是图像 X 与经过映射和平移的结构元素 B 的交集不为空的点的集合。对于膨胀运算，如果 B 上有一个点落在 X 的范围内，则该点就为黑；对于腐蚀运算，如果 B 上的所有点都在 X 的范围内，则该点保留，否则将该点去掉。

一般来说，闭运算能够填平小湖（小孔）和弥合小裂缝，而总的位置和形状不变。这就是闭运算的作用。

实现方法如下：

（1）获得原图像的首地址及图像的高和宽；

（2）调用膨胀函数对原图像进行膨胀处理；

（3）调用腐蚀函数对膨胀后的图像进行腐蚀处理。

5 图像分割与边缘检测

为了识别和分析图像中感兴趣的目标，如特征提取和测量，需要将这些相关的区域特征从图像背景中分离出来。图像分割就是指把图像分成一系列有意义的、各具特征的目标或区域的技术和过程。这里的特征是指图像中可用作标志的属性，它可以分为图像的统计特征和图像的视觉特征两类。图像的统计特征是指一些人为定义的特征，通过变换才能得到，如图像的直方图、矩、频谱等；图像的视觉特征是指人的视觉可直接感受到的自然特征如区域的亮度、纹理或轮廓等。图像分割是进行图像分析的关键步骤，也是进一步理解图像的基础。

图像分割一般可基于像素灰度值的两个性质：不连续性和相似性。区域之间的边界往往具有灰度不连续性，而区域内部一般具有灰度相似性。因此，图像分割算法可分为两类：利用灰度不连续性的基于边界的分割和利用灰度相似性的基于区域的分割。阈值分割、区域生长、区域分裂与合并都是基于灰度相似性的分割算法。

本章将介绍图像分割中的灰度阈值法，基于区域分割的区域生长、区域分裂与合并、边缘检测、区域标记，以及图像分析中常用的轮廓提取、轮廓跟踪和分水岭分割算法。

5.1 阈值分割

5.1.1 概述

阈值化是最常用一种图像分割技术，其特点是操作简单，分割结果是一系列连续域。灰度图像的阈值分割一般基于如下假设：图像目标或背景内部的相邻像素间的灰度值是高度相关的，目标与背景之间的边界两侧像素的灰度值差别很大，图像目标与背景的灰度分布都是单峰的。如要图像目标与背景对应的两个单峰大小接近、方差较小且均值相差较大，则该图像的直方图具有双峰性质。阈值化常可以有效分割具有双峰性质的图像。

阈值分割过程如下：首先确定一个阈值 T，对于图像中的每个像素，若其灰度值大于 T，则将其置为目标点（值为 1），否则置为背景点（值为 0），或者相反，从而将图像分为目标区域与背景区域。可用式（5-1）表示：

$$g(x, y) = \begin{cases} 1 & \text{当} f(x, y) > T \\ 0 & \text{当} f(x, y) \leq T \end{cases} \tag{5-1}$$

在编程实现时，也可以将目标像素置为 255，背景像素置为 0，或者相反。当图像中含有多个目标且灰度差别较大时，可以设置多个阈值实现多阈值分割。多阈值分割可用式（5-2）表示：

$$g(x, y) = \begin{cases} 1 & \text{当} f(x, y) \leq T_1 \\ k & \text{当} T_k < f(x, y) \leq T_{k+1} \\ 255 & \text{当} f(x, y) > T_m \end{cases} \tag{5-2}$$

式中，T 为一系列分割阈值；k 为赋予每个目标区域的标号；m 为分割后的目标区域数减 1。

阈值分割的关键是如何确定适合的阈值，不同的阈值其处理结果差异很大，会影响特征测量与分析等后续过程。阈值过大，会过多地把背景像素错分为目标；而阈值过小，又会过多地把目标像素错分为背景。确定阈值的方法有多种，可分为不同类型。如果选取的阈值仅与各个像素的灰度有关，则称其为全局阈值。如果选取的阈值与像素本身及其局部性质（如邻域的平均灰度值）有关，则称其为局部阈值。如果选取的阈值不仅与局部性质有关，还与像素的位置有关，则称其为动态阈值或自适应阈值。阈值一般可用式（5-3）表示：

$$T = T[x, y, f(x, y), p(x, y)] \tag{5-3}$$

式中，$f(x, y)$ 为点（x, y）处的像素灰度值；$p(x, y)$ 为该像素邻域的某种局部性质。

当图像目标和背景之间灰度对比较强时，阈值选取较为容易。实际上，由于不良的光照条件或过多的图像噪声的影响，目标与背景之间的对比往往不够明显，此时阈值选取并不容易。一般需要对图像进行预处理，如图像平滑去噪，再确定阈值进行分割。

5.1.2 全局阈值

当图像目标与背景之间具有高对比度时，利用全局阈值可以成功地分割图像。确定全局阈值的方法很多，如极小点阈值法、迭代阈值法、最优阈值法、Otsu 阈值法、最大熵法、p 参数法等。当具有明显的双峰性质时，可直接从直方图的波谷处选取一个阈值，也可以根据某个准则自动计算出阈值。实际使用时，可根据图像特点确定合适的阈值方法，一般需要用几种方法进行对比试验，以确定分割效果最好的阈值。

5.1.2.1 极小点阈值法

如果将直方图的包络线看作一条曲线，则通过求取曲线极小值的方法可以找到直方图的谷底点，并将其作为分割阈值。设 $p(z)$ 代表直方图，那么极小点应满足：

$$p'(z) = 0 \text{ 且 } p''(z) > 0 \tag{5-4}$$

若在求极小值点之前对直方图进行平滑处理，则效果会更好。例如 3 点平滑，平滑后的灰度级 i 的相对频数用灰度级 $i-1$、i、$i+1$ 的相对频数的平均值代替。

5.1.2.2 迭代阈值法

迭代阈值算法如下。

（1）选择一个初始阈值 T_1。

（2）根据阈值 T_1 将图像分割为 G_1 和 G_2 两部分。G_1 包含所有小于等于 T_1 的像素，G_2 包含所有大于 T_1 的像素，分别求出 G_1 和 G_2 的平均灰度值 μ_1 和 μ_2。

（3）计算新的阈值 $T_2 = (\mu_1 + \mu_2)/2$。

（4）如果 $|T_2 - T_1| \leq T_0$（T_0 为预先指定的很小的正数），即迭代过程中前后两次阈值很接近时，终止迭代，否则 $T_1 = T_2$，重复（2）和（3）。最后的 T，就是所求的阈值。

设定常数 T_0 的目的是加快迭代速度，如果不关心迭代速度，则可以设置为零。当目标与背景的面积相当时，可以将初始阈值 T_1 置为整幅图像的平均灰度。当目标与背景的面积相差较大时，更好的选择是将初始阈值 T_1 置为最大灰度值与最小灰度值的中间值。

5.1.2.3　最优阈值法

由于目标与背景的灰度值往往有部分相同，因而用一个全局阈值并不能准确地把它们绝对分开，总会出现分割误差。一部分目标像素被错分为背景，一部分背景像素被错分为目标。最优阈值法的基本思想就是选择一个阈值，使得总的分类误差概率最小。

假定图像中仅包含两类主要的灰度区域（目标和背景），z 代表灰度值，则 z 可看作一个随机变量，直方图看作是对灰度概率密度函数 $p(z)$ 的估计。$p(z)$ 实际上是目标和背景两个概率密度函数之和。设 $p_1(z)$ 和 $p_2(z)$ 分别表示背景与目标的概率密度函数，P_1 和 P_2 分别表示背景像素与目标像素出现的概率（$P_1+P_2=1$）。混合概率密度函数 $p(z)$ 为

$$p(z) = P_1 p_1(z) + P_2 p_2(z) \tag{5-5}$$

如图 5-1 所示，如果设置一个阈值 T，使得灰度值小于 T 的像素分为背景，而使得大于 T 的像素分为目标，则把目标像素分割为背景的误差概率 $E_1(T)$ 为

$$E_1(T) = \int_{-\infty}^{T} p_2(z)\,\mathrm{d}z \tag{5-6}$$

把背景像素分割为目标的误差概率 $E_2(T)$ 为

$$E_2(T) = \int_{T}^{\infty} p_1(z)\,\mathrm{d}z \tag{5-7}$$

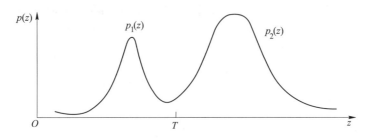

图 5-1　灰度概率密度函数

为了求出使总的误差概率最小的阈值 T，可将 $E(T)$ 对 T 求导并使其导数为 0，可得

$$P_1 p_2(z) = P_2 p_1(z) \tag{5-8}$$

由式（5-8）可以看出，当 $P_1=P_2$ 时，灰度概率密度函数 $p_1(x)$ 与 $p_2(z)$ 的交点对应的灰度值就是所求的最优阈值 T。在用式（5-8）求解最优阈值时，不仅需要知道目标与背景像素出现的概率 P_1 和 P_2，还要知道两者的概率密度函数 $p_1(z)$ 与 $p_2(z)$。然而，这些数据往往未知，需要进行估计。实际上，对概率密度函数进行估计并不容易，这也正是最优阈值法的缺点。一般假设目标与背景的灰度均服从高斯分布，可以简化估计。此时，$p(z)$ 为

$$p(z) = \frac{p_1}{\sqrt{2\pi}\delta_1} \mathrm{e}^{-\frac{(z-\mu_1)^2}{2\delta_1^2}} + \frac{p_2}{\sqrt{2\pi}\delta_2} \mathrm{e}^{-\frac{(z-\mu_2)^2}{2\delta_2^2}} \tag{5-9}$$

式中，μ_1 和 μ_2 分别为目标与背景的平均灰度值；δ_1 和 δ_2 分别为两者的标准方差。将式（5-9）代入式（5-8）可得

$$AT^2 + BT + C = 0 \tag{5-10}$$

A、B、C 分别为

$$
\left.\begin{array}{l}
A = \delta_1^2 - \delta_2^2 \\[4pt]
B = 2(\mu_1\delta_2^2 - \mu_2\delta_1^2) \\[4pt]
C = \delta_1^2\mu_2^2 - \delta_2^2\mu_1^2 + 2\delta_1^2\mu_2^2\ln\left(\dfrac{\delta_2 p_1}{\delta_1 p_2}\right)
\end{array}\right\}
\tag{5-11}
$$

式（5-11）一般有两个解，需要在两个解中确定最优阈值。若 $\delta_1 = \delta_2 = 0$，则只有一个最优阈值：

$$
T = \frac{\mu_1 + \mu_2}{2} + \frac{\delta^2}{\mu_1 - \mu_2}\ln\frac{p_2}{p_1}
\tag{5-12}
$$

若目标与背景像素出现的概率相等，则目标的平均灰度与背景的平均灰度的中值就是所求的最优阈值。利用最小均方误差法从直方图 $h(x_1)$ 中可以估计图像的混合概率密度函数：

$$
e_{\mathrm{ms}} = \frac{1}{n}\sum_{i=1}^{n}\left[\,p(z_i) - h(z_i)\,\right]^2
\tag{5-13}
$$

5.1.2.4 Otsu 法

Otsu 法是阈值化中常用的自动确定阈值的方法之一。Otsu 法确定最佳值的准则是使阈值分割后各个像素类的类内方差最小。另一种确定阈值的准则是使得阈值分割后的像素类的类间方差最大。这两种准则是等价的，因为类间方差与类内方差之和即整幅图像的方差，是一个常数。分割的目的就是要使类别之间的差别最大，类别之间的差别最小。

设图像总像素数为 N，灰度级总数为 L，灰度值为 i 的像素数为 N_i。令 $\omega(k)$ 和 $\mu(k)$ 分别表示从灰度级 0 到灰度级 k 的像素出现概率和平均灰度，分别表示为

$$
\omega(k) = \sum_{i=0}^{k}\frac{N_i}{N}
\tag{5-14}
$$

$$
\mu(k) = \sum_{i=0}^{k}\frac{i \times N_i}{N}
\tag{5-15}
$$

由此可见，所有像素的总概率为 $\omega(L-1) = 1$，图像的平均灰度为 $\mu_r = \mu(L-1)$。设有 $M-1$ 个阈值（$0 \leqslant t_1 < t_2 < \cdots < t_{M-1} \leqslant L-1$），将图像成 M 个像素类 C_j（$C_j \in [t_{j-1}+1,\ \cdots,\ t_j]$；$j=1,\ 2,\ \cdots,\ M$；$t_0=0$，$t_M=L-1$），则 C_j 的出现概率 ω_j、平均灰度 μ_j 和方差为

$$
\omega_j = \omega(t_j) - \omega(t_{j-1})
\tag{5-16}
$$

$$
\mu_j = \frac{\mu(t_j) - \mu(t_{j-1})}{\omega(t_j) - \omega(t_{j-1})}
\tag{5-17}
$$

$$
\delta_j^{\,2} = \sum_{i=t_{j-1}+1}^{t_j}(i - \mu_j)^2\frac{\omega(i)}{\omega j}
\tag{5-18}
$$

由此可得类内方差为

$$
\delta_W^2(t_1,\ t_1,\ t_1,\ \cdots,\ t_{M-1}) = \sum_{t_j=1}^{M}\omega_j * \delta_j^2
\tag{5-19}
$$

各类的类间方差为

$$
\delta_B^2(t_1,\ t_1,\ t_1,\ \cdots,\ t_{M-1}) = \sum_{t_j=1}^{M}\omega_j(\mu_j - \mu_T)^2
\tag{5-20}
$$

将使式（5-19）最小或使式（5-20）最大的阈值组（t_1，t_2，…，t_{M-1}）作为 M 阈值化的最佳阈值组。若取 M 为 2，即分割成两类，则可用上述方法求出二值化的最佳阈值。

5.1.2.5　p 参数法

1962 年 Doyle 提出的 p 参数法（也称 p-tile 法）可以说是最古老的一种阈值选取方法。

p 参数法的基本思想是选取一个阈值 T，使得目标面积在图像中占的比例为 p，背景所占的比例为 $1-p$。p 参数法仅适用于事先已知目标所占全图像百分比的场合，简单高效，但是对于先验概率难于估计的图像却无能为力。

例如，根据先验知识，知道图像目标与背景像素的比例为 PO/PB，则可根据此条件直接在图像直方图上找到合适的阈值 T，使得 $f(x, y) \geq T$ 的像素为目标，$f(x, y) < T$ 的像素为背景。

5.1.3　局部阈值

当图像目标与背景在直方图上对应的两个波峰陡峭、对称且双峰之间有较深的波谷或双峰相距很远时，利用前面介绍的全局阈值方法可以确定具有较好分割效果的阈值。但是，由于图像噪声等因素的影响，会使得图像直方图双峰之间的波谷被填充或者双峰相距很近。另外，当图像目标与背景面积差别很大时，在直方图上的表现就是较小的一方被另一方淹没。上面这两种情况都使得本应具有双峰性质的图像基本上变成了单峰，难以检测到双峰之间的波谷。为解决这个问题，除了利用像素自身的性质外，还可以借助像素邻域的局部性质（如像素的梯度值与拉普拉斯值）来确定阈值，这就是局部阈值。常用的两种局部阈值方法有直方图变换法和散射图法。

5.1.3.1　直方图变换法

直方图变换法利用像素的某种局部性质，将原来的直方图变换成具有更深波谷的直方图，或者使波谷变换成波峰，使得谷点或峰点更易检测到。由微分算子的性质可以推知，目标与背景内部像素的梯度小，而目标与背景之间的边界像素的梯度大。于是，可以根据像素的梯度值或灰度级的平均梯度作出一个加权直方图。例如，可以作出仅具有低梯度值像素的直方图，即对梯度大的像素赋予权值 0，而梯度小的像素赋予权值 1。这样，新直方图中对应的波峰基本不变，但因为减少了边界点，所以波谷应比原直方图更深。也可赋予相反的权值，作出仅具有高梯度值的像素的直方图，它的一个峰主要由边界像素构成，对应峰的灰度级可作为分割阈值。

5.1.3.2　散射图法

散射图也可看作是一个二维直方图，其横轴表示灰度值，纵轴表示某种局部性质（梯度），图中各点的数值是同时具有某个灰度值与梯度值的像素个数。

散射图中有两个接近横轴且沿横轴相互分开的较大的亮色聚类，分别对应目标与背景的内部像素。离横轴稍远的地方有一些较暗的点，位于两个亮色聚类之间，它们对应目标与背景边界上的像素点。如果图像中存在噪声，则它们在散射图中位于离横轴较远的地方。如果在散射图中将两个聚类分开，根据每个聚类的灰度值和梯度值就可以实现图像的分割。

散射图中，聚类的形状与图像像素的相关程度有关。如果目标与背景内部的像素都有较强的相关性，则各个聚类会很集中，且接近横轴，否则会远离横轴。

5.1.4 多阈值法

很显然，如果图像中含有占据不同灰度级区域的几个目标，则需要使用多个阈值才能将它们分开。其实多阈值分割，可以看作单阈值分割的推广，前面讨论的大部分阈值化技术，诸如 Otsu 法等都可以推广到多阈值的情形。本节介绍另外两种多阈值方法。

5.1.4.1 基于小波的多阈值方法

小波变换的多分辨率分析能力也可以用于直方图分析，一种基于直方图分析的多阈值选取方法思路为：首先在粗分辨率下，根据直方图中独立峰的个数确定分割区域的类数，这里要求独立峰应该满足 3 个条件：

（1）具有一定的灰度范围；

（2）具有一定的峰下面积；

（3）具有一定的峰谷差。

然后，在相邻峰之间确定最佳阈值，这一步可以利用多分辨的层次结构进行。首先在最低分辨率一层进行，然后逐渐向高层推进，直到最高分辨率。可以基于最小距离判据对在最低层选取的所有阈值逐层跟踪，最后以最高分辨率层的阈值为最佳阈值。

5.1.4.2 基于边界点的递归多阈值方法

这是一种递归的多阈值方法。首先，将像素点分为边界点和非边界点两类，边界点再根据它们的邻域的亮度分为较亮的边界点和较暗的边界点两类，然后用这两类边界点分别作直方图，取两个直方图中的最高峰对应的灰度级作为阈值。之后再分别对灰度级高于和低于此阈值的像素点递归使用这一方法，直至得到预定的阈值数。

5.1.5 动态阈值

在许多情况下，由于光照不均匀等因素的影响，图像背景的灰度值并不恒定，目标与背景的对比度在图像中也会有变化，图像中还可能存在不同的阴影。如果只使用单一的全局阈值对整幅图像进行分割，则某些区域的分割效果好，而另外一些区域的分割效果可能很差。解决方法之一就是使阈值随图像中的位置缓慢变化，可以将整幅图像分解成一系列子图像，对不同的子图像使用不同的阈值进行分割。这种与像素坐标有关的阈值就称为动态阈值或自适应阈值。

图像分解之后，如果子图像足够小，则受光照等因素的影响就会较小，背景灰度也更均匀，目标与背景的对比度也更一致。此时可选用前面介绍的全局阈值方法来确定各个子图像的阈值。

下面简要介绍一种动态阈值方法，其基本步骤如下：

（1）将整幅图像分解成一系列相互之间有 50%重叠的子图像。

（2）检测各子图像的直方图是否具有双峰性质。如果是，则采用最优阈值法确定该子图像的阈值，否则不进行处理。

（3）根据已得到的部分子图像的阈值，插值得到其他不具备双峰性质的子图像的阈值。

（4）根据各子图像的阈值插值得到所有像素的阈值。对于每个像素，如果其灰度值大于该点处的阈值，则分为目标像素，否则分为背景像素。

5.2 基于区域的分割

5.2.1 区域生长

区域增长法是一种已受到人工智能领域中的计算机视觉界十分关注的图像分割方法。它是以区域为处理对象的，它考虑到区域内部和区域之间的同异性，尽量保持区域中像素的临近性和一致性的统一。这样就可以更好地分辨图像真正的边界。

区域生长的基本思想是把具有相似性质的像素集合起来构成区域。首先对每个要分割的区域找出一个种子像素作为生长的起点，然后将种子像素邻域中与种子像素有相同或相似性质的像素合并到种子像素所在的区域中。将这些新像素当作新的种子像素继续上面的过程，直到没有可接受的邻域像素时停止生长。

区域生长法需要选择一组能正确代表所需区域的种子像素，确定在生长过程中的相似性准则，制定让生长停止的条件或准则。相似性准则可以是灰度级、彩色、纹理、梯度等特性。选取的种子像素可以是单个像素，也可以是包含若干个像素的小区域。种子像素的选取一般需要先验知识，若没有则可借助生长准则对每个像素进行相应计算。如果计算结果出现聚类，则接近聚类中心的像素可取为种子像素。生长准则有时还需要考虑像素间的连通性，否则会出现无意义的分割结果。

5.2.2 区域分裂与合并

5.2.1 节介绍的区域生长法需要根据先验知识选取种子像素。当没有先验知识时，区域生长法就存在困难。区域分裂与合并的核心思想是将图像分成若干个子区域，对于任意一个子区域，如果不满足某种一致性准则（一般用灰度均值和方差来度量），则将其继续分裂成若干个子区域，否则该子区域不再分裂。如果相邻的两个子区域满足某个相似性准则，则合并为一个区域，直到没有可以分裂和合并的子区域为止。

区域的分裂与合并处理能够较好地保持原图像的特性，这点优于区域增长法处理，同时这也是发明这种算法的目的。

5.3 边缘检测

图像的边缘是图像最基本的特征，它是灰度不连续的结果。基于边缘检测的分割法是指利用不同区域间像素灰度或颜色的不连续性检测出区域的边缘，从而实现图像分割。边缘检测分为 3 个步骤。首先利用边缘检测算子检测出图像中可能的边缘点；其次对有一定厚度的边缘进行复杂的边缘细化；最后利用边缘闭合技术得到封闭的边缘。通过计算一阶导数或二阶导数可以方便地检测出图像中每个像素在其邻域内的灰度变化，从而检测出边缘。图像中具有不同灰度的相邻区域之间总存在边缘。常见的边缘类型有阶跃型、斜坡型、线状型和屋顶型。阶跃型边缘是一种理想的边缘。由于采样等缘故，边缘处总有一些模糊，因而边缘处会有灰度斜坡，形成了斜坡型边缘。斜坡型边缘的坡度与被模糊的程度成反比，模糊程度高的边缘往往表现为厚边缘。线状型边缘有一个灰度突变，对应图像中的细线条；而屋顶型边缘两侧的灰度斜坡相对平缓，对应粗边缘。

5.3.1 微分算子

图 5-2 给出了几种典型的边缘及其相应的一阶导数和二阶导数。对于斜坡型边缘，在灰度斜坡的起点和终点，其一阶导数均有一个阶跃，在斜坡处为常数，其他地方为零；其二阶导数在斜坡起点产生一个向上的脉冲，在终点产生一个向下的脉冲，其他地方为零，在两个脉冲之间有一个过零点。因此，通过检测一阶导数的极大值，可以确定斜坡型边缘；通过检测二阶导数的过零点，可以确定边缘的中心位置。对于线状型边缘，在边缘的起点与终点处，其一阶导数都有一个阶跃，分别对应极大值和极小值；在边缘的起点与终点处，其二阶导数都对应一个向上的脉冲，在边缘中心对应一个向下的脉冲，在边缘中心两侧存在两个过零点。因此，通过检测二阶差分的两个过零点，就可以确定线状型边缘的范围；检测二阶差分的极小值，可以确定边缘中心位置。屋顶型边缘的一阶导数和二阶导数与线状型类似，通过检测其一阶导数的过零点可以确定屋顶的位置。

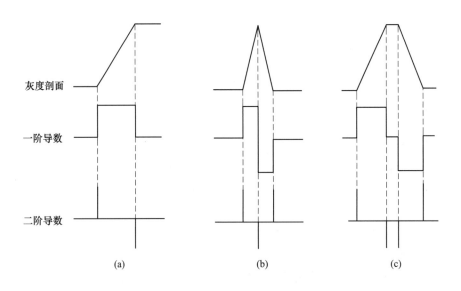

图 5-2 典型边缘的一阶导数与二阶导数

（a）斜坡型；（b）线状型；（c）屋顶型

由上述分析可以得出结论：一阶导数的幅度值可用来检测边缘的存在；通过检测二阶导数的过零点可以确定边缘的中心位置；利用二阶导数在过零点附近的符号可以确定边缘像素位于边缘的暗区还是亮区。另外，一阶导数和二阶导数对噪声非常敏感，尤其是二阶导数。因此，在边缘检测之前应考虑图像平滑，减弱噪声的影响。边缘检测可借助微分算子（包括梯度算子和拉普拉斯算子）在空间域通过模板卷积来实现。

5.3.1.1 梯度算子

梯度算子一般由两个模板组成，分别对应梯度的两个偏导数，用于计算两个相互垂直方向上的边缘响应。在计算梯度幅度时，可使用式（4-10）或式（4-11），在适当的阈值下，对得到的梯度图像二值化即可检测出有意义的边缘。

5.3.1.2 高斯-拉普拉斯（LOG）算子

高斯-拉普拉斯（LOG）算子把高斯平滑滤波器和拉普拉斯锐化滤波器结合起来实现边缘检测，即先通过高斯平滑抑制噪声，以减轻噪声对拉普拉斯算子的影响，再进行拉普拉斯运算，通过检测其过零点来确定边缘位置。因此，高斯-拉普拉斯算子是一种性能较好的边缘检测器。二维高斯平滑函数表示如下：

$$h(x, y) = \exp\left(-\frac{x^2 + y^2}{2\delta^2}\right) \tag{5-21}$$

式中，δ 为高斯分布的均方差，图像被模糊的程度与其成正比。令 $r^2 = x^2 + y^2$，式（5-21）对 r 求二阶导数来计算其拉普拉斯值，则有

$$\nabla^2 h(r) = -\frac{r^2 - \delta^2}{\delta^4}\exp\left(-\frac{r^2}{2\delta^4}\right) \tag{5-22}$$

式（5-22）是一个轴对称函数。利用 LOG 算子检测边缘时，可直接用其模板与图像卷积，也可以先与高斯函数卷积，再与拉普拉斯模板卷积，两者是等价的。由于 LOG 算子模板一般比较大，因而用第二种方法可以提高速度。

5.3.1.3 Canny 边缘检测

Canny 边缘检测算子是一个非常普遍和有效的算子。Canny 算子首先对灰度图像用均方差为 δ 的高斯滤波器进行平滑，然后对平滑后图像的每个像素计算梯度幅值和梯度方向。梯度方向用于细化边缘，如果当前像素的梯度幅值不高于梯度方向上两个邻点的梯度幅值，则抑制该像素响应，从而使得边缘细化，这种方法称之为非最大抑制（nonmaximum suppression）。该方法也可以结合其他边缘检测算子来细化边缘。Canny 算子使用两个幅值阈值，高阈值用于检测梯度幅值大的强边缘，低阈值用于检测梯度幅值较小的弱边缘。低阈值通常取为高阈值的一半。边缘细化后，就开始跟踪具有高幅值的轮廓。最后，从满足高阈值的边缘像素开始，顺序跟踪连续的轮廓段，把与强边缘相连的弱边缘连接起来。

5.3.2 边界连接

由于噪声等因素的影响，各种算子的检测结果通常是一些分散的边缘，没有形成分割区域所需的闭合边界。为此，需要将检测出的边缘像素按照某种准则连接起来。常用的一种方法是根据邻近的边缘像素在梯度幅度和梯度方向上具有一定相似性而将它们连接起来。设 T 是幅度阈值，A 是角度阈值，若像素 (p, q) 在像素 (x, y) 的邻域内，且它们的梯度幅度和梯度方向分别满足以下两个条件：

$$\left| \nabla f(p, q) - f(s, t) \right| \leq T \tag{5-23}$$

$$\left| \alpha(p, q) - \alpha(s, t) \right| \leq A \tag{5-24}$$

(x, y) 点处的梯度方向定义见式（4-11）。另外，利用数学形态学的一些操作也可以实现边界连接。

5.3.3 哈夫变换

在已知区域形状的条件下，利用哈夫变换（Hough Transform）可以方便地检测到边界

曲线。哈夫变换的主要优点是受噪声和曲线间断的影响小，但计算量较大，通常用于检测已知形状的目标，如直线、圆等。

5.3.3.1 直线检测

在图像空间 xy 里，过点 (x_i, y_i) 的直线方程可表示为 $y_i = ax_i + b$，其中 a 和 b 分别表示直线的斜率和截距。如果将直线方程改写为 $b = -x_i a + y_i$，则它表示 ab 空间（称之为参数空间）中斜率为 $-x_i$、截距为 y_i 的一条直线，且经过点 (a, b)。对于图像空间中与 (x_i, y_i) 共线的另一点 (x_j, y_j)，它满足方程 $y_j = ax_j + b$，对应于参数空间中斜率为 $-x_j$、截距为 y_j 的一条直线，也必然经过点 (a, b)。因此，可以推知，图像空间中同一条直线（斜率为 a，截距为 b）上的点对应于参数空间中相交于一点（坐标为 (a, b)）的一系列直线。哈夫变换就是利用这种点-线对应关系，把图像空间中的检测问题转换到参数空间中处理。哈夫变换需要建立一个累加数组，数组的维数与所检测的曲线方程中的未知参数个数相同。对于直线，它有 a 和 b 两个未知参数，因而需要一个二维累加数组。具体计算时，需要对未知参数的可能取值进行量化，以减少运算量。如果将参数 a 和 b 分别量化为 m 和 n 个数，则定义一个累加数组 $A(m, n)$，并初始化为零。

假设 a 和 b 量化之后的可能取值分别为 $\{a_0, a_1, \cdots, a_{m-1}\}$ 和 $\{b_0, b_1, \cdots, b_{n-1}\}$。对于图像空间中的每个目标点 (x_k, y_k)，让 a 取遍所有可能的值，根据 $b = -x_k a + y_k$ 计算出相应的 b，并将结果取为最接近的可能取值。根据每一对计算结果 (a_p, b_q)（$p \in [0, m-1]$，$q \in [0, n-1]$），对数组进行累加：$A(p, q) = A(p, q) + 1$。处理完所有像素后，根据 $A(p, q)$ 的值便可知道斜率为 a_p、截距为 b_q 的直线上有多少个点。通过查找累加数组中的峰值，可以得知图像中最有可能的直线参数。

如果需要检测的直线接近竖直方向，则会由于斜率和截距的取值趋于无穷而需要很大的累加数组，导致计算量增大。解决方法之一就是用图 5-3（a）所示的极坐标来表示直线方程：

$$\rho = x\cos\theta + y\sin\theta \tag{5-25}$$

式中，ρ 表示原点到直线的距离；θ 为垂线与 x 轴的夹角。对 ρ 和 θ 量化后建立一个累加数组［见图 5-3（b）］，其优势在于取值都是有限的。原先的点-直线对应关系就变成了点-正弦曲线的对应关系。为了提高效率，可以先计算出每一点的梯度幅值和梯度方向。如果

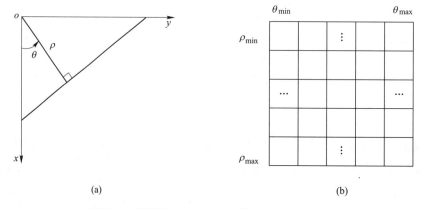

(a)   (b)

图 5-3 直线的极坐标表示极其对应的累加数组

（a）直线的极坐标；（b）检测直线的累加数值

该点的梯度幅值小于某个阈值，即属于边缘点的可能性很小，则不计算该点的参数，否则将梯度方向角代入式（5-25）得出 ρ。这样，对于每一个边缘点，没有必要将所有 θ 值代入方程求解，而只需根据梯度方向角计算一次。

5.3.3.2　圆的检测

圆的直角坐标系方程为

$$(x - a)^2 + (y - b)^2 = r^2 \tag{5-26}$$

由此可见，方程中有 3 个未知参数：圆心坐标 a 和 b，半径 r。需要建立一个三维数组，对于每一个像素，依次变化 a 和 b，由式（5-26）计算出 r，但计算量非常大。不难发现，圆周上任意一点的梯度方向均指向圆心或背离圆心。因此，只要知道了半径和圆周上一点的梯度方向，便可确定出圆心位置。圆的极坐标系方程为

$$x = a + r\cos\theta, \quad y = b + r\sin\theta \tag{5-27}$$

则圆的参数方程为

$$a = x - r\cos\theta, \quad b = y - r\sin\theta \tag{5-28}$$

式中，r 为半径；θ 为点 (x, y) 到圆心 (a, b) 的连线与水平轴的夹角。有了某点的梯度方向之后，可让 r 取遍所有值，由式（5-28）计算出对应的圆心坐标。

5.3.3.3　任意曲线检测

哈夫变换可以推广到具有解析形式 $f(x, a) = 0$ 的任意曲线，其中，x 表示图像像素坐标，a 是参数向量。任意曲线的检测过程如下：

（1）根据参数个数建立并初始化累加数组 $A[a]$ 为 0；

（2）根据某个准则，如梯度幅值大于某个阈值，确定某点是否为边缘点；对于每个边缘点 x，确定 a，使得 $f(x, a) = 0$，并累加对应的数组元素：$A[a] = A[a] + 1$；

（3）A 的局部最大值对应图像中的曲线，它表示图像中有多少个点满足该曲线。

5.4　区域标记

图像分割的结果通常是一幅二值图像，所有的目标区域都被赋予同一种灰度值。如果图像中有多个目标区域，并且希望分析各个目标的大小、形状等特征时，就需要对目标区域加以区分。区域标记是指对图像中同一连通区域的所有像素赋予相同的标记，不同的连通区域赋予不同的标记。常用的区域标记方法有两种：递归标记和序贯标记。

5.4.1　递归标记

递归标记算法如下：

（1）从左到右，从上到下逐行逐列扫描图像，寻找没有标记的目标点 P，给该点分配一个新的标记；

（2）递归分配同一标记给 P 点的邻域目标像素；

（3）直到相互连接的像素全部标记完毕，一个连通区域就标上了同样的记号；

（4）重复步骤（1）、（2）和（3），寻找未标记的目标点并递归分配同一标记给其邻域目标点；若找不到未标记的目标点，则图像标记完毕；

递归标记算法在串行机上运行非常费时，适用于并行机处理。

5.4.2　序贯标记

8 连通区域的序贯标记算法如下：

（1）从左到右、从上到下扫描图像，寻找未标记的目标点 P；

（2）如果 P 点的左、左上、上、右上 4 个邻点都是背景点，则赋予像素 P 一个新的标记；如果 4 个邻点中有 1 个已标记的目标像素，则把该像素的标记赋给当前像素 P；如果 4 个邻点中有 2 个不同的标记，则把其中的 1 个标记赋给当前像素 P，并把这两个标记记入一个等价表，表明它们等价；

（3）第二次扫描图像，将每个标修改为它在等价表中的最小标记。

4 连通区域的序贯标记算法与 8 连通区域的相同，只是在步骤（2）中仅判断左邻点和上邻点。

序贯标记算法通常要求对图像进行两次扫描。由于该算法一次仅运算图像的两行，因此当图像以文件形式存储且内存空间不允许把整幅图像全部载入时，也能使用该算法。

5.5　轮廓提取和轮廓跟踪

目标物体的边缘对图像识别和计算机分析十分有用。边缘能勾画出目标物体，使观察者一目了然；边缘蕴含了丰富的内在信息（如方向、阶跃性质和形状等），是图像识别中抽取图像特征的重要属性。从本质上说，图像边缘是图像局部特性不连续性（灰度突变和颜色突变等）的反映，它标志着一个区域的终结和另一个区域的开始。轮廓提取是边界分割中非常重要的一种处理，同时也是图像处理的经典难题，轮廓提取和轮廓跟踪的目的都是获得图像的外部轮廓特征。在必要的情况下应用一定的方法表达轮廓的特征，为图像的形状分析做准备，对进行特征描述、识别和理解等高层次的处理有着重大的影响。

5.5.1　掏空内部点方法

二值图像轮廓提取的原理非常简单，就是掏空内部点：如果原图中有一点为黑，且它的 8 个相邻点皆为黑，则将该点删除。对于非二值图像，要先进行二值化处理。在进行轮廓提取的时候，需使用一个一维数组，用来记录处理的像素点周围 8 个邻域的信息。如果 8 个邻域的像素点的灰度值和中心像素点的灰度值相同，就认为该点是在图像的内部，可以删除；否则，认为该点是图像的边缘，需要保留。依次处理图像中的每一个像素，最后剩下的就是图像的轮廓。

实现方法如下：

（1）获取原图像像素的首地址及图像的高和宽；

（2）开辟一块内存缓冲区，将原图像像素保存在内存中；

（3）将像素点的 8 邻域像素读入数组中。如果每一个邻域像素的灰度值和中心点的灰度值相差小于 10，则认为邻域像素和中心点相同，如果 8 个邻域像素都和中心点相同，在内存缓冲区中将该像素点置白，否则保持不变；

（4）重复执行步骤（3），对每一个像素进行处理；

（5）将内存中的数据复制到原图像中。

5.5.2 边界跟踪法

边界跟踪效果的好坏主要取决于两个因素。第一个因素是跟踪的起始点的选取，起始点的选取直接影响跟踪的精确度，同时如果起始点选得不好，还给算法的设计增加难度；第二个因素是跟踪准则的选取，准则既要便于理解和分析，又要便于程序的设计。边界跟踪的基本方法是：先根据某些严格的"探测准则"找出目标物体轮廓上的像素，再根据这些像素的某些特征用一定的"跟踪准则"找出目标物体上的其他像素。一般的跟踪准则是：边缘跟踪从图像左上角开始逐像点扫描，当遇到边缘点时则开始顺序跟踪，直至跟踪的后续点回到起始点（对于闭合线）或其后续点再没有新的后续点（对于非闭合线）为止。如果为非闭合线，则跟踪一侧后需从起始点开始朝相反的方向跟踪到另一尾点。如果不止一个后续点，则按上述连接准则选择加权平均最大的点为后续点，另一次要的后续点作为新的边缘跟踪起点另行跟踪。一条线跟踪完后，接着扫描下一个未跟踪点，直至图像内的所有边缘都跟踪完毕。

这种边界跟踪在处理图像的时候，执行先后是有次序的，每一个像素的处理都是顺序执行的，也就是后面的处理要用到前面的处理结果，前面的处理没有进行完，后面的处理就不能进行。因此，该算法的处理速度比轮廓提取算法慢，但同时也是因为这个原因，使得该分割对于边界点的判断更为精确，而且整个边界连续无中断。对于边界跟踪来说，跟踪后产生的轮廓边缘宽度只有一个像素。

实现方法如下：

（1）获得原图像的首地址及图像的高和宽；

（2）开辟一块内存缓冲区，初始化为255；

（3）将图像进行二值化处理；

（4）跟踪边界点，找到1个边界点，就将内存缓冲区中该点相应位置置0；

（5）按照跟踪准则，重复执行步骤（4），直到回到初始点；

（6）将内存缓冲区的内容复制到原图像中。

5.6 分水岭分割

分水岭分割算法（watershed segmentation algorithm）把地形学和水文学的概念引入到基于区域的图像分割中，特别适合粘连区域的分割。灰度图像可以看作是一片地形，像素的灰度值代表该点的地形高度，在地形中有高地、分水线、集水盆地等地貌特征。地形表面上总会有一些局部最小点（regional minima），又称为低洼，落在这些点的雨水不会流向他处。在一些点上，降落的雨水会沿着地形表面往低处流，最终流向同一个低洼，就把这些点称为与该低洼相关的集水盆地（catchment basin）。在另外一些点上，降落的雨水可能会等概率地流向不同的低洼，将这些点称为分水线（watershed line 或 divide line）。

基于梯度理论的分水岭算法在 CT 图像处理中取得好的效果。分水岭算法的基本思想是利用梯度幅度对图像进行预处理。梯度幅度在沿分割对象的边缘处有较高的像素值，而在其他地方的像素值较低。利用分水岭变换在对象边缘处可以产生分水岭脊线，从而对不同物质的区域进行分割。

分水岭算法是一种图像区域分割法，在分割的过程中，它会把邻近像素间的相似性作为重要的参考依据，从而将在空间位置上相近并且灰度值接近（求梯度）的像素点互相连接起来构成一个封闭的轮廓。分水岭算法常用的操作步骤：彩色图像灰度化，然后再求梯度图，最后在梯度图的基础上进行分水岭算法，求得分段图像的边缘线。

分水岭分割算法的主要缺点是会产生过分割（oversegmentation），即分割出大量的细小区域，这些区域对于图像分析可以说是毫无意义的。这是由于噪声等的影响，导致图像中出现很多低洼。避免过分割现象的有效方法之一就是分割前先对图像进行平滑，以减少局部最小点数目；另一种就是对分割后的图像按照某种准则合并相邻区域。另一种有效控制过分割现象的方法是基于标记（marker）的分水岭分割算法，它使用内部标记（internal marker）和外部标记（external marker）。一个标记就是属于图像的一个连通成分，内部标记与某个感兴趣的目标相关，外部标记与背景相关。标记的选取包括预处理和定义一组选取标记的准则。标记选择准则可以是灰度值、连通性、尺寸、形状、纹理等特征。有了内部标记之后，就只以这些内部标记为低洼进行分割，分割结果的分水线作为外部标记，然后对每个分割出来的区域利用其他分割技术（如阈值化）将背景与目标分离出来。

分水岭分割算法的主要目的就是找出集水盆地之间的分水线。降雨法（rainfall）和淹没法（flooding）是常用的两种基本算法。降雨法的基本思想是：首先找出图像中的低洼，给每个低洼赋予不同的标记；落在标记点上的雨水将流向更低的邻点，最终到达一个低洼，将低洼的标记赋予该点；如果凭点的雨水可能流向多个低洼，则标记为分水线点。所有点处理完毕后，就形成了不同标的区域和区域之间的分水线。

淹没法的基本思想是：假想每个低洼都有一个洞，把整个地形逐渐沉入湖中，则处在水平面以下的低洼不断涌入水流，逐渐填满与低洼相关的集水盆地；当来自不同低洼的水在某些点将要汇合时，即水将要从一个盆地溢出时，就在这些点上筑坝（dam construction），阻止水流溢出；当水淹没至地形最高点时，筑坝过程停止；最终所有的水坝就形成了分水线，地形就被分成了不同的区域或盆地。最简单的筑坝方法就是形态膨胀。从最低灰度开始，逐灰度级膨胀各低洼，当膨胀结果使得两个盆地汇合时，标记这些点为分水线点。膨胀被限制在连通区域内，最后的分水线就把不同的区域分开了。

6 图像识别

图像识别技术是当今科技发展中的新兴技术，随着计算机技术研究的深入，图像识别的重要性逐渐凸显，逐渐深入人们的生活中。简单来说，图像识别技术是指利用计算机对图像进行处理、分析和理解，然后根据图像的特征去寻求匹配，最终识别出进入系统中的目标和对象的技术。作为时代发展下的产物，图像识别技术运用的主要价值是依托于计算机取代传统人工劳作，进而完成对庞大物理信息的处理。

6.1 图像识别基本原理

众所周知，人的眼睛能够识别物体，当物体所处的位置、形态、距离等发生变化时，物体在视网膜中的成像也会因此发生变化，但是这并不影响人们对物体的辨别。例如，在看字母"a"时，无论是什么字体、什么大小、什么颜色、是否加粗、是否倾斜等，人们都能够识别出它是字母"a"。图像识别技术的原理跟人眼识别图像的原理是类似的。每个图像都有不一样的地方，例如字母"c"是一个半圆状，开口朝右；字母"o"是一个圈；字母"v"有一个尖角，这些特征就是图像识别的重点。人眼在图像识别的时候，既要有当时进入视网膜的图像信息，也要有之前就已经存放在人脑中的数据。假设人脑的记忆信息与当前的图像信息相互匹配，则图像可以识别。图像识别技术也是如此，当计算机捕捉到某个图像与之前所存储的信息匹配时，则认为该图像可以识别。

6.2 图像识别过程

利用计算机技术将获得的图像转换为具体的数字信息，通过计算机识别图像的关键特征，包括图像的大小、方向、颜色、整体形状和局部形状特征等，并将其存储在图像库中。当再次遇到类似的图像时，将与图像库中的内容进行比较，若结果一致，则整个图像的图像识别过程就完成了。图像识别具体分为信息获取、预处理、特征提取、分类器设计和分类决策等过程，如图 6-1 所示。

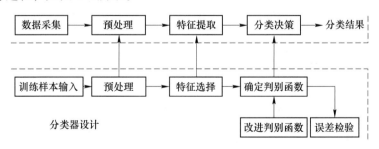

图 6-1 图像识别过程框架图

6.2.1 信息获取

图像信息获取指在图像成像过程中，将需要识别的物体转化为数字图像，这一过程通常是由图像采集设备实现的。传统的图像采集是采用图像采集卡将 CCD 摄像机的模拟视频信号经过 A/D 转换为数字图像后存储，然后送到计算机进行处理。

6.2.2 预处理

为了从数字图像中抽取出对识别有效的信息，必须对图像进行包括滤波、平滑、增强等处理。目的是消除图像中的多余信息，只留下与被研究对象的性质和采用的识别方法密切相关的特征（如表征物体的形状、周长、面积等）。举例来说，在进行指纹识别时，指纹扫描设备每次输出的指纹图像会随着图像的对比度、亮度或背景等的不同而不同，有时可能还会产生变形，而人们感兴趣的仅仅是图像中的指纹线、指纹分叉点和端点等，而不需要指纹的其他部分或背景。因此，需要采用合适的滤波算法，如基于块方图的方向滤波和二值滤波等，过滤掉指纹图像中这些不必要的部分。

6.2.3 特征提取

特征提取指对计算机获取的图像特征进行分类、筛选、计算，最终提取出最有利的图像特征。自然特征是指图像固有的特征，比如图像中的边缘、纹理、形状和颜色等。特征的选择和提取是至关重要的，所提取出来的特征在很大程度上会影响图像识别的匹配度。

6.2.4 分类器设计与分类决策

分类器设计的主要功能是通过训练确定判决规则，分类决策是在特征空间中对被识别对象进行分类。在图像识别技术中，通过分类规则制定出某种规律来识别图像，能够凸显出相似的特征，从而提高图像的识别率。常用的分类器有 Adaboost 分类器和 SVM 分类器。

6.2.4.1 Adaboost 分类器

Adaboost 是一种迭代的分类方法。Adaboost 算法的核心思想就是在很多分类器中，自适应地挑选其中分类精度更高的弱分类器，然后把它们组合起来，从而实现一个更强的分类器。例如，当人们要检测一个纯蓝色物体时，它的颜色为 (0, 0, 255)，但是现在只有 3 个灰度级别的分类器，各自对应着 RGB 的 3 种颜色。所要检测的物体必须满足 B 通道的灰度值为 255，R 和 G 通道的灰度值为 0。但是，这 3 个分类器都无法满足。此时，将这 3 个分类器组合，使其各自达到最佳的学习状态，便可以学习到 $R=0$、$G=0$、$B=255$ 这样的特征。

6.2.4.2 SVM 分类器

SVM 在图像分类领域中的应用很广泛，是一种非常优秀的分类器，它属于二分类算法，可以支持线性分类和非线性分类。通过最大化分类间隔得到分类平面的支持向量，在线性可分的小数据集上能够获得较高的分类精度。

6.2.4.3 决策树

决策树是一种树形结构，每个内部节点都表示一个属性测试，每个分支都会输出测试结果，每个叶子节点都代表一种类别。以二叉树为例，从树根开始分叉，区分它是车牌或者不是车牌，左边是车牌，右边是非车牌。当进入第 1 个二叉树分类节点判断为非车牌时，便要停止进入下一层，直接输出结果，任务结束；如果是车牌，则进入下一层再进行判断。这是一种与级联原理非常相似的分类器。

6.3　图像识别方法

图像识别技术是随着人工智能技术的发展产生的，目前图像识别方法常用的有 3 种，即模式识别、神经网络和非线性降维等。

6.3.1　模式识别

人们看到某物或现象时，首先会收集该物体或现象的所有信息，然后将其行为特征与头脑中已有的相关信息相比较，如果找到一个相同或相似的匹配，人们就可以将该物体或现象识别出来。因此，某物体或现象的相关信息就构成了该物体或现象的模式。广义上说，存在于时间和空间中可观察的事物，如果可以区别它们是否相同或相似，都可以称之为模式。而将观察目标与已有模式相比较、配准，判断其类属的过程就是模式识别。随着计算机及人工智能的兴起，人们当然也希望能用计算机来代替或扩展人类的部分脑力劳动，因此模式识别在 20 世纪 60 年代初迅速发展并成为一门新学科。

模式识别主要利用统计学、概率论、计算几何、机器学习、信号处理及算法的设计等工具从可感知的数据中进行推理的一门学科。模式识别技术的研究目的是根据人的大脑的识别机理，通过计算机模拟，构造出能代替人完成分类和辨识的任务，进而进行自动信息处理的机器系统。模式识别方法主要包括模板匹配、统计模式识别、句法模式识别、模糊模式识别和支持向量机等。

6.3.1.1　模板匹配

模板匹配的原理是选择已知的对象作为模板，与图像中选择的区域进行比较，从而识别目标。模板匹配依据模板选择的不同，可以分为两类：（1）以某一已知目标为模板，在一幅图像中进行模板匹配，找出与模板相近的区域，从而识别图像中的物体；（2）以一幅图像为模板，与待处理的图像进行比较，识别物体的存在和运动情况。已知模板一般是通过训练得到的。模板匹配的计算量很大，相应的数据的存储量也很大，而且随着图像模板的增大，运算量和存储量以几何数增长。如果图像和模板大到一定程度，就会导致计算机无法处理，随之也就失去了图像识别的意义。模板匹配的另一个缺点是由于匹配的点很多，理论上最终可以达到最优解，但在实际中却很难做到。

6.3.1.2　统计模式识别

统计模式识别方法也称为决策论模式识别方法，它是从被研究的模式中选择能足够代表它的若干特征（设有 d 个）每一个模式都由这 d 个特征组成的在 d 维特征空间的一个 d 维特征向量来代表，于是每一个模式就在 d 维特征空间占有一个位置。一个合理的假设是同类的模式在特征空间相距较近，而不同类的模式在特征空间则相距较远。如果用某种方法来分割特征空间，使得同一类模式大体上都在特征空间的同一个区域中。对于待分类的模式就可根据它的特征向量位于特征空间中的哪一个区域而判定它属于哪一类模式。简而言之，就是"物以类聚"。由噪声和传感器所引起的变异性，可通过预处理而部分消除；而模式本身固有的变异性则可通过特征提取和特征选择得到控制，尽可能地使模式在该特征空间中的分布满足上述理想条件。因此，一个统计模式识别系统应包含预处理、特征抽取、分类器等部分（见图6-2）。

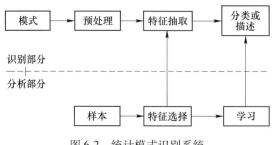

图 6-2　统计模式识别系统

统计模式识别主要优点是技术成熟，能考虑到干扰、噪声等影响，识别模式基元能力强。但其局限在于对结构复杂的模式抽取特征困难，不能反映模式的结构特征，难以描述模式的性质和从整体角度考虑识别问题。

6.3.1.3　句法模式识别

句法模式识别又称为结构模式识别。在许多情况下，对于较复杂的对象仅用一些数值特征已不能较充分地进行描述，这时可采用句法识别技术。句法识别技术的基本思想是把一个模式描述为较简单的子模式的组合，子模式又可描述为更简单的子模式的组合，最终得到一个树形的结构描述。在底层的最简单的子模式称为模式基元。模式以一组基元和它们的组合关系来描述，称为模式描述语句，这相当于在语言中，句子和短语用词组合，词用字符组合一样。基元组合成模式的规则，由所谓语法来指定。一旦基元被鉴别，识别过程可通过句法分析进行，即分析给定的模式语句是否符合指定的语法，满足某类语法的即被分入该类。因此，选择合适的基元是句法模式识别的关键。

基元应具有"结构简单、含义明确、能方便地描述数据、易于抽取、结构信息少"等特点。由于基元选择的不确定性及基元特征的多样性，实际应用中有时很难同时满足以上特点，所以有必要在基元的复杂性和易识别性之间取一个恰当的折中。

结构模式识别的特点是识别方便，能够反映模式的结构特征，能描述模式的性质，对图像畸变的抗干扰能力较强。如何选择基元是本方法的一个关键问题，尤其是当存在干扰及噪声时，抽取基元更困难，且易失误。

6.3.1.4　模糊模式识别

由于客观事物的特征存在不同程度的模糊性，使得经典的识别方法越来越不适应客观实际的要求，模糊识别正是为了满足这一要求而产生的。模糊模式识别的理论基础是模糊数学。1965 年 Zadeh 提出了他著名的模糊集理论，使人们认识事物的传统二值 0，1 逻辑转化为 [0，1] 区间上的连续逻辑，这种刻画事物的方法改变了人们以往单纯地通过事物内涵来描述其特征的片面方式，并提供了能综合事物内涵与外延性态的合理数学模型——隶属度函数。对于 A、B 两类问题传统二值逻辑认为样本 C 要么属于 A，要么属于 B，但是模糊逻辑认为 C 既属于 A 又属于 B，二者的区别在于 C 在这两类中的隶属度不同。

模糊模式识别是将待识别类、对象作为模糊集或其元素，然后对这些模糊集或元素进行分类。首先应根据实际问题进行特征提取或特征变换（将原来普通意义上的特征值变为模糊特征），建立模糊集的隶属度函数，或建立元素之间的模糊相似关系，并确定这个关系的隶属度函数（相关程度），然后运用相关的模糊数学的原理方法进行分类识别。其基本过程如下。

（1）特征的变换。由于类别（本质）和特征（表象）之间可能存在较复杂的非线性关系，要直接利用这样的特征进行分类识别，必然效果不佳或方法复杂。为使它们之间的关系更为直接和简单，可以将原来（或测得）的特征值域分成若干部分，并且使各部分的特征含义也做本质的改变。于是原先的每个或几个特征分量转变为多个特征分量。用这些新的特征表示原来的目标，在原理上由于这些新的特征能更好地反映目标的本质，因此对后续的分类器的设计提供了很大的方便，同时也能提高分类器的性能。

（2）建立隶属度函数。为了能运用模糊数学方法进行分类识别，应根据具体情况采用适当方法建立模糊集的隶属度函数。隶属度函数的确定是主观的，意思是同一个概念由不同的人所定义的隶属度函数可能会有很大的不同。这个主观性是感知或表达抽象概念的个体差异造成的，而与随机性无关。建立隶属度函数需要确定什么做论域、什么做模糊集。在模糊模式识别中，隶属度函数的确定常用的方法有专家确定法、统计法、对比排序法和综合加权法等。

（3）建立模糊相似关系。设计过程中任一设计因素、概念或特征均可用集合表示，其中的模糊性便构成了模糊集合，一个模糊集合是完全以隶属度函数和隶属度来描述与量化的，这样就可以确定分类目标中元素之间的模糊相似关系。确定相似关系后，可以根据得出的结果（模糊相似关系）来对集合进行分类。

（4）模糊结果的处理。使用模糊技术进行分类的结果不再是一个模式明确地属于某一类或不属于某一类，而是以一定的隶属度属于各个类别。这样的结果往往更真实，具有更多的信息。如果分类识别系统是多级的，这样的结果有益于下一级的决策。如果这是最后一级决策，而且要求一个明确的类别判决，可以根据模式相对各类的隶属度或其他一些指标，如贴近度等进行硬性分类。

（5）模糊模式识别的一般步骤。利用模糊模式识别解决实际问题时可以归纳为以下5个步骤：

1）抽选识别对象的特性指标；

2）构造模糊模式 A_i（$i=1, 2, \cdots, p$）的隶属度函数；

3）构造待识别对象 B 的隶属函数；

4）求出 B 与 A_i 的贴近度 $N(B, A_i)$；

5）根据择近原则识别 B 应归属于哪一个模式。

同一般的模式识别方法相比较，模糊模式识别具有客体信息表达更加合理，信息利用充分，各种算法简单灵巧，识别稳定性好，推理能力强的特点。

6.3.1.5 支持向量机

统计学习理论是在传统统计学基础上发展起来的一种具有坚实基础的机器学习方法，是目前针对小样本统计估计和预测学习的最佳理论。它从理论上系统地研究了经验最小化原理成立的条件、有限样本下经验风险与期望风险的关系及如何利用这些理论找到新的学习原则和方法等问题。支持向量机是 Vapnik 等人依据统计学习理论提出的一种模式识别新方法。它的基本思想是：先在样本空间或特征空间，构造出最优超平面，使得超平面与不同类样本集之间的距离最大，从而达到最大的泛化能力。支持向量机结构简单，并且具有全局最优性和较好的泛化能力，自提出以来得到了广泛的研究。支持向量机方法是求解模式识别和函数估计问题的有效工具。SVM 在数字图像处理方面的应用是：寻找图像像素之间的特征的差别，即从像素点本身的特征和周围的环境（临近的像素点）出发，寻找差异，然后将各类像素点区分出来。

6.3.2 神经网络

神经网络是人类在对其大脑及大脑神经网络认识理解的基础上，由大量简单处理单元相互连接而成的复杂网络，是基于模仿大脑神经网络结构和功能而建立起来的一种信息处理系统。神经网络图像识别技术是一种比较新型的图像识别技术，是在传统的图像识别方法基础上融合神经网络算法的一种图像识别方法。

6.3.2.1 神经网络特点

神经网络是由大量简单的神经元按照某种方式相互连接而形成的复杂网络系统，它反映了人脑功能的许多基本特征，是人脑神经网络系统的简化、抽象和模拟。由于神经网络具有非线性映射逼近、大规模并行分布存储和综合优化处理、容错性强、自学习和自适应等能力，因而特别适合处理需要同时考虑许多因素和条件及信息不确定性问题。神经网络是一种全新的模式识别技术，它具有以下几个方面的特点。

（1）神经网络具有自组织和自学习的能力，能够直接输入数据并进行学习。在学习过程中，它可以自适应地发现蕴含在图像样本数据中内在的特征及规律性。这一自学习的能力与传统图像识别中所采用的技术大不相同，后者往往依赖于对识别规则的先验知识，而神经网络对所要处理的图像在样本空间的分布状态无需做任何假设，而是直接从数据中学习样本之间的关系，因而可以解决那些因为不知道样本分布而无法解决的图像识别问题。

（2）神经网络具有推广能力，它可以根据图像样本间的相似性，对那些与原始训练图像样本相似的数据进行正确处理。在实时应用时，所给的数据往往还有噪声，或构成某个图像模式的特征不全甚至没有等，神经网络的推广能力，可将样本从这种失真或变形中恢复出来。这种对失真或不完全数据恢复的能力，是神经网络用于图像识别的很主要的方面。

（3）神经网络是非线性的，即它可以找到系统输入变量之间复杂的相互作用，在一个线性系统中，改变输入往往产生一个成比例的输出，而且这种影响关系是一个高阶函数。这一特点很适合于实时系统，因为实时系统通常是非线性的。

（4）神经网络是高度并行的，即其大量的相似或独立的运算都可以同时进行。这种并行能力，使它在处理问题时比传统的处理器快成百上千倍，为提高系统的处理速度提供了必要的条件。

6.3.2.2 神经网络训练学习方式

神经网络训练学习方式有监督学习、无监督学习、强化学习。

（1）监督学习。监督学习也称有导师的学习，就是待分类的模式类别属性已知，对于每次模式样本的输入，网络输出端都有一个对应的指导信号与其属性相匹配，基于网络输出端监督信号与实际输出的某种目标函数准则，通过不断地调整网络的连接权值，使得网络的输出端的输出与监督信号的误差逐渐减小到预定的期望要求。

（2）无监督学习。无监督学习时，不存在外部"导师"，学习系统完全按照环境所提供数据的某些统计规律来调节自身参数或结构（这是一种自组织过程），以表示外部输入的某种固有特性。在这种学习模式下，网络的权值调整不取决于导师信号的影响，可以认为网络的学习评价隐含于网络的内部。

（3）强化学习。强化学习介于上述两种情况之间，其不同于有监督学习，主要表现在导师信号上，强化学习中由环境提供的强化信号是对产生动作的好坏作一种评价，而不是告诉强化学习系统如何去产生正确的动作，即外部环境对系统输出结果只给出评价而不是给出正确答案，学习系统通过强化那些受奖励的动作来改善自身性能。

6.3.2.3 神经网络类型

神经网络是模拟人脑神经元进行认知、理解、信息处理运行机制及结构的一种计算机工程系统，在图像识别中比较常用的神经网络算法模型有以下几种。

（1）自组织映射网络。自组织映射网络是通过自主寻找采集样本中的规律，自适应、自组织地改变神经网络数学模型中的结构，一般的学习与分类的进行都具有一定的先知条件，即在神经网络的加权值的调整是在有先知条件监督的，自组织映射神经网络则是因为没有可以适用先验条件，需要神经网络能够自主学习，自主学习样本数据中的规律或属性。而自组织神经网络的自组织能力的实现是通过竞争学习，自组织映射神经网络的结构有输入层和竞争层，将相似的数据样本分到一起，而不相似的数据样本则分离出去。自组织神经网络根据算法的不同可分为：PCA（Principal Component Analysis）神经网络和SOFM（Self-organizing Feature Map）神经网络。

（2）Hopfield 神经网络。Hopfield 神经网络是一种将存储系统和二元系统相结合的神经网络，保证了数据分析的收敛性，模拟了人类记忆方式。Hopfield 神经网络是通过将待处理的样本转化为一个计量函数，以使得问题监督条件下的解值为该计量函数的最小极值，保证该问题可以使用 Hopfield 神经网络求解。

（3）BP 反向传播神经网络。BP 反向传播神经网络是按照误差反向传播的多层前馈神经网络，以梯度搜索技术减少输入值和输出值的误差均方差。其每一层上都存在着多个代表神经元的节点。层与层任意两个节点之间都存在连接关系，同一层上任意两个节点之间不具有相互连接关系。输入一个向量，对向量加权处理后再交给隐含层神经元的激活函数中，再将函数的输出值进行加权处理从而最终交给输出层加权处理进而得到输出的值。在处理过程中可能会出现得到的输入层响应误差偏大的情况，BP 神经网络就会将误差信号进行反馈调节，就是从输出层经过各中间层逐层向输入层进行传播，并调整各层连接的权值。通过输出层的误差信号反复反向传播并调整各个连接点的权值，使得最终输出与输入的误差达到最小，从而提高 BP 网络对输入信号响应的准确度，增强网络的识别能力。

（4）模糊神经网络。模糊神经网络是将人工神经网络算法和模糊逻辑算法相结合，用神经网络方法建立和实现一个基于规则的模糊系统。该神经网络不仅可以表达和处理不确定数据，而且能够自动产生或调整规则，也可以实现并行高速推理，极大地提高了系统建模和运行效率。

（5）小波神经网络。小波神经网络是小波分析与神经网络相结合的一种前馈型新型神经网络。小波神经网络是将常规单隐层神经网络的隐节点函数由小波函数代替，将神经元替换为小波元，相应的输入层到隐层的权值及隐层阈值分别由小波函数的尺度与平移参数所代替，继承了小波变换和神经网络两者的优点，具有良好的函数逼近能力和图像识别分类能力，在图像识别应用具有很好的前景。

6.3.3 非线性降维

图像识别是一个异常高维识别问题。即使对于低分辨率的图像也常常产生高维的数据。高维数据所带来的高的计算复杂度和高的存储容量增加了识别的困难。然而有意义的图像空间的本征维数是相对降低的，即高维图像数据存在相对低维的特征表达空间，存在将高维图像识别问题向低维转化的可能性。要想让计算机具有高效的识别能力，最直接有效的方法就是降维。降维分为线性降维和非线性降维。常用的线性降维方法为主成分分析和线性奇异分析。虽然线性降维具有理解难度低的优点，但在实际应用阶段发现这种技术的运算过程复杂，且占据空间面积较大，识别图像需要耗费大量的时间。而非线性降维是在线性降维基础上发展的图像识别技术，是一种极其有效的非线性特征提取方法。此技术可以发现图像的非线性结构而且可以在不破坏其本征结构的基础上对其进行降维，使计算机的图像识别在尽量低的维度上进行，有利于图像识别速率的提升。

6.3.4 深度学习

2006 年，Hinton 等人提出深度学习的概念，它是含多隐藏层、多感知器的一种网络结构，能更抽象、更深层次描述物体的属性和特征。深度学习的目的是通过构建一个多层网络，在此网络上计算机自动学习并得到数据隐含在内部的关系，提取出更高维、更抽象的数据，使学习到的特征更具有表达力。深度学习一般可以分成有监督学习和无监督学习，分类的依据是数据是否含有标记。有监督学习过程中会找出训练数据的特征与标记之间的映射关系，并且通过标记不断纠正学习过程中的偏差，不断提高学习的预测率。有监督学习主要有卷积神经网络（CNN）、循环神经网络（RNN）和深度堆叠网络（DSN）。无监督学习的训练数据没有标记，常用的算法有受限玻尔兹曼机（RBM）、深度置信网络（DBN）、深度玻尔兹曼机（DBM）和生成式对抗网络（GAN）等。

6.3.4.1 卷积神经网络

卷积神经网络（CNN，Convolutional Neural Network）是深度学习的重要组成部分，也是图像识别领域中应用较为广泛的模型之一。CNN 是一种特殊的多层感知器神经网络，每层由多个二维平面组成，而每个平面由多个独立神经元组成。传统的神经网络层与层之间神经元采取全连接方式，而卷积神经网络采用稀疏连接方式，即每个特征图上的神经元只连接上一层的一个小区域的神经元。

经典的 CNN 主要由卷积层、池化层、全连接层和分类层组成。卷积层通过不同卷积核对前一层做卷积运算，一种卷积核对应一种特征图。因此，一般使用多种卷积核来获得更多的特征，同时同种卷积核之间共享权值以减少网络待训练的参数，避免由于参数过多造成的过拟合。池化层通过对输入数据各个维度进行空间采样，可以进一步降低数据规模，并且对数据具有局部线性转换的不变形及增强网络的泛化处理能力，常见的池化有最大值池化和均值池化两种方式。全连接层将经过多次卷积池化后的输出平铺成一维向量，作为特征输入全连接网络，实质上是把多层的卷积池化看作是特征提取的过程。

CNN 模型的优点主要在于避免了对图像处理前期过程中大量的特征提取工作，简化了图像预处理的步骤。CNN 模型是以图像的局部关联性和特征重复性为假设条件，即假设图像某一点的像素一般与其相邻像素的关联性较大，与其他像素的关联性较小，避免了全连接所必需的大量参数，这就是 CNN 的局部连接特性。

6.3.4.2 循环神经网络

循环神经网络（RNN，Recurrent Neural Network）又名时间递归神经网络，是一类用于处理序列数据的网络模型。在 RNN 结构模型中，网络会对之前时刻的信息进行记忆并且运用到当前的输出计算之中。相比于卷积神经网络，循环神经网络隐藏层之间的神经元是相互连接的，隐藏层中神经元的输入是由输入层的输出和上一时刻隐藏层神经元的输出共同组成。RNN 是具有记忆功能的网络模型，适合处理序列数据，因为序列数据具有很强的关联性，前面的数据对后面的数据有很大的影响。

6.3.4.3 深度堆叠网络

深度堆叠网络（DSN，Deep Stacking Networks）的中心思想为"堆叠泛化"，即首先构造简单的函数模块或者分类模块，然后将这些简单的函数模块或分类模块逐层堆叠，进而用来构建复杂的函数模块或分类器。深度堆叠网络在堆叠每个基本模块时都使用了监督信息，在基本模块中，其输出节点是线性的，隐藏节点是非线性的。在确定了隐藏节点的激励之后，线性输出节点能够对输出网络权重进行高效、并行和封闭的估计，因为输入和输出权值之间的封闭约束，输入的权值也可以使用高效、并行和批处理的方法进行估计。

6.3.4.4 受限制玻尔兹曼机

受限制玻尔兹曼机（RBM，Restricted Boltzmann Machine）是一类无向图模型，由可视层和隐含层组成，与玻尔兹曼机不同，层内无连接，层间有连接。这种结构更易于计算隐含层单元与可视层单元的条件分布。受限制玻尔兹曼机的训练方式通常采用对比散度方。

6.3.4.5 深度置信网络

深度置信网络（DBN，Deep Belief Networks）是由多个受限制玻尔兹曼机叠加而成的深度网络。可以理解为是由多个简单学习模型联结构成的深度结构的复杂学习模型。DBN训练主要涉及两个阶段，一是预训练，二是微调。在进行预训练时，各层都需要展开无监督学习，同时后期层的输入应该以前一层的输出为主，在网络参数值完成训练以后，要将其作为初始的网络参数值。而微调则是通过有监督的学习进行网络训练，在这种算法当中应用训练数据初始化可视层后，仅需要经过少量的迭代次数就可以获得相关模型的估计。

6.3.4.6 深度玻尔兹曼机

深度玻尔兹曼机（DBM，Deep Boltzmann Machine）与深度置信网络相似，都是以受限制玻尔兹曼机叠加而成。但是，与深度信念网络不同，层间均为无向连接，省略了由上至下的反馈参数调节。训练方式也与深度信念网络相似，先采用无监督预训练方法，得到初始权值，再运用场均值算法，最后采用有监督微方式进行微调。

6.3.4.7 生成式对抗网络

生成式对抗网络（GAN，Generative Adversarial Network）是由 Ian Goodfellow 等人于 2014 年提出的一种无监督模型，GAN 在对抗过程中估计并生成模型。GAN 打破了传统生成算法的模式，采用博弈方式来优化两个模型，即生成模型 G 和判别模型 D。生成模型 G 捕捉真实样本数据的分布，并生成新的数据样本。判别模型 D 是一个二分类器，估计一个输入样本来自训练样本的概率。与传统的生成算法相比，GAN 只用到反向传播，效率更高。而且，GAN 的损失函数与传统的均方误差相比更加严谨。因此，GAN 在图像识别计算机视觉领域取得了广泛的应用。

7 图 像 重 建

图像重建是指根据对物体的探测获取的数据来重新建立图像。用于重建图像的数据一般是分时、分步取得的。它是图像处理中的一个重要研究分支，其重要意义在于获取被检测物体内部结构的图像而不对物体造成任何物理上的损伤。

三维重建是一个二维到三维，平面到立体的过程。三维重建是三维可视化技术中的一种，是指对三维物体建立适合计算机表示和处理的数学模型，是在计算机环境下对其进行处理、操作和分析其性质的基础，也是在计算机中建立表达客观世界的虚拟现实的关键技术。三维重建是计算机辅助几何设计（CAGD）、计算机图形学（CG）、计算机动画、计算机视觉、医学图像处理、科学计算和虚拟现实、数字媒体创作等领域的共性科学问题和核心技术。

7.1 三维重建技术

目前，三维重建技术已在游戏、电影、测绘、定位、导航、自动驾驶、VR/AR、工业制造及消费品领域等方面得到了广泛的应用。方法同样也层出不穷，可以将这些方法依据算法原理分为两类。

7.1.1 基于传统多视图几何的三维重建算法

传统的三维重建算法按传感器是否主动向物体照射光源，可以分为主动式和被动式两种方法。这些年，也有不少研究直接基于消费级的 RGB-D 相机进行三维重建，如基于微软的 Kinect V1 产品，同样取得了不错的效果。基于传统多视图几何的三维重建算法概括如下。

（1）主动式，指通过传感器主动地向物体照射信号，然后依靠解析返回的信号来获得物体的三维信息。

（2）被动式，直接依靠周围环境光源来获取 RGB 图像，通过依据多视图几何原理对图像进行解析，从而获取物体的三维信息。

基于消费级 RGB-D 相机，近年来，也有不少研究直接基于消费级的 RGB-D 相机进行三维重建，如在微软的 Kinect V1、V2 产品上，取得了不错的效果。最早，由帝国理工大学的 Newcombe 等人于 2011 年提出的 Kinect Fusion 开启了 RGB 相机实时三维重建的序幕。此后有 Dynamic Fusion 和 Bundle Fusion 等算法。

7.1.2 基于深度学习的三维重建算法

将基于深度学习的三维重建算法分为以下三部分。

（1）在传统三维重建算法中引入深度学习方法进行改进。通过神经网络提取出若干个基函数来表示场景的深度，这些基函数可以简化传统几何方法的优化问题。

（2）深度学习重建算法和传统三维重建算法进行融合，优势互补。CNN-SLAM13 将 CNN 预测的致密深度图和单目 SLAM 的结果进行融合，在单目 SLAM 接近失败的图像位置 如低纹理区域，其融合方案给予更多权重于深度方案，提高了重建的效果。

（3）在传统三维重建算法中引入深度学习方法进行改进。三维重建领域主要的数据格 式有 4 种：深度图，2D 图片，每个像素记录从视点到物体的距离，以灰度图表示，越近 越黑；体素，体积像素概念，类似于 2D 之于像素定义；点云，每个点都含有三维坐标， 乃至色彩、反射强度信息；网格，即多边形网格，容易计算。

因而，依据处理的数据形式不同将研究简要分为三部分：基于体素、基于点云和基于 网格。而基于深度图的三维重建算法暂时还没有，因为它更多的是用来在 2D 图像中可视 化具体的三维信息而非处理数据。

7.2　三维重建基本步骤

图像三维重建一般有如下几步。

（1）图像获取：在进行图像处理之前，先要用摄像机获取三维物体的二维图像。光照 条件、相机的几何特性等对后续的图像处理造成很大的影响。

（2）摄像机标定：通过摄像机标定来建立有效的成像模型，求解出摄像机的内外参 数，这样就可以结合图像的匹配结果得到空间中的三维点坐标，从而达到进行三维重建的 目的。

（3）特征提取：特征主要包括特征点、特征线和区域。大多数情况下都是以特征点为 匹配基元，特征点以何种形式提取与用何种匹配策略紧密联系。因此在进行特征点的提取 时需要先确定用哪种匹配方法。特征点提取算法可以总结为：基于方向导数的方法，基于 图像亮度对比关系的方法，基于数学形态学的方法三种。

（4）立体匹配：立体匹配是指根据所提取的特征来建立图像对之间的一种对应关系， 也就是将同一物理空间点在两幅不同图像中的成像点进行一一对应起来。在进行匹配时要 注意场景中一些因素的干扰，比如光照条件、噪声干扰、景物几何形状畸变、表面物理特 性及摄像机特性等诸多变化因素。

（5）三维重建：有了比较精确的匹配结果，结合摄像机标定的内外参数，就可以恢复 出三维场景信息。三维重建精度受匹配精度、摄像机的内外参数误差等因素的影响，因此 首先需要做好前面几个步骤的工作，使得各个环节的精度高，误差小，这样才能设计出一 个比较精确的立体视觉系统。

7.3　基于轮廓线的三维表面重构

三维表面重构技术作为科学计算可视化中的一个热点研究方向，其在计算机图形学、 计算机视觉、图像处理等方面都发挥着举足轻重的作用。三维重构中最常用的方法是通过 轮廓线对三维表面进行重构。

由一系列有序二维轮廓线重构三维形体的方法，是三维重建中最基本的方法，最早应 用于工业 CT 图像的三维重建。该算法通过连接相邻轮廓线上的点构成三角面，从而实现 空间立体平面的重构。二维轮廓线的三维重建，可分为单轮廓线重构和多轮廓线重构。如果在相邻两层平面上各自只有一条轮廓线，那么其三维重建问题相对简单，称之为单轮廓线重构；如果在相邻两层平面上（或其一）有多条轮廓线，则为多轮廓线重构，此时，需要解决轮廓线之间的对应问题及分支问题等，较之单轮廓线的重构要复杂得多。该算法只适用于轮廓小、对中较好的简单图像重建，但对于复杂图像的重建，这种方法是很难实现的。因此本节只介绍单轮廓线重构的一些基本方法。

7.3.1 基本原理

假设相邻平行平面上各有一轮廓线（见图7-1）。上轮廓线的列点为 P_0，P_1，…，P_{m-1}；下轮廓的点列为 Q_0，Q_1，…，Q_{n-1}。点列均按逆时针方向排列，如果将上述点列分别依次用直线连接起来，则得到这两条轮廓线的多边形近似表示。每一个直线段 P_iP_{i+1} 或 Q_jQ_{j+1} 称为轮廓线线段。如图7-1所示，连接上轮廓在线一点与下轮廓上一点的线段成为跨距。很显然，一条轮廓线线段，以及将该线段两端点与相邻轮廓在线的一点相连的两端点与相邻轮廓在线一点相连的两段跨距构成了一个三角面，称为基本三角面，而该两段跨距则分别称为左跨距和右跨距。

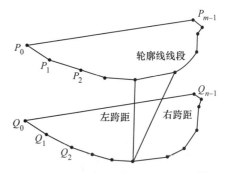

图7-1 单轮廓线重构示意图

实现两条轮廓线之间的三维面模型重构，就是要用一系列相互连接的三角面片将上、下两条轮廓线相接起来。连接上、下两条轮廓线各点所形成的众多基本三角面，应该构成相互连接的三维表面，且相互之间不能在三角面片内部相交，所以应该满足下列两个条件。

（1）每一个轮廓线线段必须在而且只能在一个基本三角面片中出现。因此，如上、下两条轮廓线各有 m 个和 n 个轮廓线段。那么，合理的三维表面模型将包含 $m+n$ 个基本三角面片。

（2）如果一个跨距在某一基本三角面中为左跨距，则该跨距是而且仅是另一个基本三角面片的右跨距。

7.3.2 单轮廓线重构的基本方法

显而易见，对于相邻两条轮廓线及其上的点列而言，符合上述条件的可接受的立体表面可以有多种不同的组合。为了计算两轮廓线间用一系列三角面片连接的近似最优解，一些学者提出了一些计算量小、速度快的算法。

7.3.2.1 最短对角线法

如图7-2所示，设上轮廓线为 P，下轮廓线为 Q，设 Q 上距 P_i 的点为 Q_j，则以跨距 P_iQ_{j+1} 为基础用最短对角线法来构造两轮廓线间的三角面片。如对角线 $P_iQ_{j+1} < P_{i+1}Q_j$，则连接 P_i、Q_{j+1}，形成三角面片 $Q_jP_iQ_{j+1}$，否则连接 $P_{i+1}Q_j$。这就是最短对角线法的基本原理。这一方法简单、易于实现，而且当上、下两条轮廓线的大小和形状相近，相互对中情况比较好时，使用该方法的效果是比较好的。

但对于较复杂的情况，这一方法可能会失败。如图 7-3 所示，由于上、下两条轮廓线的中心点相差较远，采用最短对角线法的结果，将会产生一个圆锥面，这显然是不符合要求的。可采用补救的办法是在构造三角面片前，将该两条轮廓线变换至以同一原点为中心的单位正方形内从而较好的保持了大小和形状相近，并使对中情况较好。当然，在变换后的轮廓线之间连接好三角面片之后，需进行反变换，将各轮廓线变换到原来的位置。

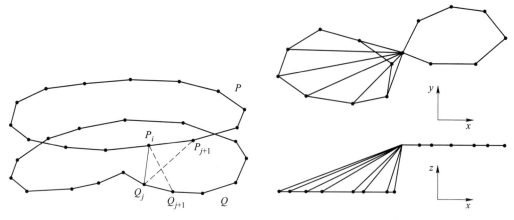

图 7-2　最短对角线法示意图　　　　图 7-3　最短对角线法失败之一例

7.3.2.2　最大体积法

该方法的基本思想是，选择当前的轮廓线线段，或者说图中的弧，使得由新产生的三角面片所构成的四面体体积最大。其方法是，为每一条水平弧线定义一个函数 φ_h，为每条垂直弧线定义一个函数 φ_v。在图 7-4 中，与每条水平弧 $[V_{ij}, V_{i,j+1}]$ 相关联的是一个四面体 $T_{hij}[P_iP_{i+1}Q_jO_q]$，其中，$O_q$ 可以是下轮廓线内部的任意一点，于是，φ_h 的值定义为四面体 T_{hij} 的体积。与此相似，与每条垂直弧 $[V_{ij}, V_{i,j+1}]$ 相关联的是四面体 $[P_iP_{i+1}Q_jO_p]$，其中 O_p 是上轮廓线内部任意一点，φ_v 的值定义为四面体 T_{vij} 的体积。

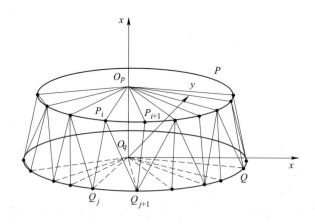

图 7-4　大体积法示意图

表示一组可接受表面的路径有 m 个水平弧 h_0，h_1，…，h_{m-1} 及 n 个垂直弧 v_0，v_1，…，v_{n-1}。于是，可定义总的 φ 值为

$$\varphi = \sum_{i=0}^{m-1} \varphi_{h_i} + \sum_{j=0}^{n-1} \varphi_{v_j} \qquad (7\text{-}1)$$

以最大体积为目标的启发方法是，在某一结点 V_{ij}，计算出 $\varphi_h = T_{hij}$ 的体积和 $\varphi_v = T_{vij}$ 的体积，如果 $\varphi_h > \varphi_v$，则选择水平弧，将结点移至 $V_{i,j+1}$。否则，选择垂直弧，将结点移至 $V_{i+1,j}$。因此，用 $m+n$ 步可以将上、下两层轮廓线用三角片面组接起来，而使所围成的体积近似为最大。

7.3.2.3 相邻轮廓同步前进法

这一方法的基本思想是，在用三角面片连接相邻两条轮廓在线的点列时，使得连接操作在两条轮廓在线尽可能地同步进行。

对每个基本三角面赋以权值 φ_a，其含义是该三角面的轮廓线线段长度除以该线段所在轮廓线的周长所得的值。显然，对于一个可接受表面的 m 个水平弧和 n 个垂直弧，有

$$\varphi_h = \sum_{i=1}^{m} \varphi_{ah_i} = 1 \qquad (7\text{-}2)$$

$$\varphi_v = \sum_{j=1}^{n} \varphi_{ah_j} = 1 \qquad (7\text{-}3)$$

因此，使三角形连接操作在两条轮廓在线得以近似地同步进行准则可描述为：在任何一步，三角面的连接应使得水平权值之和与垂直权值之和的差为最小。那么，当构成一个可接受表面时，该差值应为零。

如图 7-5 所示，φ_h' 表示上轮廓线中已经存在的轮廓线线段长度的标称值；φ_v' 表示下轮廓线中已经存在的轮廓线线段长度之和的标称值。此时，下一步选取的三角面有两种可能，即 $\Delta P_i P_{i+1} Q_j$ 或 $\Delta P_i Q_j Q_{i+1}$。如果

$$|\varphi_b' + \varphi_h - \varphi_v'| < |\varphi_v' + \varphi_v - \varphi_h'| \qquad (7\text{-}4)$$

则取 $\Delta P_i P_{i+1} Q_j$，即沿上轮廓线前进一步。否则，取 $\Delta P_i Q_j Q_{i+1}$，即沿下轮廓线前进一步。用 $m+n$ 步即可实现相邻两轮廓线之间的三角形连接。

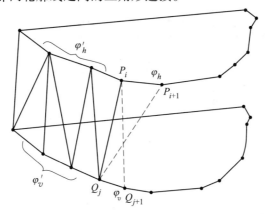

图 7-5 相邻轮廓线同步进行法示意图

上面介绍的方法只针对凸轮廓线之间的重构，若考虑轮廓线的非凸性，则需要将非凸轮廓线变换为凸轮廓线，在凸轮廓线之间构造好三角面后，再将其反变换为非凸轮廓线。而多轮廓线之间的重构，由于涉及轮廓间的连接关系及中间轮廓的构造，实现方法非常复杂。

7.4 三维重建的等值面构造

7.3 节介绍的轮廓线间的重构算法，要求切平面之间的间距小而且相互平行，对应轮廓线之间的覆盖程度高，形状相似。对于较为复杂的图像三维重构，它在确定多分支轮廓线在相邻图片之间的拓扑关系及顶点的连接关系比较复杂，这个问题至今尚未彻底解决，因而实现起来比较困难。利用在三维空间规则数据场中构造等值面的方法，可以很好地解决这个问题。它无须判断轮廓线的相互对应关系及分支关系，同时也适用于非凸轮廓线之间的重构。

7.4.1 移动立方体法（MC 法）

在三维空间规则数据场中构造等值面有多种方法，其中最有代表性的是移动立方体法，又称为 MC（Marching Cubes）方法。它是由 W. E. Lorenson 和 H. E. Cline 在 1987 年提出来的。由于这一方法原理简单，易于实现，目前已经得到了较为广泛的应用。

7.4.1.1　MC 法基本原理

在 MC 方法中，假定原始数据是离散的三维空间规则数据场。为了在这一数据场中构造等值面，用户应先给出所求等值面的值，设为 C_0。MC 方法首先找出该等值面经过的体元的位置，求出该体元内的等值面并计算出相关参数，以便由常用的图形软件包或图形硬件提供的面绘制功能绘制出等值面。由于这一方法是逐个体元依次处理的，因此被称为 Marching Cubes 方法。MC 方法的主要步骤如下。

A　确定包含等值面的体元

离散的三维空间规则数据场中的一个体元可用图 7-6 表示。8 个数据点位于该体元的 8 个顶点上。

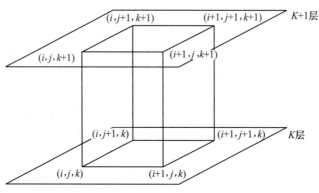

图 7-6　体元示意图

假定某体元一个顶点的函数值大于（或等于）给定的等值面的值 C_0，则将该顶点赋值为 1，并称该顶点位于等值面之内（或之上）。如果该顶点的函数值小于等值面的值 C_0，则将该顶点赋值为零，并称该顶点位于等值面之外。显然，如果某体元中一条边的一个顶点在等值面之内，而另一个顶点在等值面之外，那么，该边必然与所求等值面相交。根据这一原理就可以判断所求等值面将与哪些体元相交，或者说将穿过哪些体元。

由于每个体元有 8 个顶点，每个顶点可能有 0，1 两种状态，因此每个体元按其 8 个顶点的（0，1）分布而言，共有 $2^8 = 256$ 个不同的状态。尽管判断等值面将与哪些体元相交在原理上很容易理解，但是要根据这 256 种不同的情况求出每个体元中的等值面却是很繁琐的，也容易出现错误。

可以利用两种不同的对称性将 256 种不同情况简化为 14 种。首先，如果将等值面的值和 8 个顶点的函数值的大小关系颠倒过来，那么，等值面与体元中 8 个顶点之间的拓扑关系将不会改变。也就是说，如果将一个体元中其函数值大于 C_0 的顶点与小于 C_0 的顶点所赋的 0，1 值颠倒过来，则其生成的等值面是相同的。因此，只要考虑 4 个以下（含 4 个）的角点函数值大于 C_0 就够了，这样就将不同情况的种类减少了一半。其次，再利用 8 个角点中存在的旋转对称性，可将不同情况的种类进一步维合，从而减少到 14 种（见图 7-7）。其中，第 0 种情况表示所有 8 个顶点的函数值均大于（或小于）C_0，因而该体元不与等值面相交。第 1 种情况表示有 1 个顶点的函数值大于（或小于）C_0，其余 7 个顶点均与其相反，因而该体元内的等值面将是一个三角面片。在考虑了上面两种对称性后，这一种情况实际上代表了 16 种情况。如此类推可知，图 7-7 中的 14 种基本组合反映一个体元角点函数值分布的不同情况。基于上面的分析，可构造一个体元状态表。根据这一状态表，就可知道当前体元属于图 7-7 中哪一种情况，以及等值面将与哪一条边相交。

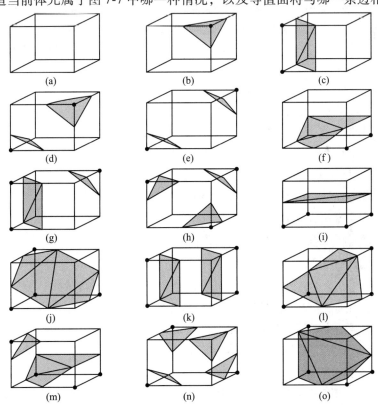

图 7-7　MC 算法中的 15 种构造情况

（a）～（o）第 0 种构造~第 14 种构造

B　求等值面与体元边界的交点

当三维离散数据场的密度较高，也就是说当每个体元很小时，可以假定函数值沿体元边界呈线性变化。因此，等值面与体元边界的交点可以通过该边两端点函数值的线性插值求出。求出了等值面与体元边界的交点以后，就可以将这些交点连接成三角形或多边形，形成等值面的一部分。

C 求等值面的法向

为了利用图形硬件显示等值面图像，必须给出形成等值面的各三角面片的法向。对于等值面上的每一点，其沿面的切线方向的梯度分量应该是零，因此，该点的梯度向量的方向也就代表了等值面在该点的法向。MC 方法就是利用这一原理来决定三角面片的法向的。而且，等值面往往是两种具有不同密度的物质的分接口，因而其梯度向量不为零值，即

$$g(x, y, z) = \nabla f(x, y, z) \tag{7-5}$$

直接计算三角面片的法向是费时的。而且，为了消除各三角面片之间明暗度的不连续变化，只要给出三角面片各顶点处的法向即可进行空间三角面的绘制。

MC 方法采用中心差分计算出体元各角点处的梯度，然后再一次通过体元边界两端点处梯度的线性插值求出三角面片各顶点的梯度，也就是各顶点处的法向，从而实现面的绘制。

现将 MC 方法求等值面的步骤归纳如下：

（1）将三维离散规则数据场分层读入内存；

（2）扫描两层数据，逐个构造体元，每个体元中的 8 个顶点取自相邻的两层；

（3）将体元每个顶点的函数值与给定的等值面值 G 做比较，根据比较结果，构造该体元的状态表；

（4）根据状态表，得出将与等值面有交点的体元边界；

（5）通过线性插值方法，计算出体元边界与等值面的交点；

（6）利用中心差分方法，求出体元各角点处的法向，再通过线性插值方法，求出三角形各顶点处的法向；

（7）根据各三角面片各顶点的坐标值及法向量绘制等值面图像。

7.4.1.2 MC 方法存在的问题

根据以上算法可以看出，MC 方法主要存在着两个问题。

A MC 方法构造的三角面片是待求等值面的近似表示

首先，在 MC 方法中，等值面与体元边界的交点是基于函数值在体元边界上作线性变化这一假设而求出来的。当数据场密度高、体元很小时，这一假设接近于实际情况。但是，在稀疏的数据场中，体元较大，如果仍然认为函数值在体元边界上具有线性变化，将会产生较大误差。这时，需要根据不同的应用背景对函数值沿体元边界的变化作其他适当的假设，才能较准确地求出等值面。

其次，即使函数值沿体元边界做线性变化这一假设符合实际，那么，通过线性插值求出的交点位置是准确的。但是，将体元中同一个面上两条相邻边上的交点简单地用直线连接起来也是一种近似（见图 7-8）。

为了说明这一问题，需要引入当体元各边界上的函数值均为线性变化时的等值面模型。如图 7-9 所示，$P(x, y, z)$ 为小体元中的任意点，体元中的数据沿 x，y，z 三个方向均是线性变化的。如果点 P_1，P_2 为点 P 沿 Y 轴在立方体两个面上的投影，P_{11}、P_{12}、P_{21}、

P_{22}分别为点P_1、P_2沿z轴在立方体平面上的投影。那么，通过3次线性插值运算，可得点$P(x, y, z)$的函数值为

$$f(x, y, z) = a_0 + a_2x + a_3y + a_4z + a_5xy + a_6yz + a_7zx + a_8xyz \tag{7-6}$$

式中，系数$a_i(i=0, \cdots, 7)$决定于体元8个角点处的函数值，如果用户给定的等值面的值为C_0，那么，等值面就被定义为满足如下方程的点的集合。

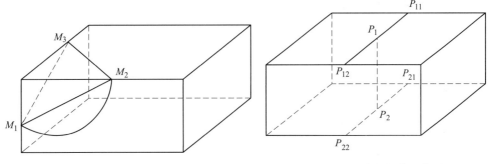

图 7-8　MC法中构造三角面示意图　　　图 7-9　三线性插值示意图

$$f(x, y, z) = C_0 \tag{7-7}$$

改变C_0的值，就可以得到不同等值面的表达式。

由上述等值面方程可以方便地求出某等值面与体元边界面的交线方程。设某边界面所在平面的方程为$Z=Z_0$，代入式（7-7），可得：

$$b_0 + b_1x + b_2y + b_3xy = C_0 \tag{7-8}$$

其中

$$b_0 = a_0 + a_3z_0, \quad b_1 = a_1 + a_6z_0$$
$$b_2 = a_2 + a_5z_0, \quad b_3 = a_4 + a_7z_0 \tag{7-9}$$

显然，式（7-8）表示的是一对双曲线，如果用一条直线来表示这条双曲线，则会引起误差（见图7-8）。如果体元很小，这一误差是可以忽略不计的。对于稀疏的三维数据场，这种近似引起的误差是难以容忍的，可通过自适应剖分算法将三角形按给定的逼近精度递归地分成子三角形，使这些子三角形的顶点满足式（7-7），且子三角形与等值面的最大距离小于给定的容差。

B　连接方式上的二义性

在MC方法中，在体元的一个面上，如果值为1的角点和值为0的角点分别位于对角线的两端，那么就会有两种可能的连接方式，因而存在着二义性（见图7-10）。这样的面称为二义性面，包含1个以上的二义性面的体元，即为具有二义性的体元。在上述的14种情况中，第3，6，7，10，12，13等6种情况是具有二义性的。

MC方法提出后不久，其存在着连接方式上的二义性问题就被提了出来。这一问题如果不解决，将造成等值面连接上的错误。而且在两个相邻体元的公共面上，可能会出现两种不同的连接方式，从而形成空洞（见图7-11），这显然是不允许的。

7.4.1.3　用渐近线方法判别和消除二义性

尽管人们已经提出了几种不同的判别和消除二义性的方法，但以渐近线法最为常用。

正如式（7-8）所表示的，在一般情况下，等值面与体元边界所在平面的交线是双曲

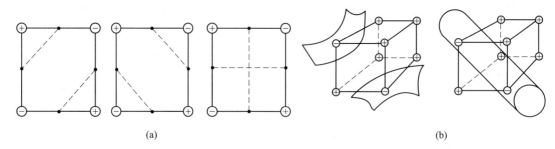

(a)   (b)

图 7-10 MC 法连接方式的二义性

（a）连接方式二义性的二维表示；（b）连接方式二义性的三维表示

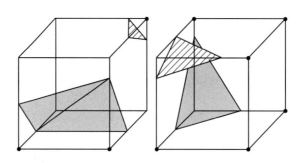

图 7-11 二义性造成的空洞

线。该双曲线的两支及其渐近线与体元的一个边界面的相互位置关系可用图 7-12 来表示。在该图所列的 4 种状态中，当双曲线的两支均与某边界面相交时，就产生了连接方式的二义性。这时，双曲线的两支将边界面划分为 3 个区域，显而易见，双曲线中两条渐近线的交点必然与边界中位于对角在线的一对焦点落在同一区域内。

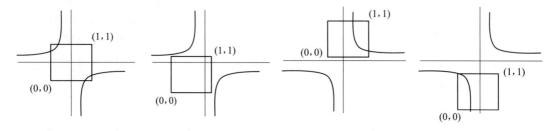

图 7-12 双曲线与体元边界面的位置关系

式（7-8）所表示的双曲线的两条渐近线的交点坐标为

$$x = \frac{a_2 + a_5 z_0}{a_4 + a_7 z_0}, \quad y = \frac{a_1 + a_6 z_0}{a_4 + a_7 z_0} \tag{7-10}$$

当出现二义性时，需要计算 $f(x, y, z_0)$ 的值。如果 $f(x, y, z_0) > C_0$，则渐近线的交点应与其函数值大于 C_0 的一对角点落在同一区域内。如果 $f(x, y, z_0) < C_0$，则渐近线的交点应与其函数值小于 $f(x, y, z_0) > C_0$ 的一对角点落在同一区域内。这就是当出现二义性时，交点之间的连接准则（见图 7-13）。在图 7-13 中，当 $f(x, y, z_0) > C_0$ 时，对渐近线的交点标以正值，其对应的二义面称为正值二义面（记为 PAF）。当 $f(x, y, z_0) < C_0$

时，对渐近线的交点标以负值，其对应的二义面称为负值二义面（记为 NAF）。

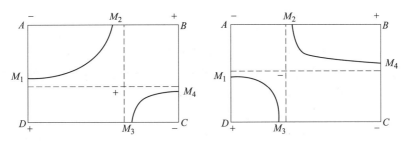

图 7-13 二义性的连接准则

在图 7-7 所列的全部 15 种情况中，第 0，1，2，4，5，8，9，11，14 这 9 种情况不存在二义面，因而它们只存在 1 种连接方式；第 3，6 两种情况，各存在一个二义面，因而各有两种连接方式；第 10，12 两种情况，各存在两个二义面，因而各有 4 种连接方式；第 7 种有 3 个二义性面，因而有 8 种连接方式；第 13 种情况有 6 个二义性面，因而有 64 种连接方式。将以上各种情况加在一起，共有 93 种不同的连接方式。对于存在二义性的体元，按上述方法解决二义性问题，虽然增加了计算工作量，但是为了得出完全正确的结果却是十分必要的。

7.4.2　其他方法简介

7.4.2.1　剖分四面体法（MT 法）

Marching Tetrahedra 方法简称为 MT 方法，又称为剖分四面体法（见图 7-14）。它是在 MC 方法的基础上发展起来的。该方法首先将立方形的体元剖分为四面体，然后在其中构造等值面，提出这种方法的原因很多。首先，由于四面体是最简单的多面体，其他类型的多面体都能剖分为四面体，因而具有更广阔的应用背景。其次，在将立方体剖分为四面体后，在四面体中构造的等值面的精度显然较在立方体中构造的等值面高。而最直接的原因是企图通过在四面体内构造等值面来避免 MC 方法中存在的二义性问题。

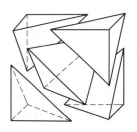

图 7-14　MT 法中的
四面体剖分

MT 方法是将一个立方体剖分为 5 个四面体（见图 7-15），设用户给定的等值面的值为 C_0。为叙述方便起见，如果四面体顶点的函数值大于（或等于）C_0，则将该点赋以"+"号；如果四面体顶点的函数值小于 C_0，则将该点赋以"−"号。那么，在考虑了"+""−"

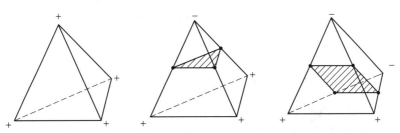

图 7-15　MT 法中的四面体剖分

反号造成的对称情况以后，四面体顶点函数值的分布情况可以分为 3 类，如图 7-15 所示。因此，当四面体一条边的两个顶点均为"+"（或"–"）时，该边无交点存在；当一条边的两个顶点中一个为"+"，另一个为"–"时，该边上有一个交点存在。将四面体边界上的交点连接起来，即可构成等值面。这就是 MT 方法的基本原理。

虽然在每一个四面体内，等值面的生成是由顶点函数值的分布情况唯一决定的，但是，对于一个立方体来说，却有两种不同的四面体剖分方式。不同的剖分方式将导致不同等值面的生成，即等值面的构造依赖于剖分方式。另一方面，为了在相邻体元的公共面上不出现裂缝，必须保证在这个面上的剖分一致性。也就是说，四面体剖分方式在一系列体元中是交替变化的。这样一来，整个数据场内等值面的构造是与最初一个体元的剖分方式有关的。因此，MT 法虽然消除了连接方式的二义性，但对于四面体剖分的二义性，仍然要进行判别和消除。

7.4.2.2 剖分立方体法（DC 法）

Marching Cubes 方法出现之后不久，人们就发现，当离散三维数据场的密度很高时，由 Marching Cube 方法在体元中产生的小三角面片，与屏幕上的像素差不多大，甚至还要小。因此，通过插值来计算小三角面片是不必要的。随着二维图像的分辨率不断提高，已经接近并超过计算机屏幕显示的分辨率。在这种情况下，常用于三维表面生成的 Marching Cubes 方法已不适用。于是，在 1988 年，仍由 Cline 和 Lorenson 两人提出了剖分立方体（Dividing Cubes）方法。

和 MC 方法一样，剖分立方体法对数据场中的体元逐层、逐行、逐列地进行处理。当一个体元 8 个顶点的函数值均大于（或小于）给定的等值面的数值时，这就表明，等值面不通过该体元，因而不予处理。当某一个体元 8 个顶点的函数值中有的大于等值面的值，有的又小于等值面的值，而此体元在屏幕上的投影又大于像素时，则将此体元沿 X、Y、Z 三个方向进行剖分直至其投影等于或小于像素时，再对所有剖分后的小体元的 8 个顶点进行检测。当部分角点的函数值大于等值面的值、部分角点的函数值又小于等值面的值时，将此小体元投影到屏幕上，形成所需要的等值面图像。否则，也不予处理。

图 7-16 是一个体元剖分为小体元的示意图，子体元各角点的函数值及法向量是由体

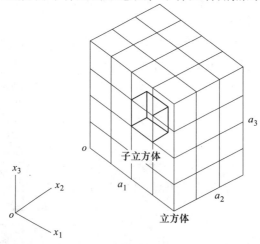

图 7-16 剖分立方体法示意图

元的函数值及法向量通过 3 次线性插值得到的。

当一个小体元需要投影到屏幕上时，将该小体元处理成通过该体元中心点的一个小面片，一般称为表面点（surface-point）。该小面片含有空间几何位置、等值面的值及法向量等信息。当投影方向确定后，即可利用计算机图形学中的光照模型计算出光强，并利用 Z-buffer 算法实现消隐，最后得出相应像素点的光强度值。并采用绘制表面点而不是绘制体元内等值面的办法来绘制整个等值面，可以节省大量的计算时间。当然，其结果仅为等值面的近似表示，但对于场密度很高的图像来说，其视觉效果是可以接受的。

7.5 三角复杂网格模型的简化

7.5.1 网格简化技术简介

由于三维重建产生的三角面非常多，在很多情况下，表示物体的三维模型的多边形数目远远超过图形硬件以交互帧更新率进行绘制的能力，使在计算机上实时交互成为不可能。一个自然的解决办法就是在不致影响视觉效果或保证物体视觉特征还可以接受的前提下，对表达物体多面体网格模型进行简化处理，使用较少的三角面片来表示物体。

网格模型简化算法分类有多种，如根据拓扑结构是否保持，可以分为拓扑结构保持形和非拓扑结构保持形；根据模型简化的过程，可以分为逐步求精和几何化简；据误差可控性可分为误差受限和误差不受限；根据视点相关性可以分为视点无关的化简和视点相关的化简。

早期的模型简化算法大多属于静态简化，它是根据一定的精简原则，由复杂模型构造出简单模型用于绘制，它只考虑模型自身的信息，与视点无关，也不能恢复原模型的信息。静态化简也可以构造多分辨率模型，但是它要事先存储多个不同分辨率的近似模型，需要占用较多的内存，而且在不同分辨率的模型进行切换的时候，由于相邻两层模型之间的面片数差别较大，因此会引起跳跃的感觉。静态简化方法主要包括：顶点聚类法、区域合并法、重新布点法、逐步求精法、几何元素删除法、小波分解法等。

动态化简的基本思想是：在模型的化简过程中，可以实时地得到具有所需的分辨率的近似模型。每个模型的化简程度由模型之外的因素决定，例如视点。动态化简一般是通过一些简单的局部的几何变换来实现，从而生成具有连续的不同分辨率的近似模型。动态化简是静态化简的延续，它的很多基本操作采用的是静态化简的方法。动态简化方法主要包括：层次表示法、渐进网格法、基于视点的化简方法等。

需要说明的是，这些分类方法都难以囊括所有的化简算法，同时有很多算法彼此交叉。

7.5.2 边删除网格模型简化算法

7.5.2.1 基本原理

边删除简化方法是几何元素删除法的一种，是 Hoppe 在 1993 年提出的一种适用于任意二维流形三角网格模型的优化方法，并首先提出一个全局能量概念。边删除简化算法首先计算所有边删除的优先级别；然后按优先级别排序所有的边，并将满足删除条件的边按优先级顺序放到一个优先级队列中；接着从队列头取出一条边进行删除，当对该边删除之后，相关联的边都从优先级队列中删除；最后，重新计算其删除的优先级，并将满足删除条件的边按优先级顺序插入队列，直到没有边满足删除条件为止。边删除算法是一种主要的三角网格简化方法，已成为多分辨率自适应曲面参数化、基于法向细节的几何压缩、渐进网格算法的重要组成部分。如图 7-17 所示，边 V_1V_2 为将要删除的边，$\Delta V_1V_2V_3$ 和 $\Delta V_1V_2V_4$ 为该边所在的三角形。删除边 V_1V_2 后，该边所在的三角形一起被删除，并生成新的顶点 V_0，代替顶点 V_1 和 V_2。

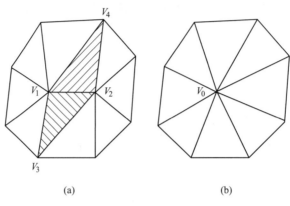

(a)   (b)

图 7-17 边删除算法示意图

（a）简化前；（b）简化后

7.5.2.2 删除优先级的确定

在边删除算法中，边的删除条件，即优先级的确定是一个关键。Hoppe 提出包含简化模型到原始模型间的距离能量、简化模型的顶点数目的表示能量及模型边的弹簧能量的能量函数，优先执行产生能量最小的简化操作。该方法利用能量最小原理，优化模型中顶点位置和执行边删除等简化操作，实现了很好的简化效果。但是，由于所定义的能量函数非常复杂，该方法非常耗时。Garland 利用新点的二次误差值作为排序依据，避免了能量的复杂计算，实现了计算时间与简化效果之间的协调统一。但是，Garland 算法中的二次误差只考虑了新点到相邻面片的距离平方和，而忽略了简化边的长度、三角形的形状等因素，这样会导致局部区域的过度简化及狭长三角形的产生。采用简化前后三角形转动的二面角、简化边的长度、简化边邻接三角形的形状系数 3 个方面加权平均的控制函数，作为简化优先级标准，取得较好的效果。

采用多个影响因素加权平均作为删除优先级的判断标准。假设需要处理的边为 e，定义删除优先级函数：

$$E(e)C_fF(e) + C_sS(e) + C_lL(e) \tag{7-11}$$

式中，$F(e)$ 为与 e 相连的三角形所组成网格的平坦程度，假设这些三角形的法向为 $\vec{N_i}(i=1, 2, \cdots, k)$，则 $F(e) = \text{Max}(1 - \overrightarrow{N_rN_j})$，$(i, j \in \{1, 2, \cdots, k\}, i \neq j)$，$L(e)$ 为边 e 的长度；$S(e)$ 为边 e 邻接三角形的形状系数，假设 e 邻接三角形包含的所有边（边 e 除外）的边长为 $L_i(i=1, 2, \cdots, t)$，则 $S(e) = \text{Min}[L(e)/L_i]$。通过对各边的优先级函数进行排序，取优先级函数较小的边进行处理。这里，$F(e)$ 保证较平坦区域的边优先得到简化，从而保持模型的形状特征；$S(e)$ 使狭长三角形优先删除；$L(e)$ 使较小三角形优先删除。C_f、C_s、C_l这 3 个权值可根据模型的具体情况及简化结果的要求定义。在模型的初始简化阶段，可以通过定义较大的 C_f，使较平坦区域的边首先得到简化，当模型简化到一定程度时，如果 C_f 维持较大值，面片法向变化剧烈区域的小尺寸细节仍被保持，从而导致细节分布不均匀现象。算法这时对 3 权值进行调整，C_f 的值降低，同时提高 C_s、C_l 的值，用调整后的权值重新计算各待简化边的优先级函数，并根据该值对简化队列中的边重新排序。新的简化队列使较小尺寸细节得以优先简化，从而保持模型整体形状，实现远距视觉等价的简化效果。

8 矿石特征参数表征

矿物分选的先决条件是矿石中的有用矿物和脉石矿物及有用矿物之间经破碎和磨矿后得到充分解离。选择正确的磨矿制度，以较低的磨矿费用获得最佳回收率和达到精矿品位要求。矿物的解离与矿石的结构及矿物的组成、粒度和物理性质有关。随着现代测试技术的发展，利用矿物显微图像自动分析技术可实现矿石特征参数的表征及矿物单体解离度的测定。这就为矿物解离定量数学模型的建立及选矿回收指标的预测创造了十分有利的条件。

8.1 矿石的结构

矿石的结构是指矿石中矿物颗粒的特点，即矿物颗粒的形状、相对大小、相互嵌布关系或矿物颗粒与矿物集合体的嵌布关系，它所反映的是矿物本身的形态特征。由于形成作用和形成的地质条件不同，矿石中矿物组成的特点和相互关系也是多种多样的，会具有不同的矿石结构。矿石的结构特点能反映出有用矿物颗粒形状、大小及相互结合的关系，影响矿石碎磨过程中有用矿物单体解离的难易程度和可选性。

根据成矿作用的不同，把金属矿常见的矿石结构分为下述五类。

8.1.1 结晶作用形成的结构

以结晶程度进行分类，主要包括自形晶粒状结构、半自形晶粒状结构、他形晶粒状结构、斑状结构等。

(1) 自形晶粒状结构：矿物结晶颗粒具有完好的结晶外形。一般是晶出较早的和结晶生长力较强的矿物晶粒，如铬铁矿、磁铁矿、黄铁矿、锡石、毒砂（见图 8-1）。

(2) 半自形晶粒状结构：由两种或两种以上的矿物晶粒组成，其中一种晶粒是自形的结晶颗粒，较后形成的颗粒则往往是他形晶粒，并溶蚀先前形成的矿物颗粒。图 8-2 为早期结晶的毒砂被较后形成的黄铜矿、黝铜矿溶蚀而呈半自形晶。

(3) 他形晶粒状结构：矿物晶粒不具有完整晶面，常位于自形晶颗粒的间隙或裂隙中，因此矿物的外形是不定的。几种矿物集合体的接触界线不平整，有时溶蚀显著，呈弯曲状的接触线。图 8-3 为黄铁矿颗粒呈他形粒状分布于硅酸盐矿物中。

(4) 海绵陨铁结构：这是一种从熔体中产生的特殊他形晶粒状结构，也是晚期岩浆矿床重要的结构类型。通常是他形的金属矿物充填在自形的硅酸盐造岩矿物晶隙之间而成。它是岩浆结晶分异过程中，金属矿物晚于硅酸盐矿物晶出的一种典型结构。金属矿物多为氧化物，如钛磁铁矿等，被胶结的硅酸盐矿物常为辉石、斜长石及橄榄石等（见图 8-4）。铜镍硫化物矿石也常见有这种结构，是含矿岩浆经熔离作用分出的金属硫化物晚于硅酸盐矿物晶出，充填于辉石、橄榄石、斜长石等硅酸盐矿物晶粒之间而成。

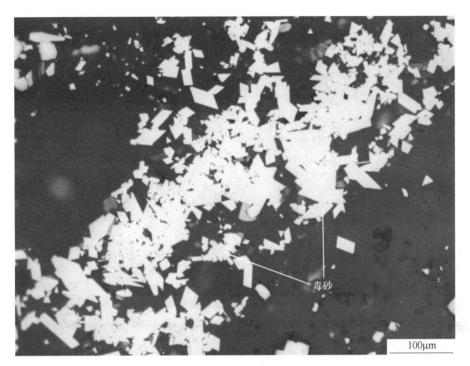

图 8-1 自形晶粒状结构

图 8-2 半自形晶粒状结构

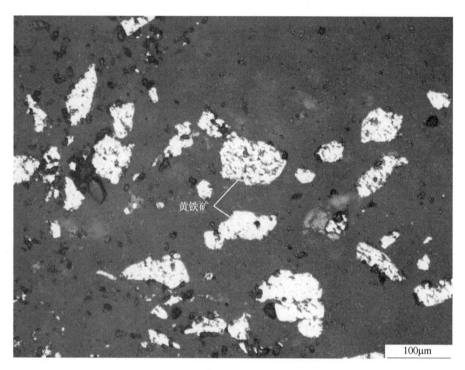

图 8-3 他形晶粒状结构

图 8-4 海绵陨铁结构

8.1.2 交代作用形成的结构

交代作用形成的结构如下所示。

（1）溶蚀结构：后生成的矿物沿早生成的矿物之边缘、解理、裂隙等部位进行较轻度的交代而成。晶边常出现凹陷、边缘不平坦，多呈港湾状和星状等。图8-5为黝铜矿在黄铁矿周围溶蚀交代，黄铁矿边缘呈锯齿状。

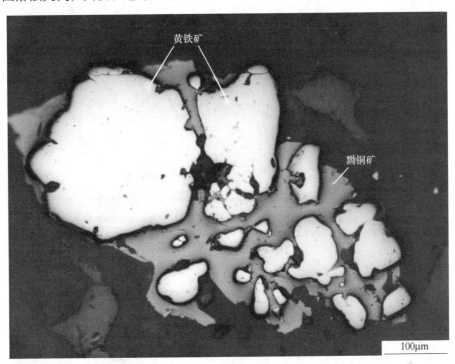

图8-5　溶蚀结构

（2）交代残余结构：被交代矿物在交代矿物中，残余下一些岛屿状或不规则状残余体，这种结构称交代残余结构。各残余体之间有的结晶方位多具一致性，可大致恢复被交代矿物原颗粒轮廓。被交代矿物在量上一般少于交代矿物。图8-6为辉铜矿交代硫铜钴矿呈交代残余结构。

（3）交错结构：在被交代的矿物边缘或者其解理、裂隙中，有另一种（交代）矿物的细脉交错穿插，称交叉或交错结构。这些细脉宽窄不一，脉壁不规则且不平行，脉和脉之间可见有分叉和汇合的现象。图8-7为黄铜矿呈交错脉状交代黄铁矿。

（4）交代网状结构和交代格状结构：交代网状结构实际上是交错结构的进一步演化，结果呈不规则的交积网状者，则称交代网状结构。一种矿物沿早生成的矿物颗粒解理、裂开或边缘等裂隙交代时，形成两组以上定向规则排列的细脉，为交代格状结构。图8-8为黄铜矿沿黄铁矿中的网状裂隙交代，交叉处膨大现象明显。

（5）假象结构：若交代溶蚀作用进行得彻底时，早生成的矿物被后来的矿物全部交代，并呈现早生成矿物的晶形轮廓者，称假象结构。图8-9为赤铁矿交代磁铁矿的呈磁铁矿假象。

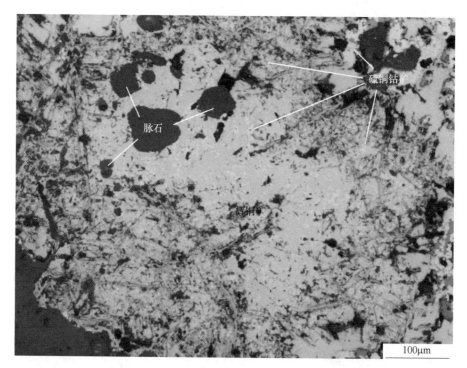

脉石

硫铜钴矿

辉铜矿

100μm

图 8-6 交代残余结构

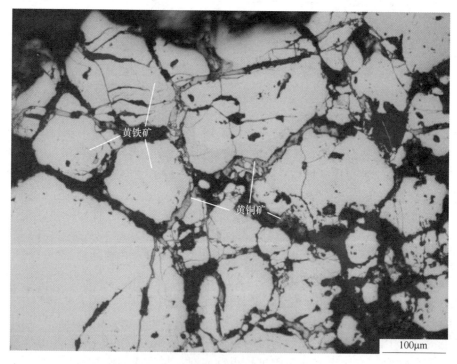

黄铁矿

黄铜矿

100μm

图 8-7 交错结构

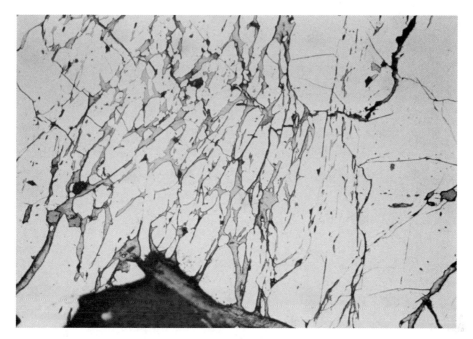

图 8-8 交代网状结构

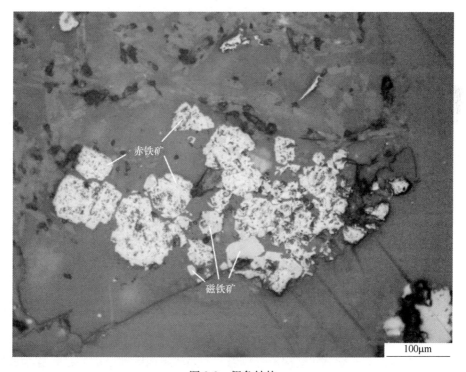

图 8-9 假象结构

（6）镶边结构：晚期矿物沿早期矿物边缘交代，形似镶边。图 8-10 为铜蓝沿黄铜矿边缘交代呈镶边状。

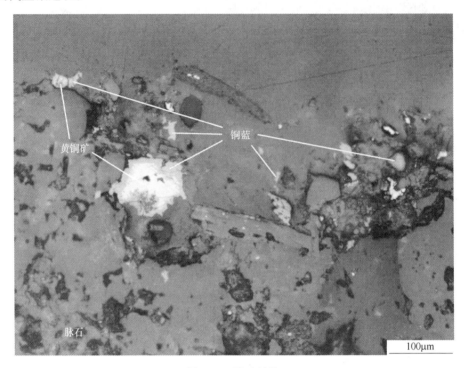

图 8-10 镶边结构

8.1.3 固溶体分离作用形成的结构

固溶体分离作用形成的结构有乳滴状结构、叶片状（板状）结构、格状结构。

（1）乳滴状结构：也称乳浊状结构，即客矿物在主矿物中呈细小至极细小的乳滴状颗粒。图 8-11 为黄铜矿呈乳滴状分布于闪锌矿中。

（2）叶片状（板状）结构：沿主矿物的解理、裂理或双晶接合面等方向，分离出的客矿物呈叶片状或板状晶体作定向排列。图 8-12 为钛铁矿呈叶片状分布在含钛磁铁矿中。

（3）格状结构：从固溶体中分离出的片状或板状客晶，沿主矿物颗粒两组或两组以上的解理或裂开呈规则的格状分布。图 8-13 为镁铝尖晶石呈格状分布于含钛磁铁矿中。

8.1.4 重结晶作用形成的结构

重结晶作用形成的结构有放射状结构和放射球粒状结构、花岗变晶结构、斑状变晶结构。

（1）放射状结构和放射球粒状结构：凝胶物质经再结晶作用，纤长的针状晶体由中心向外成放射状排列，构成放射状结构。当放射状的晶体组成圆球形的外缘者称为放射球粒状结构。图 8-14 为胶状孔雀石重结晶作用形成针状变晶，呈放射状，同时还保留凝胶沉淀的同心环。

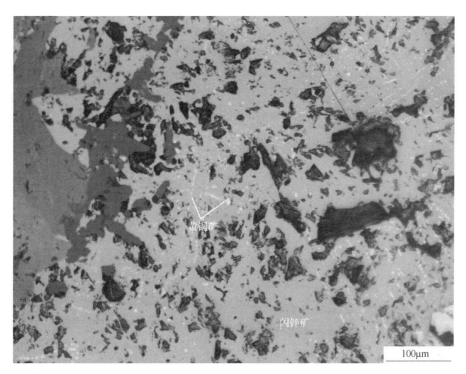

图 8-11 乳滴状结构

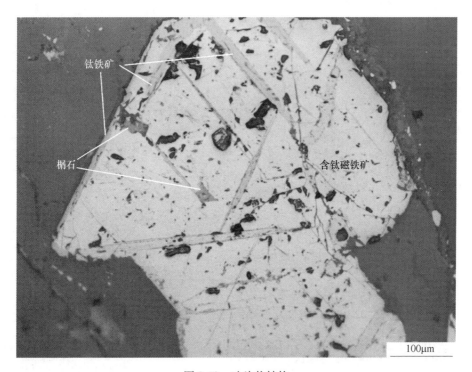

图 8-12 叶片状结构

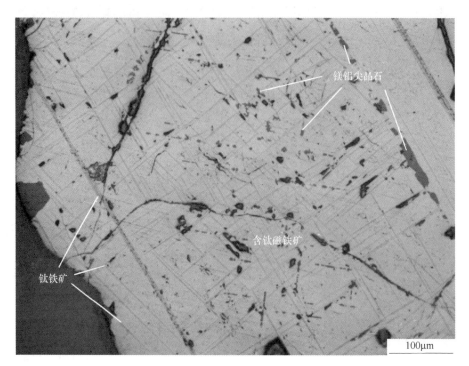

图 8-13　格状结构

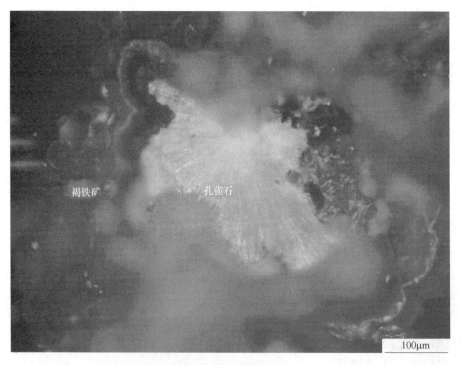

图 8-14　放射状结构

（2）花岗变晶结构：重结晶的矿物近于等粒状，且紧密镶嵌而构成花岗变晶结构。其晶粒形态可以是近似浑圆状，也可以是多角状、半自形状等。颗粒间无交代溶蚀现象。图8-15 为辉锑矿经变质重结晶作用形成，显示颗粒大小近于相等。

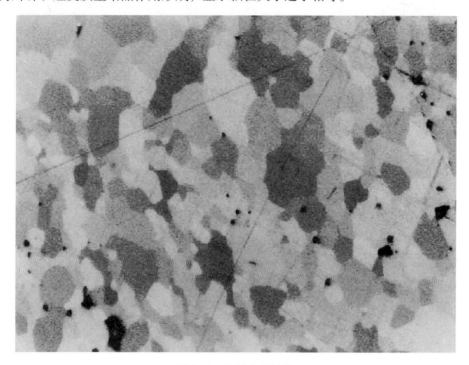

图 8-15　花岗变晶结构

（3）斑状变晶结构：系由大小不等的矿物结晶颗粒——斑晶和基质组成。图 8-16 为他形粗粒黄铁矿分布在细粒黄铁矿基质中构成斑状变晶结构。

8.1.5　压力作用形成的结构

压力作用形成的结构有花岗状压碎结构和斑状压碎结构。

（1）花岗状压碎结构：当脆性的矿物受到压力后，晶粒产生裂隙或小位移及带有许多尖角的碎块，碎块大小大致相等，而塑性矿物则在裂缝中成胶结物。压碎结构与角砾状构造极易混淆，其区别是：前者碎块为同一种矿物的晶屑，碎块没有发生空间方位的大改变，大多数的碎屑还能各自拼成一完整的矿物晶体形状，而后者，组成角砾状构造的碎块，常由好几种矿物集合体构成。图 8-17 为黄铁矿受动力作用发生破碎，碎块呈棱角状。

（2）斑状压碎结构：被压碎的矿物晶屑大小相差悬殊，在细小的晶屑碎块中夹有粗大的晶屑碎块。构成类似斑状结构者，称斑状压碎结构。图 8-18 为黄铁矿受挤压破碎，碎块呈大小不等的棱角状。

8.1.6　矿石结构特性对可选性的影响

矿物的各种结构类型对选矿工艺会产生不同的影响，如呈交代作用结构的矿石其可选性，从溶蚀、交代残余到交错结构，在其他条件相同情况下，一般目的矿物的解离程度渐

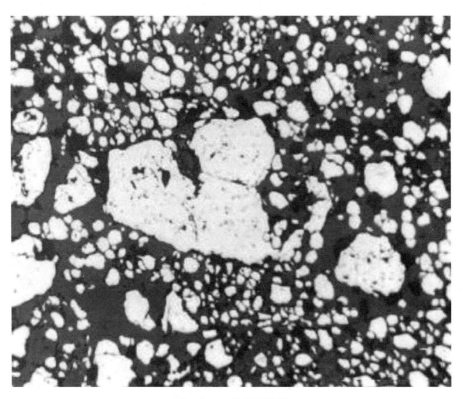

图 8-16 斑状变晶结构

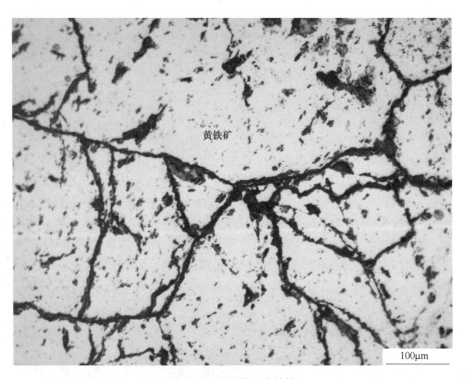

图 8-17 花岗状压碎结构

100μm

图 8-18 斑状压碎结构

次变差，具这类结构的矿石需细磨到大大超过有用矿物的粒度，才能获得单体解离，选矿要彻底分离它们是比较困难的。格状、结状、叶片状、乳浊状等固溶体分离结构，由于目的矿物嵌布粒度细小，在一般的机械磨矿条件下要使其充分解离是非常困难的。压碎结构一般有利于磨矿及目的矿物的单体解离。其他如粒状（自形晶、半自形晶、他形晶）、斑状、海绵晶铁状等结构，除矿物成分复杂、结晶颗粒细小者外，一般比较容易选别。结晶的石墨、辉钼矿是最易浮的。但具隐晶质结构的石墨、辉钼矿其可选性很差。

　　鄂西高磷鲕状赤铁矿的铁品位较高，平均达到 42.59%，但其中有害元素磷、铝、硅的含量也较高，分别为 0.87%、6.99% 和 22.32%。矿石属于典型的"宁乡式铁矿"，即低硫高磷的酸性氧化铁矿石。赤铁矿主要以鲕状产出（见图 8-19），鲕核为鲕绿泥石、石英、胶磷矿；赤铁矿多与鲕绿泥石互层呈同心环带结构（见图 8-20），赤铁矿环带和鲕绿泥石环带间界线一般不清，嵌布关系极为复杂；非鲕粒状赤铁矿以星点状、脉状和不规则状嵌布于脉石矿物中（见图 8-21），粒度极细，大多小于 0.010mm。胶磷矿部分呈不规则状分布于脉石中或赤铁矿颗粒间隙中；部分以鲕核或鲕环与赤铁矿紧密嵌布（见图 8-22），粒度较细，一般小于 0.015mm。由于鲕绿泥石、胶磷矿与赤铁矿嵌布关系非常复杂，且粒度细，即使在细磨条件下矿物间也不能充分单体解离，通过机械选矿方法难以有效脱除这些杂质矿物，从而直接影响铁精矿的质量，该矿石属极难选矿石。

　　河北丰宁钛铁矿属赋存于辉长岩体中的高磷低钛的岩浆型矿床。矿石中的钛铁矿多以不规则粒状嵌布在脉石矿物中，粒度较粗。磷灰石多以不规则状、圆粒状、椭圆状与钛铁矿、磁铁矿及脉石等矿物形成简单的共生关系，且粒度也粗，易于单体解离，对钛精矿质

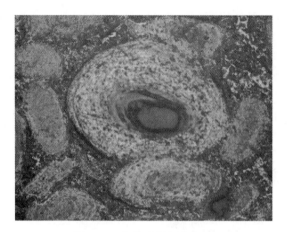

图 8-19 赤铁矿呈鲕状产出

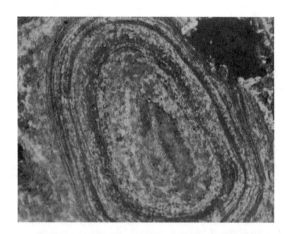

图 8-20 赤铁矿与鲕绿泥石呈同心环带结构

图 8-21 赤铁矿呈星点状嵌布于脉石中

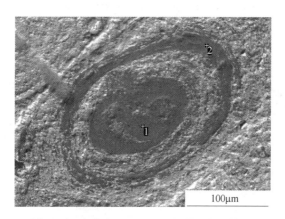

图 8-22 胶磷矿 (1、2) 呈鲕核和鲕环产出

量影响很小。磁铁矿常呈星点状、网脉状分布在脉石矿物中 (见图 8-23), 嵌布粒度很细, 绝大部分小于 0.074mm, 而小于 0.010mm 部分就多达 36.50%。因此, 即使细磨, 大部分的磁铁矿也难以与脉石矿物和钛铁矿解离, 难以用弱磁选回收磁铁矿, 而当在强磁选条件下回收钛铁矿时, 与脉石矿物连生的磁铁矿又会和与其连生的脉石矿物一起进入钛铁矿精矿中, 从而造成钛铁矿难以富集。

图 8-23 微细粒磁铁矿浸染在脉石矿物中

8.2 矿物组成

矿石是由天然矿物组成的集合体。选矿工艺分离的对象是矿物, 而矿石中同一种元素往往会以不同的矿物形式产出。例如, 在铁矿石中铁既可以呈氧化矿物的形式产出, 也可

以呈硫化矿物、碳酸盐矿物和铝硅酸盐矿物的形式产出；氧化铁矿物主要有磁铁矿、赤铁矿、褐铁矿等，硫化铁矿物主要为黄铁矿和磁黄铁矿，碳酸铁矿物为菱铁矿，铁的铝硅酸盐矿物主要有黑云母、金云母、绿泥石、透闪石、透辉石、阳起石、铁镁闪石、钠辉石、镁钠闪石和石榴石等。这些含有同种元素的不同矿物，其物理化学性质和选矿工艺性质相差悬殊，其选矿方法和选矿工艺流程也截然不同，有的甚至在目前的经济技术条件下还难以利用。脉石矿物有时也是影响有价矿物回收的重要因素，尤其是层状矿物对金属硫化物的浮选影响较大。滑石、叶蜡石、绢云母、蛇纹石、石墨具有良好的天然可浮性，而细分散的黏土矿物具有很细的粒度、高比表面积及强的离子交换能力，当矿石中存在较多的这些层状矿物，必将影响精矿品位和回收率。此外，矿石中各组成矿物的硬度、脆性、解理程度等物理性质对磨矿也具有不同程度的影响。因此，工艺矿物学研究的首要任务就是研究矿石的矿物组成，确定各种矿物的含量，特别是主要回收的元素、伴生元素及有害杂质元素的矿物种类，明确选矿要回收的目的矿物及影响选矿回收的矿物种类和性质等。

矿物显微图像分析定量法是矿石中矿物组成定量分析的常用方法，是利用显微镜对所制备的砂光片、薄片中矿物含量测量的分析方法。

理论上，X 射线显微镜可以对矿石中的矿物实现三维透视观察和分析，测量各种矿物的体积，并考虑矿物的密度，这样就可以按式（8-1）和式（8-2）计算出每种矿物在矿石中所占的质量百分比。

假如矿石中含有 n 种矿物，分别为 a_1，a_2，$\cdots$，a_n，各种矿物的体积分别为 v_1，v_2，$\cdots$，v_n，相对应各种矿物的密度分别为 ρ_1，ρ_2，$\cdots$，ρ_n。那么，该矿石中矿物 a_1 的质量相对含量 ω_1 的计算公式为：

$$\omega_1 = \frac{v_1 \rho_1}{v_1 \rho_1 + v_2 \rho_2 + \cdots + v_n \rho_n} \times 100\% \tag{8-1}$$

该公式可进一步简写为：

$$\omega_A = \frac{v_A \rho_A}{\sum\limits_{i=1}^{n} v_i \rho_i} \times 100\% \tag{8-2}$$

式中　　ω_A——矿石中第 A 种矿物的质量相对含量；

　　　　v_A——矿石中第 A 种矿物的体积；

　　　　ρ_A——矿石中第 A 种矿物的密度；

$\sum\limits_{i=1}^{n} v_i \rho_i$——矿石中包含矿物的质量之和，即矿石的质量。

由于 X 射线显微镜在工艺矿物学的应用还处于起步阶段，在矿物自动识别方面存在不少问题，短时间内也难以解决。因此，目前只能利用基于扫描电子显微镜的矿物自动分析系统在光片或薄片上进行矿物自动识别并进行面扫描测量矿物二维尺寸的大小。法国地质学家 A. 德莱塞（A. Deleses）应用几何图形及数学推导证明，假设矿物在岩（矿）石中呈无规律分布的条件下，在岩（矿）石切面上矿物的面积百分含量等于矿物的体积百分含量。如式（8-3）所示：

$$\frac{v_A}{v_B} = \frac{s_A}{s_B} \tag{8-3}$$

因此，式 (8-2) 可以进一步变化为：

$$\omega_A = \frac{s_A \rho_A}{\sum\limits_{i=1}^{n} s_i \rho_i} \times 100\% \tag{8-4}$$

式中　ω_A ——矿石中第 A 种矿物的质量相对含量；

　　　s_A ——矿石中第 A 种矿物的面积；

　　　ρ_A ——矿石中第 A 种矿物的密度；

　　$\sum\limits_{i=1}^{n} s_i \rho_i$ ——矿石中包含矿物的质量之和。

　　基于扫描电子显微镜的矿物自动分析系统的出现，大大提高了矿物显微图像分析定量的速度。矿物自动图像分析定量法是把扫描电子显微镜、X 射线能谱分析和计算机图像分析处理技术结合在一起，通过矿物背散射图像灰度区分矿物、X 射线能谱分析鉴定识别矿物及图像分析软件测量各矿物的面积，然后乘以矿物的密度，则可计算出各种矿物的质量比。某硫铜钴矿矿石的矿物组成比较复杂。铜矿物有黄铜矿、辉铜矿、孔雀石；钴矿物有硫铜钴矿、菱钴矿、水钴矿；硫矿物为黄铁矿；铁矿物为赤铁矿；非金属矿物主要为白云石和石英，少量绿泥石、高岭石、钠长石、白云母、菱镁矿、方解石等。利用矿物自动分析系统 MLA 对 -0.074mm 综合样进行矿物定量分析，其结果见表 8-1。

表 8-1　矿石中矿物的 MLA 测量结果

矿物名称	辉铜矿	黄铜矿	孔雀石	硫铜钴矿	水钴矿	菱钴矿
矿物含量（质量分数）/%	1.57	1.24	0.05	1.52	0.05	0.08
矿物名称	黄铁矿	赤铁矿	金红石	石英	白云石	绿泥石
矿物含量（质量分数）/%	1.74	0.52	0.01	40.23	38.17	5.78
矿物名称	高岭石	白云母	钠长石	菱镁矿	方解石	锆石
矿物含量（质量分数）/%	1.47	2.87	3.14	1.40	0.15	0.01

8.3　矿物嵌布粒度

　　矿物的嵌布粒度是决定矿物单体解离的重要因素，也是选择碎矿、磨矿作业工艺参数的主要依据之一。一般来说，有用矿物呈粗粒均匀嵌布时，磨矿及选别流程结构较为简单，矿石的可选性较好；而当有用矿物呈微细粒不均匀嵌布时，磨矿及选别流程的结构更为复杂，矿石的可选性降低。矿物的嵌布粒度可分为矿物结晶粒度和矿物工艺粒度。

　　矿物结晶粒度是指由相同晶胞堆积而成的单个结晶体所占有的空间尺寸，即矿物单晶体粒度。矿物单晶体的粒度大小，主要由形成时的地质环境和自身的结晶能力所决定。矿石中自形程度高的矿物经常呈现出这种单晶体粒度，如立方体的黄铁矿、板状黑钨矿、柱状辉锑矿、片状辉钼矿、片状石墨等。矿石中大部分金属矿物，如黄铜矿、闪锌矿、磁黄铁矿、镍黄铁矿等结晶能力差，自形程度低，常呈现出的是由若干个矿物单晶聚合形成的矿物聚合体。矿物结晶粒度主要用于矿物成因研究，在指导找矿方面具有十分重要的意义。

　　矿物工艺粒度是指选矿工艺过程中满足矿物分选要求的矿物颗粒或矿物集合体所占有

的空间尺寸。工艺矿物学研究所表述的矿物粒度实际上指的是矿物的工艺粒度。矿物粒度划分的单元要根据选矿工艺的要求，即选矿工艺过程中哪些矿物不需分离而可以一起回收的，那么这些种矿物镶嵌在一起的集合体颗粒即为测量时的粒度单元。如黄铜矿与辉铜矿、铜蓝、蓝辉铜矿组成的集合体，铁矿石中的磁铁矿和赤铁矿；当全硫化物浮选时，所有硫化物集合体可作为一个整体看待。此外，如果被测矿物中含有少量杂质，但并不影响金属回收或精矿质量，此时也可将其作为同一颗粒对待。

8.3.1 矿物嵌布粒度的测量

矿物工艺粒度表征的是矿物颗粒的一种加工性质，进入破碎、磨矿作业的矿石受力粉碎时，满足目的矿物分离成为单体的矿物颗粒尺寸。目前，矿物工艺粒度测量是利用显微镜（光学显微镜、扫描电子显微镜等）图像法在光、薄片上进行的，矿物颗粒大小在显微镜下只能从矿石截面上测量。具体操作如下。

利用光学显微镜或扫描电子显微镜获取矿物颗粒图像，并采用图像处理软件对矿物颗粒图像进行处理，测量矿物颗粒的面积及其最大弦长。其中，矿物颗粒的最大弦长是指矿物颗粒的二维形状上任意两个转折点（即曲点或凸点）连线中的最大线段长（图 8-24 中曲点 A_1 和 A_2 之间的线段长）。以矿物颗粒的面积作为等效椭圆的面积，以矿物颗粒的最大弦长作为等效椭圆的长径，采用式（8-5）计算出等效椭圆的短径，即为矿物粒度：

$$b = 4S/(\pi a) \tag{8-5}$$

式中 b——等效椭圆的短径；

       S——等效椭圆的面积；

       a——等效椭圆的长径。

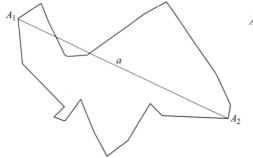 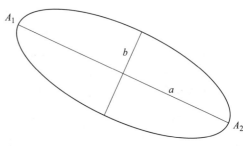

图 8-24 等效椭圆

某金矿矿石中 Au 的含量为 3.70g/t。矿石中金矿物为自然金；金属矿物含量很低，主要为毒砂、黄铁矿和磁黄铁矿等；非金属矿物主要为石英，其次为白云母、钠长石和钾长石，少量的绿泥石、白云石和方解石等。矿石中自然金的粒度和分布特征见表 8-2。自然金与毒砂、脉石矿物的嵌布关系比较密切，主要嵌布于毒砂与脉石矿物粒间以及脉石矿物粒间；其次嵌布于脉石矿物、毒砂以及黄铁矿的裂隙中；少量自然金被包裹于毒砂、脉石矿物和黄铁矿中。由于矿石中有一部分自然金粒度比较粗且主要以粒间金和裂隙金的形式存在，因此在破碎的 0~2mm 的综合样中发现有相当部分的单体金及裸露连生金。

表 8-2　矿石中自然金的分布特征

序号	矿物粒径		类型	共生矿物
	长径/μm	等效椭圆短径/μm		
1	258.52	74.20	粒间金	石英与钾长石
2	34.85	16.18	包裹金	石英
3	6.13	6.03	包裹金	石英
4	11.75	7.11	粒间金	毒砂与石英
5	0.64	0.50	包裹金	毒砂
6	3.80	3.02	包裹金	石英
7	2.50	2.04	包裹金	石英
8	4.00	2.60	包裹金	石英
9	5.92	5.16	包裹金	铁白云石
10	7.14	5.40	包裹金	石英
11	1.36	1.27	包裹金	石英
12	14.23	6.26	粒间金	石英与白云母
13	15.89	9.62	粒间金	石英与白云母
14	4.00	3.75	粒间金	石英与白云母
15	10.21	9.13	粒间金	毒砂与石英
16	8.02	6.94	粒间金	毒砂与石英
17	16.42	6.85	粒间金	毒砂与石英
18	11.22	1.56	粒间金	毒砂与石英
19	15.92	15.09	粒间金	毒砂与石英
20	2.50	2.04	包裹金	黄铁矿
21	20.70	18.17	裂隙金	黄铁矿
22	2.70	2.06	粒间金	毒砂与钾长石
23	10.01	2.85	粒间金	毒砂与绿泥石
24	4.71	2.63	粒间金	毒砂与钾长石
25	7.30	6.13	粒间金	毒砂与石英
26	2.18	1.28	粒间金	毒砂与石英
27	22.91	21.42	粒间金	石英与钾长石
28	2.85	1.95	粒间金	石英与钾长石
29	4.98	3.17	单体	—
30	12.66	9.76	裂隙金	石英
31	16.31	9.83	裂隙金	石英
32	3.74	0.92	包裹金	石英
33	7.07	2.32	包裹金	钾长石
34	5.34	3.36	包裹金	钾长石
35	5.00	1.91	包裹金	钠长石

序号	矿物粒径		类型	共生矿物
	长径/μm	等效椭圆短径/μm		
36	1.27	1.09	包裹金	钠长石
37	7.12	5.75	粒间金	钾长石与钠长石
38	42.47	30.23	裂隙金	石英
39	1.70	1.35	包裹金	石英
40	14.80	12.73	粒间金	毒砂与黄铁矿
41	12.65	10.57	粒间金	毒砂与钾长石
42	4.96	4.44	裂隙金	白云母
43	30.65	7.42	包裹金	毒砂
44	6.00	5.56	包裹金	毒砂
45	14.73	14.21	包裹金	毒砂
46	19.36	3.88	包裹金	毒砂
47	9.33	6.36	包裹金	毒砂
48	5.82	1.68	包裹金	毒砂
49	15.36	1.33	包裹金	毒砂
50	1.53	1.50	包裹金	毒砂
51	2.82	2.44	包裹金	毒砂
52	1.21	1.00	包裹金	毒砂
53	5.82	3.45	包裹金	毒砂
54	35.18	12.89	粒间金	方铅矿、闪锌矿与脉石
55	10.60	10.07	粒间金	方铅矿、闪锌矿与石英
56	23.67	9.37	粒间金	闪锌矿与石英
57	7.16	5.51	粒间金	闪锌矿与石英
58	18.96	17.87	粒间金	毒砂、黄铁矿与钾长石
59	30.35	15.24	裂隙金	毒砂
60	8.09	7.92	粒间金	毒砂与磁黄铁矿
61	72.75	10.49	裂隙金	毒砂
62	4.22	4.19	粒间金	毒砂与磁黄铁矿
63	48.39	19.20	裂隙金	钾长石
64	77.43	22.33	粒间金	毒砂与石英
65	61.74	11.91	裸露连生	钾长石
66	61.86	18.36	裸露连生	石英
67	61.00	37.74	单体	—
68	25.27	23.24	粒间金	毒砂与磁黄铁矿
69	18.48	18.40	裂隙金	毒砂
70	97.76	33.35	单体	—

序号	矿物粒径		类型	共生矿物
	长径/μm	等效椭圆短径/μm		
71	51.63	22.52	裂隙金	毒砂
72	3.06	2.34	裂隙金	毒砂
73	3.41	3.33	裂隙金	毒砂
74	3.78	2.25	粒间金	黄铁矿与黄铜矿
75	2.71	2.69	裂隙金	黄铁矿
76	3.31	2.92	裂隙金	黄铁矿
77	111.18	50.91	单体	—
78	31.09	23.65	单体	—
79	14.73	11.75	裸露连生	钠长石
80	52.49	33.09	裂隙金	钠长石
81	36.90	33.31	裂隙金	钠长石
82	16.77	8.46	裂隙金	钠长石
83	2.50	2.04	裂隙金	钠长石
84	4.03	3.48	裂隙金	钠长石
85	66.78	15.32	包裹金	毒砂
86	35.33	15.24	裸露连生	毒砂
87	34.27	16.99	裂隙金	毒砂
88	59.95	28.11	裂隙金	毒砂
89	37.97	17.14	裂隙金	毒砂
90	77.92	26.74	单体	—
91	39.51	19.09	单体	—
92	36.01	29.31	单体	—
93	26.73	15.02	单体	—
94	22.60	8.47	单体	—
95	14.76	8.64	单体	—
96	22.55	8.66	单体	—
97	4.16	2.44	单体	—
98	21.05	17.80	单体	—
99	25.90	14.25	单体	—
100	15.89	10.84	粒间金	毒砂与黄铁矿
101	12.91	3.92	包裹金	黄铁矿
102	4.44	0.59	包裹金	黄铁矿
103	15.29	8.98	粒间金	毒砂与石英
104	1.00	0.81	包裹金	毒砂
105	0.99	0.84	包裹金	毒砂

序号	矿物粒径		类型	共生矿物
	长径/μm	等效椭圆短径/μm		
106	1.00	0.38	包裹金	毒砂
107	13.17	4.23	裂隙金	毒砂
108	109.80	60.21	裸露连生	石英
109	40.20	35.62	裸露连生	毒砂
110	41.75	39.09	裂隙金	石英
111	85.69	48.45	裂隙金	石英
112	4.16	3.78	包裹金	毒砂
113	12.00	2.55	包裹金	毒砂
114	2.55	2.00	裂隙金	毒砂
115	7.60	1.42	粒间金	毒砂与钾长石
116	5.70	3.35	裸露连生	毒砂
117	155.20	27.90	包裹金	毒砂
118	40.42	18.66	粒间金	毒砂与钾长石
119	18.80	14.32	粒间金	毒砂与钠长石
120	17.59	9.40	粒间金	毒砂与钠长石
121	5.00	4.87	粒间金	毒砂与钾长石
122	3.00	1.27	粒间金	毒砂与钾长石
123	8.00	6.37	粒间金	毒砂与白云母
124	12.92	9.36	包裹金	脉石
125	2.00	1.27	包裹金	毒砂
126	3.50	2.75	包裹金	毒砂
127	4.89	3.38	包裹金	毒砂
128	5.58	2.61	包裹金	毒砂
129	2.45	2.08	包裹金	毒砂
130	2.00	1.27	包裹金	毒砂
131	30.40	15.06	包裹金	毒砂
132	20.50	13.34	粒间金	毒砂与绿泥石
133	5.21	3.03	粒间金	毒砂与钾长石
134	153.20	102.10	粒间金	毒砂与石英、钾长石
135	22.34	20.78	粒间金	石英与钾长石
136	45.40	21.50	粒间金	毒砂与石英
137	11.45	10.24	粒间金	石英与绿泥石
138	8.42	6.40	粒间金	毒砂与石英
139	3.15	1.88	粒间金	毒砂与石英
140	2.00	1.27	包裹金	毒砂

序号	矿物粒径		类型	共生矿物
	长径/μm	等效椭圆短径/μm		
141	2.88	1.33	包裹金	毒砂
142	116.78	72.80	粒间金	石英与钠长石
143	135.20	47.14	裸露连生	毒砂
144	21.84	18.56	单体	—
145	29.48	5.75	裂隙金	毒砂
146	14.73	9.83	单体	—
147	180.70	79.50	裸露连生	石英
148	5.55	3.78	单体	—
149	6.21	4.09	单体	—
150	16.46	6.26	裸露连生	毒砂
151	6.83	5.28	裸露连生	毒砂
152	12.59	11.09	粒间金	毒砂与白云母
153	6.37	5.00	包裹金	脉石
154	13.25	12.60	粒间金	毒砂与石英
155	39.61	16.16	粒间金	毒砂与石英
156	24.38	13.44	包裹金	石英
157	15.81	6.21	粒间金	毒砂与石英
158	19.40	16.22	粒间金	毒砂与石英
159	15.28	15.09	粒间金	毒砂与石英
160	24.42	13.44	包裹金	毒砂
161	6.32	5.04	粒间金	毒砂与石英
162	18.48	8.01	粒间金	毒砂与石英
163	6.31	5.04	粒间金	毒砂与石英
164	25.00	19.10	粒间金	毒砂与白云母
165	9.73	7.01	粒间金	毒砂与石英
166	6.38	5.14	粒间金	毒砂与石英
167	14.52	6.56	粒间金	毒砂与石英
168	39.61	16.16	粒间金	毒砂与石英
169	44.76	21.32	粒间金	毒砂与石英
170	10.32	6.17	粒间金	毒砂与石英
171	49.24	14.31	包裹金	毒砂
172	15.00	6.37	粒间金	毒砂与石英
173	11.69	9.49	粒间金	毒砂与石英
174	20.27	8.07	粒间金	毒砂与石英
175	11.63	8.29	粒间金	毒砂与石英

序号	矿物粒径		类型	共生矿物
	长径/μm	等效椭圆短径/μm		
176	2.03	1.57	裂隙金	毒砂
177	3.74	1.12	粒间金	毒砂与绿泥石
178	1.84	0.75	粒间金	毒砂与石英

8.3.2　矿物嵌布粒度表示方法

以等效椭圆的短径的量值确定其对应的粒级区间，并累计各粒级区间对应矿物颗粒的面积值。则该粒度区间的所占百分比计算公式如下：

$$P_i = S_i / \sum S_i \times 100\% \qquad (8\text{-}6)$$

式中　P_i——第 i 个粒度区间的分布率；

　　　S_i——第 i 个粒度区间目的矿物面积；

　　　$\sum S_i$——所有目的矿物颗粒面积之和。

矿物粒度测量结果可用列表方法表示，也可用作图方法表示。表 8-3 为某铜锡矿中黄铜矿、锡石、黄铁矿及它们集合体的粒度组成表，图 8-25 是以表 8-3 中的数据绘制成的矿物粒度特性曲线图。

表 8-3　矿石中黄铜矿、锡石、黄铁矿及集合体的粒度组成表

粒级/mm	黄铜矿		锡石		黄铁矿		金属矿物集合体	
	分布率/%	累计/%	分布率/%	累计/%	分布率/%	累计/%	分布率/%	累计/%
+2.0	7.03	7.03	0.95	0.95	6.50	6.50	10.24	10.24
-2.0+1.651	9.47	16.50	6.73	7.68	8.70	15.21	12.87	23.11
-1.651+1.168	12.74	29.24	9.45	17.13	14.32	29.53	20.41	43.52
-1.168+0.833	15.80	45.04	19.78	36.91	11.92	41.45	14.97	58.49
-0.833+0.589	16.43	61.47	15.43	52.34	10.74	52.19	10.64	69.13
-0.589+0.417	9.49	70.96	15.67	68.00	8.26	60.45	9.02	78.15
-0.417+0.295	7.05	78.02	9.77	77.78	8.11	68.56	6.25	84.41
-0.295+0.208	7.24	85.26	6.92	84.69	6.85	75.41	4.75	89.16
-0.208+0.147	4.87	90.13	4.13	88.82	5.66	81.07	3.24	92.39
-0.147+0.104	3.71	93.84	2.77	91.59	5.64	86.71	2.65	95.04
-0.104+0.074	2.46	96.30	1.96	93.55	3.91	90.63	1.72	96.76
-0.074+0.043	1.83	98.13	2.51	96.06	3.72	94.35	1.69	98.45
-0.043+0.020	0.88	99.01	1.45	97.50	2.10	96.45	0.93	99.38
-0.020+0.015	0.48	99.49	1.28	98.78	1.50	97.95	0.30	99.68
-0.015+0.010	0.34	99.82	0.79	99.57	1.03	98.98	0.21	99.89
-0.010	0.18	100.00	0.43	100.00	1.02	100.00	0.11	100.00

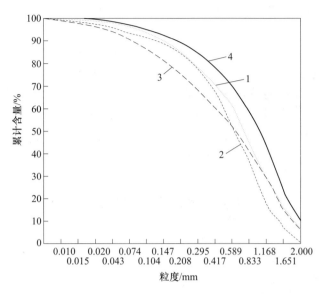

图 8-25 矿物粒度特性曲线

1—黄铜矿；2—锡石；3—黄铁矿；4—金属矿物集合体

8.3.3 矿物嵌布粒度特性

矿物嵌布粒度特性是指矿石中某矿物的粒度组成和分布的均匀程度。它直接决定着选别前物料被破碎和磨碎的程度及选别方法、流程结构方面的问题。

矿物嵌布粒度特性曲线常见的有四种类型（见图 8-26）。

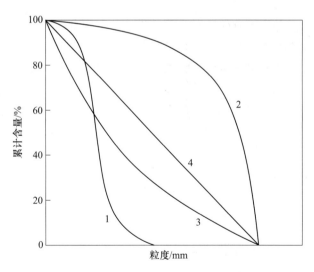

图 8-26 有用矿物嵌布粒度特性曲线图

（1）等粒嵌布：这种矿石中有用矿物的粒度范围很窄，曲线陡峻，矿物嵌布粒度大体相等（曲线 1）。对于这类矿石，可采用一段磨矿，直接把矿石细磨到含量最多的粒级。

（2）粗粒不等粒嵌布：这种矿石中有用矿物粒度分布范围较宽，以粗粒为主，曲线向上凸，矿物嵌布粒度分布不均匀（曲线2）。对于这类矿石一般应采用阶段磨矿、阶段选别的流程。

（3）细粒不等粒嵌布：这种矿石中有用矿物粒度分布范围较宽，以细粒为主，曲线向下凹（曲线3）。以细粒为主的不等粒嵌布矿石，一般须通过技术经济比较后，才能决定是否采用阶段磨矿、阶段选别的流程。

（4）极不等粒嵌布：这种矿石中有用矿物粒度分布范围很宽，各种粒度的矿物含量大致接近，曲线为倾斜的（近似）直线（曲线4）。矿物颗粒平均分布在各个粒级中，这种矿物嵌布最复杂，矿石也最难选。对于这类矿石应根据具体情况应采用多段磨矿多段选别的流程，有时需要多种选矿方法的联合流程。

由上可见，矿石中有用矿物颗粒的粒度和粒度分布特性，决定着选别方法和选别流程及可能达到的选别指标。因而，在矿石工艺矿物学研究工作中，矿石中有用矿物嵌布粒度特性的研究具有极重要的意义。

8.4 矿物的解离特性

矿物的解离性是指矿石经过粉碎后，某种矿物解离成纯净矿物颗粒的难易程度。一般用矿物单体解离度来描述矿物的解离程度。有用矿物的充分解离是实现矿物分离的最基本的条件，解离性的好坏直接影响着选矿指标的优劣。如果有用矿物的单体解离度很低，则难以获得高的精矿品位和回收率。因此，磨矿产品中有用矿物解离度的测定对于磨矿细度的确定具有重要指导作用，而选矿产品中矿物解离度的测定，是分析流程故障原因和制订工艺优化措施的重要依据。

8.4.1 矿物单体与连生体

矿物分选的目的，是为了有效地富集并回收矿石中的有用矿物。为此，矿石首先必须经由破碎、磨矿使所含矿物（特别是有用矿物和脉石矿物）相互解离。块体矿石碎、磨成粉末状颗粒产品后，有些矿物呈单矿物颗粒从矿石的其他组成矿物中解离出来，这种单矿物颗粒称为"某矿物单体"（如铁矿中的磁铁矿单体、铜矿中的黄铜矿单体等）。未被解离为单矿物颗粒而呈两种或两种以上的矿物连生在一起的颗粒称为矿物连生体颗粒。根据组成矿物的不同，称为"某-某矿物连生体"（如方铅矿-闪锌矿连生体、黄铁矿-闪锌矿连生体、黄铜矿-脉石连生体等）。矿物的单体和连生体，是矿石碎磨产物组成颗粒的两种基本形态。随着磨矿细度的提高，磨矿产品中矿物的单体量逐渐增加、连生体量将逐渐下降，有利于矿物之间彼此的分离。

8.4.2 连生体的特征

连生体的特征影响着它的选矿行为和后续的处理方法。例如，在重选和磁选过程中，连生体的选矿行为主要取决于有用矿物在连生体中所占的比例。在浮选过程中，则与有用矿物和脉石矿物（或伴生有用矿物）的连接特征有关。若有用矿物被脉石包裹，就很难被浮起；若有用矿物和脉石毗连，可浮性取决于相互的比例；若有用矿物以乳浊状包裹体形式高度分散在脉石中（或反过来，杂质分散于有用矿物中），就很难分选，因为即使细磨也难以解离。

　　连生体的特征主要包括连生体的矿物组成、连生体中有用矿物的相对含量及连生体的结构特征等方面。

　　连生体的矿物组成主要指有用矿物与何种矿物连生，是与有用矿物连生（如黄铜矿-斑铜矿连生体），还是与脉石矿物连生（如黄铜矿-脉石连生体），或者与多种矿物连生（如黄铜矿-斑铜矿-脉石连生体）。显然，后两种连生体往往是精矿品位偏低、尾矿品位偏高、回收率不高的原因。

　　连生体中有用矿物的相对含量通常用有用矿物在每一个连生体颗粒中所占的面积分数来表示。一般采用四分法，即将一个连生体颗粒的截面积分为 4 份，视有用矿物大致所占的份额，而有 1/4、2/4、3/4 等 3 种连生体颗粒。也可以根据实际需要分成不同的等级。

　　连生体的结构特征指连生矿物间的相对大小与空间关系和界面形态特征。高登（Gaudin，1939 年）基于连生体的分选性质和组成矿物解离难易，将含有两种矿物的连生体分为 Ⅰ、Ⅱ、Ⅲ、Ⅳ四种类型（见图 8-27）。由于 4 种类型在组成矿物共生形式上各自具有的形貌特征，通常称之为毗邻型、细脉型、壳层型和包裹型。

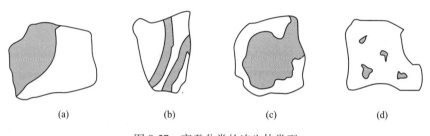

图 8-27　高登分类的连生体类型
（a）Ⅰ，毗邻型；（b）Ⅱ，细脉型；（c）Ⅲ，壳层型；（d）Ⅳ，包裹型

　　毗邻型（Ⅰ型）：在四类连生体中最常见。它的组成矿物连生边界平直、舒缓，边界线呈线性弯曲状。此类连生体只要再稍加粉碎，易得到有用矿物单体。

　　细脉型（Ⅱ型）：较常见的一种连生类型。细脉型连生体中，一种矿物（常为有用矿物）呈脉状贯穿于含量较高的另种矿物（多为脉石矿物）中。只有当粉碎颗粒粒度明显小于脉状矿物的脉宽时，该脉状矿物才有可能自连生体中解离出来。当再磨时，比毗邻型难于解离，若呈脉状矿物性脆，则易产生次生矿泥。

　　壳层型（Ⅲ型）：在连生颗粒矿物中，含量较低的矿物以薄厚不一的似壳层状，环绕在主体矿物外周边。多数情况下，中间的主体矿物只能局部地为外壳层所覆盖。完全理想的封闭包围甚为稀少。一般情况下，组成矿物软硬差别大的矿石，易于在碎、磨作业时产生壳层型连生体。壳层型连生体受到进一步粉碎时，它的二次磨矿产物常含有边缘相矿物的细粒单体、粗粒连生体及中间主体矿物的粗粒单体等。当再磨时，常使皮壳状矿物泥化，并得到较小的连生体颗粒及粒度较大的核心矿物单体颗粒。此种情况某种程度上有利用选别。其适宜的磨矿条件为擦磨。

　　包裹型（Ⅳ型）：一种矿物（多为有用矿物）以微包体形式镶嵌于另种（载体）矿物中，包体粒径一般 5μm 以下。此类连生体常是有用矿物损失于尾矿或其他矿物中的原因，也是精矿被污染的原因之一。欲使该类连生体单体解离目前尚无办法，只有随同其母体矿物一并回收或一并弃之。

8.4.3 矿物单体解离度

矿石的组成矿物在外力作用下转变为单体的过程称之为矿物解离。在破碎、磨矿过程中，矿石中的某种矿物解离为单体颗粒的程度就称之为该矿物的单体解离度。矿物单体解离度可用某种矿物单体的含量与该矿物总含量（单体含量与连生体含量之和）比值的百分数来表示。计算公式如下：

$$F = \frac{f_1}{f_1 + f_2} \times 100\% \tag{8-7}$$

式中　F——某矿物的单体解离度,%；

　　　f_1——该矿物的单体量；

　　　f_2——该矿物的连生体量。

在选矿过程中既要保证目的矿物的充分单体解离，又要防止过磨从而增加能耗。因此，选矿工艺研究中首先要确定合理的磨矿细度，这就要测定目的矿物的单体解离度。

8.4.4 矿物单体解离度测定

矿物单体解离度的测定有全样测定法和分级样品测定法。

8.4.4.1 全样测定法

取未经分级的样品，制成环氧树脂砂光片或砂薄片。在制片时一定要控制好环氧树脂胶的浓度和样品与胶的比例，充分搅拌尽量使颗粒分开，否则将会把已解离又聚集在一起的单体颗粒误认为连生体，产生解离度测试误差。矿物单体解离度的测定通常是在光学显微镜下进行的，可采用前述的线测法或面测法测量出样品中该矿物单体和连生体中的体积含量，进而根据单体体积与总体积（单体体积+连生体的体积）的比值，计算样品中该矿物的单体解离度。

为了定量描述连生体中有用矿物的含量，通常按照有用矿物在整个连生体颗粒中所占体积比（面积比）进一步将连生体划分为不同类型。如3/4、2/4和1/4连生体，分别说明在该连生体颗粒中，有用矿物所占的体积比分别为3/4、2/4和1/4。有时，也可将连生体颗粒进一步细分为7/8、6/8（3/4）、5/8、4/8（1/2）、3/8、2/8（1/4）、1/8等类型（见表8-4）。

表 8-4　目的矿物单体解离度测定

单体/%	连生体/%						
	7/8	3/4	5/8	1/2	3/8	1/4	1/8

8.4.4.2 分级样品测定法

首先，将样品筛分成选矿筛析通常采用的几个级别，称取各个级别矿样质量，计算各级别产率，并将各粒级样品进行所需元素的化学分析。然后，将不同粒级样品磨制成砂光片或砂薄片，在光学显微镜或扫描电子显微镜下进行单体、连生体的测量，测定各粒级的目的矿物单体解离度。但从选矿生产的实际要求来看，不仅要了解目的矿物在某个粒级中的单体解离度，更需要知道全样中目的矿物的解离状况。那么全试样中目的矿物的单体解离度由各粒级目的矿物解离度乘以粒级产率及目的矿物的矿物含量加权计算而得。即

$$F_A = \frac{\sum_{i=1}^{n} \gamma_i W_{iA} f_{iA}}{\sum_{i=1}^{n} \gamma_i W_{iA}}$$

式中　F_A——全试样中 A 矿物的解离度，%；

γ_i——i 粒级产率，%；

W_{iA}——i 粒级产品中 A 矿物的含量，%；

f_{iA}——i 粒级产品中 A 矿物的解离度，%。

9 矿物显微图像自动分析系统

在开展工艺矿物学研究工作时，需要对岩矿样品中的矿物进行识别、鉴定及特征参数的分析等。常用的方法是由技术人员通过光学显微镜对岩矿样品进行观察，根据其光学特征来确定矿物种类或依据矿物原位的扫描电子显微镜微区 X 射线能谱元素组成分析数据鉴定矿物。由于技术人员的主观因素、自身技术水平、工作经验等因素的差异，会造成矿物特征参数（粒度、单体解离度）测量结果的不准确性，且存在重复性差和测量速度慢等缺点。随着数字化扫描电子显微镜的出现及 X 射线能谱分析、计算机运行、图像处理与分析等技术的快速发展，矿物显微数字图像自动分析技术逐渐成为研究的热点，各类矿物自动分析系统也开始崭露头角，这为上述问题的解决提供了新的契机。

随着计算机图像分析及电子信息技术的发展，仪器厂商不断优化软件及硬件配置，使得矿物显微图像自动分析系统不断完善，大大提高矿物的识别率及运行效率。目前，矿物显微图像自动分析系统已经成为工艺矿物学研究不可或缺的手段。下面分别介绍基于光学显微镜的矿物自动分析系统、基于扫描电子显微镜的矿物自动分析系统和 X 射线显微镜的基本原理、系统结构及运行方式等。

9.1 基于光学显微镜的矿物自动分析系统

9.1.1 基本原理

基于光学显微镜的矿物自动分析系统是以光学显微镜为硬件基础，利用电荷耦合图像传感器 CCD 把模拟图像转化为数字图像。首先，依据金属矿物本身所具有的反射色的色彩信息来进行矿物的识别与鉴定，即采用图像处理技术将矿物以三原色 RGB（Red 红，Green 绿，Blue 蓝）呈现出的色彩特征以合适的视觉颜色模型 HSV（Hue 色调，Saturation 饱和度，Value 明度）进行数字化，建立矿物数据库，作为矿物自动识别的标准（见图9-1）。其次，采用 CCD 拍摄出光学显微镜下显微彩色图像并进行拼接，通过数字图像技术对矿物显微镜图像进行比如腐蚀、膨胀、锐化及平滑等预处理，使图像中目的矿物的光学特征更加明显，为下一步的识别和分类奠定良好的基础。再次，通过图像技术自动将图像中不同矿物的颗粒分割出来并获取其色彩特征信息，与之前已经建好的目的矿物种类数据库进行对比，由此实现光学显微镜图像中金属矿物的自动识别和分类。最后，通过计算机软件自动测量目的矿物的面积、周长并进行统计计算，可以自动测定矿石中目的矿物之间的相对比例、目的矿物的粒度及集合体工艺粒度、磨矿或选矿产品中目的矿物的单体解离度及呈连生产出的目的矿物粒度等参数。

表 9-1 为部分铜、铅锌、铁的硫化物和铁的氧化物的 HSV 值，从中可以看出它们的 HSV 值存在较大差异。利用 HSV 模型能够对矿物显微图像中铜、铅、锌、铁的金属硫化矿物和铁的氧化矿物实现准确的识别和鉴定。

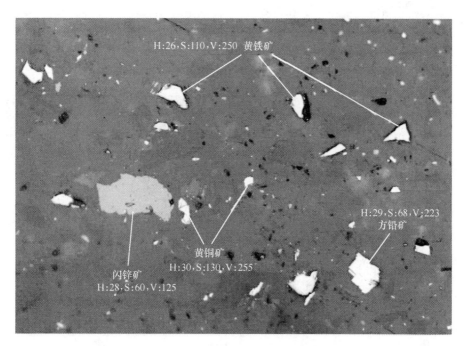

图 9-1　不同金属矿物的 HSV 值

表 9-1　部分铜、铅锌、铁的硫化物和铁的氧化物的 HSV 值

编号	名称	H	S	V
1	闪锌矿	28	60	125
2	磁铁矿	23	75	145
3	黄铁矿	26	110	250
4	黄铜矿	30	130	255
5	方铅矿	29	68	223
6	磁黄铁矿	30	90	250
7	斑铜矿	20	133	200
8	铜蓝	65	154	143
9	赤铁矿	47	56	171
10	辉铜矿	69	27	160

9.1.2　系统硬件

　　系统硬件由偏光显微镜、X-Y-Z 三轴自动控制平台、样品夹具、CCD 和计算机组成（见图 9-2）。其中三轴自动平台安装固定在光学显微镜的载物台上，样品夹具固定在自动平台上；CCD 安装在光学显微镜上部的观察窗口上；CCD 和三轴自动平台通过数据线与计算机连接。通过自动平台控制软件可精确控制平台在 X-Y-Z 三维方向上的移动方向、速度、步距和移动距离，从而实现自动平台带动固定于平台上的光片样品按设定路线自动移动和自动聚焦的目的。通过系统软件控制 CCD 的聚焦和拍摄，将 CCD 最终拍摄的图像显示在电脑屏幕中。

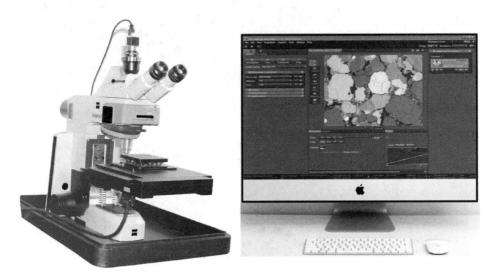

图 9-2 MCPAS

9.1.3 系统软件及操作步骤

矿物特征参数自动分析系统将 *X-Y-Z* 三轴自动控制系统，图像自动聚焦、拍摄和拼接系统，图像处理及识别系统，以及目的矿物特征参数自动测定系统一体化集成。

用户使用时，只需打开系统操作界面，即可完成样品设置、图像采集参数设置、数据处理参数设定，方便快捷。参数设定完成后，系统自动拍摄、拼接图片，自动分析测试并存储数据。待其完成后，用户导出结果即可。

9.1.3.1 测试参数设定

矿物特征参数测定在实际操作时，第一步需将样品安装在样品夹具中，并将样品夹具放置在自动平台上，然后打开光学显微镜、自动平台等硬件的电源开关。随后打开系统软件，进入系统操作开始界面，输入项目名称、操作人员等基本信息（见图9-3）。输入完成后，点击"确定"，即进入系统操作主界面（见图9-4）。

在操作系统主界面中点击采左侧"采集参数设计"（见图9-5），即进入拍摄系统（见图9-6）。在拍摄系统参数设定界面中，根据测试需要选择设定测试的样品数量和大小。

在主界面中的样品类型复选框中选择样品类型（见图9-7），有块样和粉样两个选项，块样对应原矿样品，粉样对应磨矿和选矿流程产品。样品数量输入框中可输入数字 1~9，代表测试几个样品。输入 3，则表示测试 3 个样品，测试结束。不输入数字，即默认测试全部样品。在选择目的矿物复选框中选择需要测试和分析的矿物种类（见图9-8）。

如果需要进行矿物集合体的粒度、解离度测定，在选择矿物集合体复选框中选择需要集合的矿物种类并重新命名（见图9-9），点击"确定"则完成了全部的参数设定工作。基本参数设置完成后，点击"开始"，系统启动进入自动聚焦、拍摄和拼接（见图9-10）。

图 9-3 操作系统开始界面

图 9-4 操作系统主界面

图 9-5 点击"采集参数"设计按钮进入拍摄系统

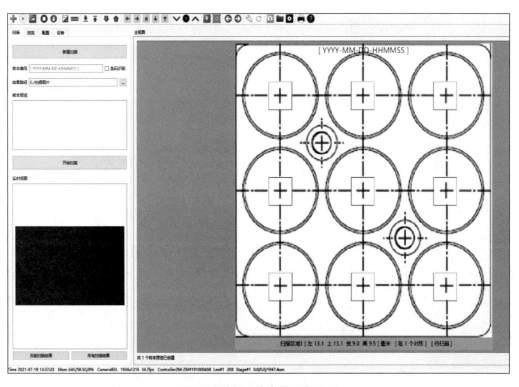

图 9-6 拍摄系统参数设定界面

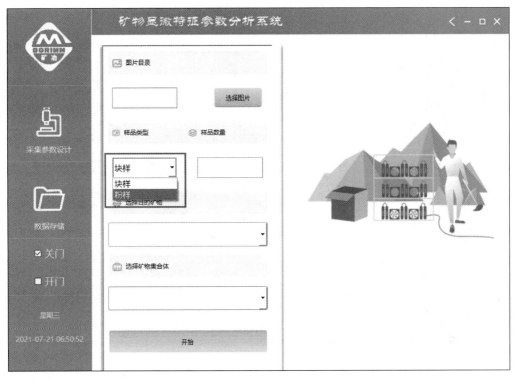

图 9-7 在主界面复选框中选择样品类型

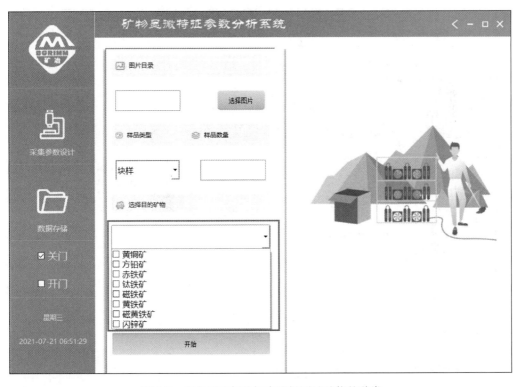

图 9-8 在主界面复选框中选择测试矿物的种类

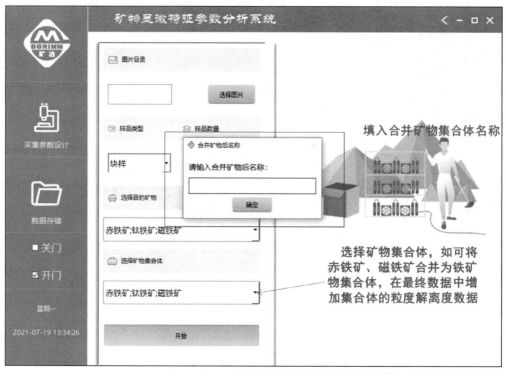

图 9-9　在主界面复选框中选择矿物集合体种类并重新命名

图 9-10　系统开始显微图像的自动聚焦、拍摄及拼接

9.1.3.2 图像处理

显微图片自动拍摄、拼接完成后，操作系统会自动开始图像处理和分析测试，并显示处理进度（见图 9-11）。待全部测试完成后弹出提示框显示测试成功（见图 9-12），等待操作人员导出测试数据。

图 9-11 图像处理与分析测试进行中

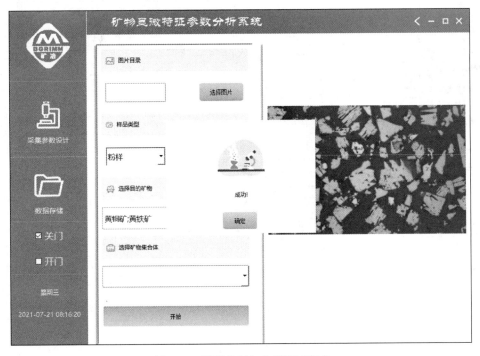

图 9-12 图像处理与分析测试完成

9.1.3.3   数据输出

图像处理与分析测试完成后，点击成功提示框中的"确定"，再点击主界面左侧的"数据存储"，选择好存储路径，即可将测试结果导出。测试结果中包括目的矿物的粒度结果及柱状分布图（见图9-13），目的矿物解离度测试结果（见图9-14）及样品中不同矿物之间的相对含量等关键特征参数（见图9-15）。

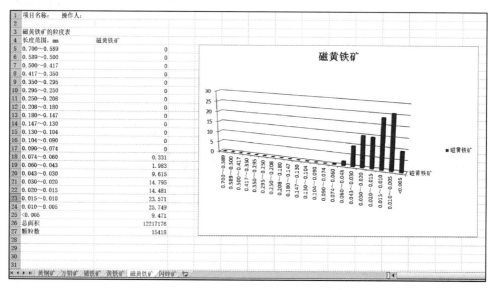

图9-13   样品中目的矿物的粒度结果及柱状分布图

磁黄铁矿的粒度表

长度范围，mm	单体	与黄铜矿连生（>=75%）	与黄铜矿连生（75%~50%）
>2	0	0	0
2~1.800	0	0	0
1.800~1.651	0	0	0
1.651~1.400	0	0	0
1.400~1.168	0	0	0
1.168~1.000	0	0	0
1.000~0.833	0	0	0
0.833~0.700	0	0	0
0.700~0.589	0	0	0
0.589~0.500	0	0	0
0.500~0.417	0	0	0
0.417~0.350	0	0	0
0.350~0.295	0	0	0
0.295~0.250	0	0	0
0.250~0.208	0	0	0
0.208~0.180	0	0	0
0.180~0.147	0	0	0
0.147~0.130	0	0	0
0.130~0.104	0.714	0	0
0.104~0.090	1.487	0	0
0.090~0.074	3.836	0	0
0.074~0.060	5.797	0	0
0.060~0.043	18.646	47.854	16.618
0.043~0.030	23.675	35.189	62.603
0.030~0.020	21.886	0	7.447
0.020~0.015	10.386	7.378	8.417
0.015~0.010	8.158	9.187	3.435
0.010~0.005	4.499	0.39	1.14
<0.005	0.91	0	0.337
面积比	86.3589	0.15796	0.17186
颗粒数	24369	12	23
类型	单体	与黄铜矿连生（>=75%）	与黄铜矿连生（75%~50%）
解离度，%	86.358	0.157	0.171

图9-14   样品中目的矿物的解离度测试结果

	A	B	C	D	E	F
1						
2	矿物	方铅矿	闪锌矿	黄铁矿	黄铜矿	
3	百分比(%)	87.19721	4.574578	7.162297	1.065918	
4						
5						

图 9-15　样品中不同矿物之间的相对含量

9.2　基于扫描电子显微镜的矿物自动分析系统

世界上目前在工艺矿物学研究领域使用比较多的矿物自动分析系统主要有 QEMSCAN、MLA、AMICS、TIMA、Maps Mineralogy 和 BPMA 等型号。

9.2.1　基本原理

矿物自动分析系统以扫描电子显微镜和 X 射线能谱仪为硬件基础，结合数字图像处理技术进行矿物的识别和特征参数的测量，以 QEMSCAN 和 MLA 为代表。QEMSCAN 是通过扫描电子显微镜背散射电子（BSE）图像灰度区分矿石颗粒和作为背底的环氧树脂，在目标颗粒上布置密集网格点作为 X 射线能谱分析点，然后对样品表面进行扫描，采集样品表面不同位置的 X 射线能谱信息，获得每个测量点的元素组成从而鉴定矿物。通过对样品表面进行自动面扫描，计算获得矿物含量、粒度、解离度、颗粒形态等几乎与矿物结构特征相关的参数。

MLA 充分利用了扫描电子显微镜和 X 射线能谱仪自身的功能，在计算机软件控制下快速获取待测样品的 BSE 图像和 X 射线能谱数据。首先利用数字图像处理技术对 BSE 图像进行预处理，然后依据不同矿物在 BSE 图像中的灰度差异来确定样品中不同矿物相的边界（见图 9-16），再通过能谱分析得到反映不同矿物化学成分信息的矿物能谱图与矿物数

图 9-16　背散射图像中不同矿物呈现出明暗程度不同的灰度

据库里的信息对比匹配来确认矿物的种类。最后，应用现代图形技术和计算机数据处理技术统计计算样品中矿物含量、粒度大小和解离度等矿物特征参数。

其他型号的矿物自动分析系统的分析原理与 MLA 差不多。下面就以 MLA 为例进一步介绍系统的组成、分析流程和测量模式等。

9.2.2 系统组成

MLA 矿物自动分析系统主要由硬件和软件两部分组成。硬件主机由一台扫描电子显微镜、一台或多台 X 射线能谱仪、自动样品台和计算机构成。为实现连续自动测试，MLA 配置了 14 圆孔样品台和 16 方形样品台（见图 9-17）。MLA Suite 软件包由系统管理软件、测量软件、矿物分类软件、标准管理软件、图形处理软件、数据库模板软件、数据显示软件等组成。MLA Suite 软件控制扫描电子显微镜和 X 射线能谱仪自动运行，并利用搜集图像信息和 X-Ray 信息对样品进行分析。

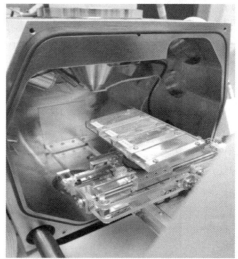

图 9-17 圆孔和方形样品台

9.2.3 MLA 分析流程

首先从扫描电镜拍摄的背散射电子图像中提取矿石颗粒，进而对颗粒中的矿物相进行分割（矿物分相）；然后，采集每个矿物相的 X 射线能谱信息并根据能谱信息自动识别矿物，统计计算工艺矿物学参数，并根据工艺矿物学参数对矿石可利用性进行智能、科学评价。

9.2.3.1 矿石颗粒提取

矿石碎、磨产品及选矿试验样品必须使用环氧树脂固结制成砂光片后才能进行 MLA 分析。为了简化后续的分析过程，必须先去除样品背散射图中的背景（环氧树脂）从而把矿石颗粒提取出来。背景去除的目的是将矿石颗粒从背散射图中分离（见图 9-18）。其基本原理是利用背散射图上每一点的灰度值不同将落于背景范围的部分除去。背景范围可由用户设定，也可由程序自动计算设定。在背景去除的同时无用的小颗粒也将被除去。在砂

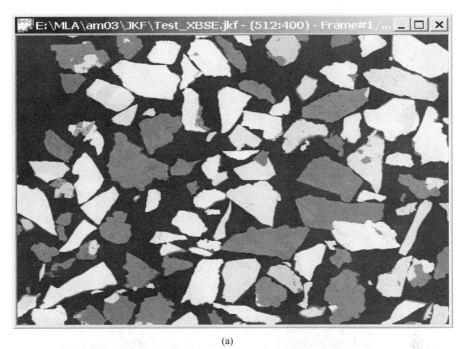

(a)

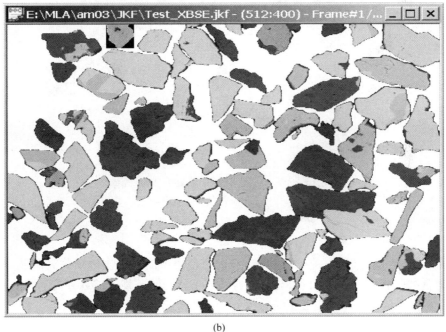

(b)

图 9-18 去背景前后的样品背散射图
（a）去背景前；（b）去背景后

光片制备过程中由于分散效果不佳，致使背景去除得到的矿石颗粒或多或少会有人为的互相接触。这需要采用图像处理技术进行去"粘连"，将这些因人为因素造成接触的矿石颗粒分开，成为分离的单个矿石颗粒（见图 9-19）。

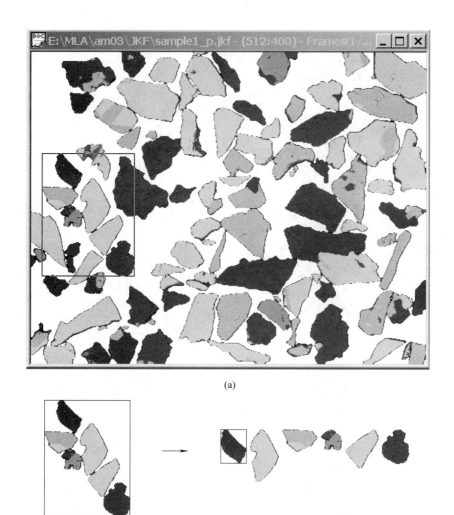

图 9-19 去"粘连"前后的矿石颗粒背散射图

(a) 去"粘连"前；(b) 去"粘连"后

9.2.3.2 矿物分相

矿石颗粒中可能仅有一种矿物（称为单体），也可能包含多种矿物（称为连生体）。利用矿物背散射电子图像灰度的差异对矿石颗粒中不同的矿物区域划分成不同的相，矿物相之间有着清晰的界限并被染成不同的颜色（见图 9-20）。

9.2.3.3 矿物识别

在 BSE 图像采集、矿石颗粒提取、颗粒灰度分相等完成后，需对矿物相分割结果中的各个区域进行 X 射线能谱定点采样，通过所采集的矿物实谱数据与标准矿物谱图（理论矿物能谱数据库或用户自定义的矿物能谱数据库）进行比对识别矿物。经过分类同种矿物被染成同种颜色，不同的颜色代表了不同的矿物（见图 9-21）。

9.2.3.4 矿物特征参数的测量与计算

MLA 矿物自动分析系统通过自动、快速分析大量矿石颗粒，获得每个颗粒的矿物组

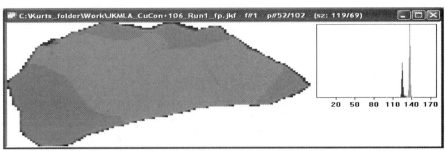

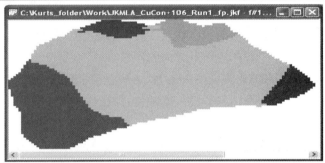

图 9-20　矿石颗粒灰度值分相

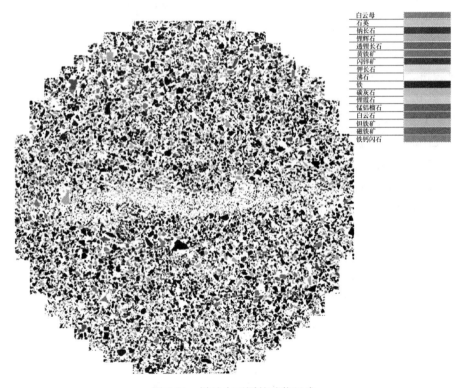

图 9-21　样品中不同的矿物组成

成、截面面积、粒径、形状、矿物之间的关系等参数并经过软件统计计算，就可以得到矿石含量、矿石颗粒粒度分布、矿物粒度分布、目的矿物解离度、矿物连生程度等数据。

9. 2. 4 MLA 测量模式

MLA 拥有多种测量模式，针对不同需求有特定的适用范围，可以针对用户的不同要求，给出合适的测量模式。MLA 的测量模式多达 12 种，最常用的主要为以下 5 种测量模式。

(1) BSE 测量模式。不同的矿物对电子束的反射强度不同。通常反射强度与矿物的平均原子序数成正比。例如方铅矿（PbS）的平均原子序数比较高，所以其背散射电子图像就比较亮；石英（SiO_2）的平均原子序数比较低，所以就显得比较暗。此模式仅利用背散射电子像的信息，依据矿物背散射电子图像灰度的不同进行矿物识别。它测量速度快，适用于矿物组成简单且矿物平均原子序数差异大的样品。

(2) XBSE 测量模式。XBSE 测量模式是 MLA 所有测量模式中最常用的测量模式。矿石颗粒从样品的背散射图中分离出来后，依据矿物背散射电子像的灰度差异分成不同的矿物相，再对每一矿物相进行 X-Ray 分析，得到每一相的矿物成分，从而识别矿物。此模式是对每一颗粒上的每一矿物相进行 X 射线能谱分析，比单纯的灰度分析更为准确，而且可以将灰度上无法区分的相区分开来。

(3) GXMAP（Grain X-ray Mapping）测量模式。如果样品中共存有灰度值相近或相同的矿物，比如黄铁矿/磁铁矿、镍黄铁矿/黄铜矿、闪锌矿/黄铜矿，会对 XBSE 测量模式产生混扰，使之产生错误的测量结果。GXMAP 是针对这一类矿物样品而设计的测量模式。它主要是对于感兴趣的特定的相，通过灰度值或 X 射线的信息选择包含该种特定相的目标颗粒，对颗粒上的特定相区域，在背散射电子确定相界的基础上，对该相做 X 射线面扫描分析。

(4) SPL 测量模式。针对感兴趣矿物含量很低的情况，确定目标矿物的背散射电子像灰度值，设定测量灰度值的区间，只测量包含感兴趣的矿物的颗粒，节省时间。它包含两种测量的模式：XBSE 与 GXMAP。

1) SPL_XBSE 模式是利用矿物相的灰度，将不含感兴趣的矿物颗粒除去，以加快测量速度。它主要用于寻找稀少矿物，如稀贵金属矿物。

2) SPL_GXMAP 模式是 SPL_XBSE 模式的延伸。矿物样品中共存有灰度值相近或相同的矿物就应当采用 SPL_GXMAP 模式而不是 SPL_XBSE 模式。

(5) XMOD 测量模式。XMOD 模式是一种简单的测量模式。经背景去除矿石颗粒从背散射图中分离出来。对帧图像进行 X-Ray 网格分析。

9. 3 X 射线显微镜

光学显微镜和扫描电子显微镜都是基于观察矿物表面形貌特征的二维观测技术，是目前矿石及选冶产品工艺矿物学研究最常用和重要的分析手段。然而，二维显微分析不能提供矿石整体的信息，具有局限性。X 射线显微镜是采用传统 CT 技术与光学显微技术相结合而发展形成的一种新型的三维透视显微成像系统，其空间分辨率已达到微米至纳米量级。它可提供无损成像，以揭示矿石的三维内部结构及矿石碎磨后矿物的解离特征，必将成为工艺矿物学研究的一种重要技术手段。

9.3.1　成像原理

在 X 射线计算机断层扫描系统中，当 X 射线穿过被测物体时，将对一定厚度的层面进行扫描，并把被测物体划分为若干立方体小块（体素）。被测物体不同组分对 X 射线的吸收性存在差异，使得穿过该物质的 X 射线发生衰减。当 X 射线穿过某层面时，沿该方向排列的各体素均在一定程度上吸收一部分 X 射线，通过比较入射前后 X 射线的强度变化即获得截面上的所有体素沿该方向衰减值的总和。上述衰减值可由 X 射线衰减系数来表示。X 射线衰减系数与物质密度成正比，密度越高，X 射线吸收越多，X 射线探测器接收到的信号越弱；物质密度越小，X 射线穿透力越强，相应的探测器接收到的信号就越强。因此，X 射线衰减系数也决定着 X 射线显微镜扫描结果的灰度差异，从而构成了 CT 图像中不同矿物相的区分依据。样品台旋转 360°，采集不同角度的投影，通过三维重建算法利用二维投影重建出三维图像。

X 射线衰减系数（μ）由 X 射线与矿物的相互作用所决定，其大小与入射的波长和物质有关，并与物质密度成正比。不同物质的 X 射线衰减系数（μ）需要通过美国国家标准与技术研究院（NIST）提供的 XCOM 数据库中的质量衰减系数（μ_m）乘以质量密度计算得到，公式如下：

$$\mu = \rho \mu_m \tag{9-1}$$

当吸收体由两种或两种以上的元素组成时，μ_m 是各组分的加权平均值，所以修正 X 射线衰减系数计算公式为：

$$\mu = \frac{\rho N_A \sum_i S_i}{\sum_i w_i} \tag{9-2}$$

式中　N_A——阿伏伽德罗常量，mol^{-1}；

　　　w_i——原子质量；

　　　S_i——微观横截面面积，cm^2；

　　　ρ——物质密度，g/m^3。

根据公式（9-2），对目的矿物在不同 X 射线能量下的衰减系数进行曲线绘制，可用于评估目的矿物之间的对比度，图 9-22（a）、（b）分别表示斑岩-矽卡岩矿床、多金属碳酸盐矿床中常见矿物的 X 射线衰减系数与 X 射线能量的函数关系曲线。此曲线为 X 射线 CT 图像中不同矿物的区分依据。从图 9-22 中可以看出，在 X 射线能量为 0.1MeV 时，相似矿物间的差异更大，更容易区分。图 9-23 则给出了 0.1MeV 能量下，图 9-22 中所涉及矿物的 X 射线衰减系数的分布情况。

表 9-2 为部分矿物的密度和 X 射线衰减系数。显然，自然金、自然银、辉银矿、方铅矿、辉钼矿与其他矿物很容易区分。但磁铁矿、黄铁矿、黄铜矿之间及萤石、方解石、石英之间就难以区分。

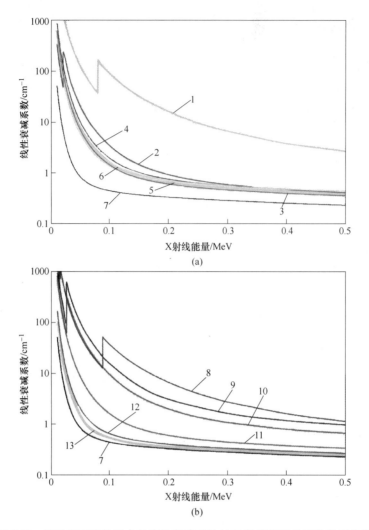

图 9-22 两种矿石矿物组合的线性衰减系数与 X 射线能量的函数关系曲线

（a）斑岩-矽卡岩矿床中的常见矿物组合；（b）多金属碳酸盐矿床中的常见矿物组合

1—自然金；2—辉钼矿；3—黄铜矿；4—斑铜矿；5—黄铁矿；6—磁铁矿；7—石英；

8—方铅矿；9—自然银；10—辉银矿；11—闪锌矿；12—萤石；13—方解石

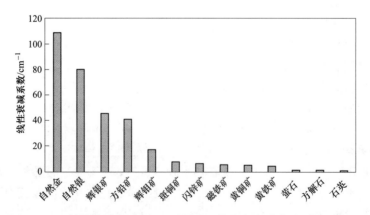

图 9-23 X 射线能量为 0.1MeV 时部分矿物的 X 射线衰减系数柱状图

表 9-2　部分矿物的化学式、密度范围和 X 射线衰减系数

矿物名称	化学式	密度/g·cm^{-3}	X 射线衰减系数
自然金	Au	19.3	109.00
自然银	Ag	11.1	80.40
辉银矿	Ag$_2$S	7.24	46.10
方铅矿	PbS	7.58	41.40
辉钼矿	MoS$_2$	5.00	17.50
黄铜矿	CuFeS$_2$	4.20	5.53
斑铜矿	Cu$_5$FeS$_4$	5.09	8.04
黄铁矿	FeS$_2$	5.01	4.65
磁铁矿	Fe$_3$O$_4$	5.18	5.76
闪锌矿	ZnS	4.10	6.73
铁白云石	CaFe(CO$_3$)$_2$	3.20	2.02
白钨矿	CaWO$_4$	6.10	1.89
萤石	CaF$_2$	3.13	1.56
方解石	CaCO$_3$	2.71	1.35
石英	SiO$_2$	2.65	0.73

9.3.2　系统结构

X 射线显微镜与传统微米 CT 和工业 CT 有所不同，它在系统中引入了光学物镜放大技术，通过光学+几何两级放大技术进行成像（见图 9-24）。设计架构的创新使得该 CT 系统可以实现单一几何放大无法实现的大样品高分辨率成像和高衬度成像。典型的 X 射线显微镜主要由 X 射线光源、高精度样品台、多物镜与 CCD 组合探测器、控制与信息处理系统构成。图 9-25 所示为德国 Zeiss Xradia 520 Versa 型亚微米 X 射线显微镜的实物照片。由于 X 射线显微镜的测量精度高，系统需要极高的稳定性，因此上述关键部件都安装在大理石

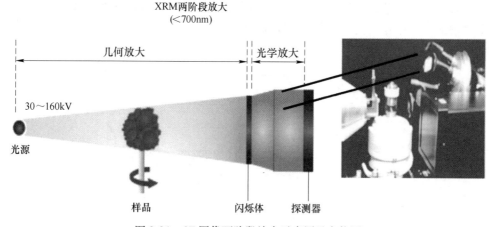

图 9-24　CT 图像两阶段放大示意图及实物图

平台上，可以起到减振抗震、稳定光路、减少误差的作用。

图 9-25　德国蔡司 Zeiss Xradia 原位三维表征时的实验设备

9.3.2.1　X 射线光源

X 射线显微镜采用的 X 射线光源是新型的透射阳极 X 射线管，其阳极靶为镀在铍窗内侧极薄的金属薄膜。铍窗可以隔绝外部空气，保证管内的真空度，而选择金属铍做窗口是因为铍对 X 射线的吸收系数小，并且铍具有超高的熔点，可以承受电子长时间轰击阳极靶产生的高温。透射阳极 X 射线管的工作原理如图 9-26 所示。当阴极通电加热后产生大量热电子，在阳极与阴极间的直流加速电压作用下飞向阳极，在阴极与阳极之间安装有电子偏转线圈与聚焦线圈，可以有效汇聚电子束并减小焦斑尺寸。汇聚的高速电子轰击阳极靶产生的连续 X 射线可直接穿透金属薄膜并从铍窗射出。相比于传统的反射式 X 射线管，在同等功率条件下，可大幅减少能量损失，提高 X 射线的产生效率与辐照通量。根据莫塞莱定律，阳极靶材的原子序数越高，产生的 X 射线能量也越高，并且电子高速轰击阳极靶会产生大量热量。因此，阳极靶常采用原子序数较高的高熔点耐热钨、钼等纯金属。此外，金属薄膜在电子长时间轰击下表面粗糙度增加，会增加出射 X 射线的散射，使 X 射

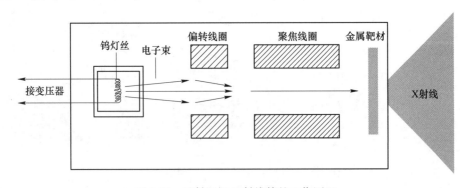

图 9-26　透射阳极 X 射线管的工作原理

线偏离出射方向，造成 X 射线强度降低，从而影响样品三维重构的图像质量。为此，新型的透射阳极 X 射线管采用可旋转阳极靶，每工作 25h 后，阳极靶盘会旋转一定角度，从而保证出射 X 射线的稳定性。

相对于传统的反射式 X 射线管，透射阳极 X 射线管产生的连续 X 射线强度分布的均匀性得到了显著提高。以 Zeiss Xradia 520 Versa 使用的 X 射线管 NT100 型号为例，该射线管采用钨作为阳极靶的透射阳极 X 射线管，电子加速电压最高可达到 160kV。实验室 X 射线光源产生的 X 射线是一组波长很短的电磁波，波长为 0.01~10nm。

X 射线显微镜采用的高能 X 射线具有非常强的穿透能力，可以保证对绝大多数矿石的三维微观组织表征。在 X 射线管发射 X 射线出口前方可安装承载滤波片的托架，根据扫描样品尺寸或密度大小选择不同厚度的滤波片。滤波片可以有效去除低能部分的 X 射线，从而提高 X 射线对样品的穿透能力，减弱低能量 X 射线引起的射线硬化现象，改善重构图像的成像质量。

9.3.2.2 高精度样品台

X 射线显微镜所用的样品台结构如图 9-27 所示。整个样品台包括一个三维平移台和一个精密旋转台。精密旋转台是位于下方的圆盘，可以带动样品台实现 360°精密旋转；三维平移台在旋转台上方，分别由 3 个电机带动，可以在 X、Y、Z 轴实现精密的平移运动，平移定位精度小于 0.001mm。通过三维平移台和精密旋转台的配合，可以将样品移动到中央，实现 X 射线光源、样品台、探测器沿 X 射线光路方向三点一线依次排列。

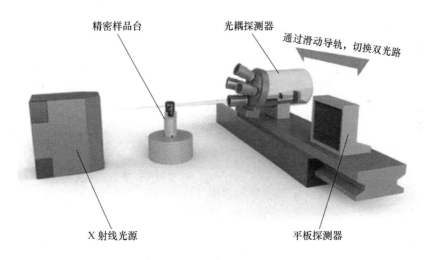

图 9-27 高精度样品台

9.3.2.3 探测器

光学物镜探测器是 X 射线显微镜的核心部件。由于 X 射线无法在 CCD 中直接成像，为此需要先将 X 射线投影在闪烁体（碘化铯）材料上转化为可见光。可见光再通过物镜进行光学放大，进而投影到 CCD 上形成数字化图像。该系统探测器组件部分主要由闪烁体、光学物镜和 CCD 构成，如图 9-28 所示。当高能 X 射线光子照射到探测器前端的闪烁体时，将激发闪烁体原子到激发态，当被激发的原子从激发态退回到基态时释放可见的荧光脉冲。光学物镜的作用是对带有样品衬度信息的可见光进行放大，随后照射到面阵CCD，将放大的光学影像转换为数字信号。

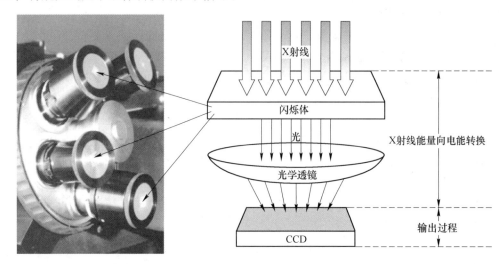

图 9-28　X 射线探测器及示意图

　　作为光电探测器件，面阵 CCD 上整齐地二维排列着微小光敏单元，可以感应光强并将光信号转换为电信号，经过采样放大与模数模块转换成数字图像信号。因为 CCD 用电荷表示信号，因此 CCD 对光信号的转换具备高的灵敏度与准确度。为了获得高质量的三维微组织图像，X 射线显微镜需采用大视场、高信噪比、高探测效率、高空间与高能量分辨率的大面阵 CCD。

　　因为 CCD 探测器芯片的探测面积很小，因此为了扩大有效探测面积，并且进一步提高分辨率，采用透镜或光纤耦合式 CCD 探测器。现在比较成熟的间接式 CCD 探测器主要有光纤耦合和透镜耦合两种结构。

　　光纤耦合 CCD 探测器结构如图 9-29 所示，X 射线经过闪烁体转化为可见光之后通过光纤耦合到 CCD 探测器上。光纤耦合的方法可以有效地增大 CCD 探测器的有效探测面积，同时提高了分辨率。但是，在成像过程中，CCD 探测器在 X 射线的直通光路中，高能量的 X 射线照射会对 CCD 造成一定程度的辐射损伤。

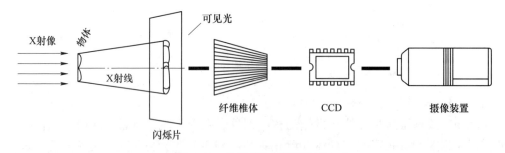

图 9-29　光纤耦合探测器结构

　　基于透镜耦合的 CCD 探测器结构主要构成部件有闪烁片、光学放大系统和 CCD，光学放大系统由物镜、透镜、反光镜构成，整个探测器的结构如图 9-30 所示。闪烁片把 X

射线转化为可见光，物镜和透镜对可见光进行光学放大，通过反光镜进行光路转换，最后成像到 CCD 上。由于物镜的光学放大作用，透镜耦合式探测器的分辨率可以达到可见光的衍射极限。

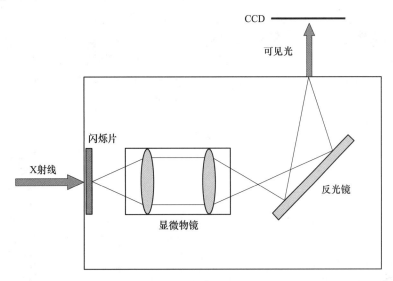

图 9-30　基于光学放大的探测器

9.3.2.4　控制与信息处理系统

控制与信息采集系统可以精确控制 X 射线源、高精度样品台与探测器这三个关键部件的协调移动，并对 X 射线的能量、滤镜与物镜的选择、扫描的方式与位置、数据采集时间等进行精确的同步控制。此外，CT 扫描过程中 CCD 采集的大量投影图数据需要信息处理系统具有高速的传输通道，要求系统数据传输带宽必须大于 CCD 数据采集的带宽，且要保证传输过程中数据的完整性。

9.3.3　主要评价指标

空间分辨率和密度分辨率是 X 射线显微镜性能评价的两个主要指标。

9.3.3.1　空间分辨率

空间分辨率是 X 射线显微镜分辨微小细节的量度，可以用能够分辨得两个细节之间的最小间距来定量表示。空间分辨率的主要决定因素有空间几何放大比、CCD 等图像采集器件的像元尺寸和射线源的出射 X 射线束的大小。另外，各个部件的机械安装精度、噪声等因素也会影响分辨率。

由于射线源有一定的焦斑尺寸，光在闪烁片内传播时发生散射等物理作用，以及探测器也有一定的像元尺寸，因此一个理想的点经过 X 射线显微镜在探测器上成为一个弥散斑，一般把这个弥散斑称为点扩散函数。点扩散函数是射线源和探测器共同作用的结果，可以表示为二者函数的卷积，一般用等效射束宽度（BW）来表征点扩散函数。X 射线显微镜的分辨率与点扩散函数有紧密的联系，大小取决于等效射束宽度的值。

如图 9-31 所示，射线源等效为一个直径为 a 的点，检测面上有一个物点，探测器是由大小为 d 的像元阵列构成，等效射束宽度可以表示为：

$$BW = \frac{\sqrt{a^2 (M-1)^2 + d^2}}{M} \tag{9-3}$$

式中，M 表示系统的几何放大倍数，可以表示为探测器和样品台到射线源距离的比值，即 $M=l/q$，l 表示 CCD 到 X 射线源的距离，q 表示样品台到射线源的距离。

由等效射束宽度的表达式可知，BW 的大小与射线源的焦点大小、探测器像元的大小和二者与样品台的相对位置有关。BW 的值越小，系统的分辨率越高。当射线源的焦点尺寸一定时，探测器的像元尺寸越小，BW 越小，并且探测器距离样品台越远，像元尺寸对 BW 的影响越明显。如果射线源焦点尺寸是探测器像元尺寸的二倍，二者相对样品台位置的变化对 BW 的影响不大。

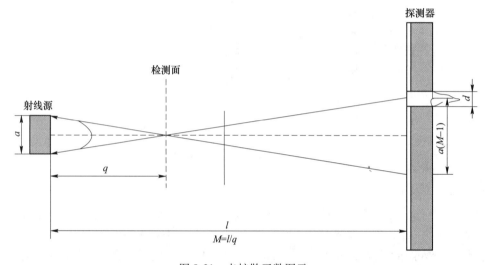

图 9-31 点扩散函数图示

9.3.3.2 密度分辨率

两种不同密度的物质射线衰减系数也不同，表现在 CT 图像上的灰度值也不同，把 CT 图像上能分辨的最小对比度称为密度分辨率，又可以称为对比度分辨力。CT 成像过程中的噪声、伪影、局部体积效应等都会影响 X 射线显微镜的密度分辨率。一般来说，X 射线光子数增多，探测器输出信号幅度增大，信噪比提高，密度分辨率也相应提高。同时，细节尺寸的大小也会影响密度分辨率的大小，细节的尺寸越小，越容易被噪声淹没，密度分辨率越小。

10 自动光学显微镜应用

基于光学显微镜的矿物特征参数分析系统（MCPAS，Mineral Characteristic Parameter Analysis System）以金属矿物反射色的色彩信息为依据并结合数字图像处理和人工智能识别技术能自动准确识别铁矿物及铜、铅、锌金属硫化矿物，可对原矿石和选矿产品中的目的矿物进行粒度、解离度的快速测量。MCPAS适用于铁矿、铜铅锌矿工艺矿物学研究，可从矿物学的角度查明影响选矿指标的因素、诊断选矿工艺流程的缺陷，为选矿工艺流程的制定与优化、生产指标的提高提供指导。

10.1 铁矿

10.1.1 矿石的化学组成

该铁矿石的多组分分析结果见表10-1。结果表明，矿石中有价元素为Fe，品位为68.82%。

表 10-1 矿石的多组分分析

组分	TFe	Fe^{2+}	Zn	V_2O_5	TiO_2	MnO	S
含量（质量分数）/%	68.82	14.28	0.01	0.22	0.06	0.45	0.034
组分	C	SiO_2	CaO	MgO	Al_2O_3	K_2O	Na_2O
含量（质量分数）/%	0.037	0.75	0.28	0.56	0.60	<0.005	<0.005

10.1.2 矿石中铁的化学物相分析

对-0.074mm占98.02%样品中进行了铁的化学物相分析，其结果见表10-2。

表 10-2 矿石中铁的化学物相分析

相别	磁性铁	硫化铁	赤、褐铁矿	其他	合计
铁含量（质量分数）/%	42.65	0.03	25.75	0.40	68.83
占有率/%	61.96	0.04	37.41	0.59	100.00

10.1.3 矿石的矿物组成

矿石中的金属矿物主要是磁铁矿，其次为赤铁矿，另有少量褐铁矿；非金属矿物主要是尖晶石和绿泥石，另有少量石英、透闪石、方解石、一水硬铝石、磷灰石，微量钠钙长石、黑云母、透辉石、普通角闪石等。矿石的相对含量见表 10-3。

表 10-3 矿石中矿物的相对含量

矿物名称	磁铁矿	赤铁矿	褐铁矿	尖晶石	绿泥石	石英
含量（质量分数）/%	59.35	34.50	3.24	0.70	0.46	0.43
矿物名称	透闪石	方解石	一水硬铝石	磷灰石	其他	合计
含量（质量分数）/%	0.32	0.31	0.20	0.12	0.37	100.00

10.1.4 矿石中磁铁矿、赤铁矿的嵌布特征

10.1.4.1 磁铁矿

磁铁矿是该矿石中最主要的铁矿物，也是回收的目的矿物。磁铁矿主要呈半自形-他形晶粒状结构分布（见图 10-1），部分呈自形晶结构。磁铁矿的嵌布关系比较简单，其与赤铁矿关系最为密切，常被赤铁矿沿着边缘和裂隙交代呈交代残余结构（见图 10-2），部分被完全交代；有时可见磁铁矿被褐铁矿交代；少量磁铁矿颗粒包裹有细粒脉石矿物（见图 10-3）。

磁铁矿的 X 射线能谱分析结果见表 10-4。结果表明，部分磁铁矿中含 Mn、Mg、Al 和 V 等元素。

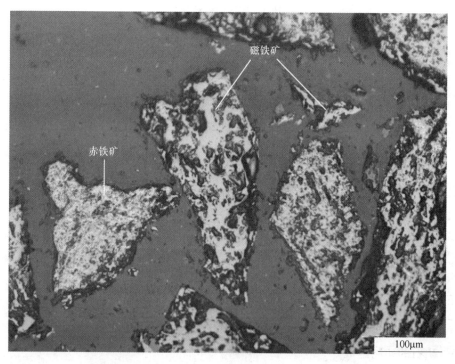

图 10-1 磁铁矿呈半自形晶产出（光学显微镜，反光）

图 10-2 磁铁矿被赤铁矿交代呈交代残余结构（光学显微镜，反光）

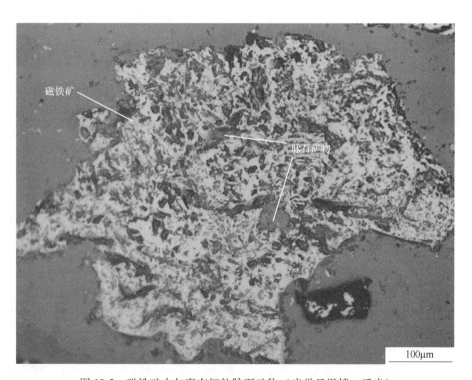

图 10-3 磁铁矿中包裹有细粒脉石矿物（光学显微镜，反光）

表 10-4 磁铁矿的 X 射线能谱分析

序号	元素含量（质量分数）/%					
	Fe	Mn	Mg	V	Al	O
1	72.36	—	—	—	—	27.64
2	72.36	—	—	—	—	27.64
3	72.36	—	—	—	—	27.64
4	71.48	—	0.58	—	0.13	27.80
5	71.11	—	0.55	—	0.43	27.91
6	71.99	—	0.31	—	—	27.70
7	72.36	—	—	—	—	27.64
8	72.36	—	—	—	—	27.64
9	71.66	—	0.58	—	—	27.76
10	72.36	—	—	—	—	27.64
11	72.36	—	—	—	—	27.64
12	71.72	—	0.54	—	—	27.75
13	72.36	—	—	—	—	27.64
14	72.36	—	—	—	—	27.64
15	71.59	—	0.64	—	—	27.77
16	72.36	—	—	—	—	27.64
17	72.36	—	—	—	—	27.64
18	72.36	—	—	—	—	27.64
19	72.36	—	—	—	—	27.64
20	72.36	—	—	—	—	27.64
21	72.36	—	—	—	—	27.64
22	72.36	—	—	—	—	27.64
23	72.36	—	—	—	—	27.64
24	72.36	—	—	—	—	27.64
25	72.36	—	—	—	—	27.64
26	71.66	—	0.59	—	—	27.76
27	71.76	—	—	—	0.44	27.80
28	71.31	1.12	—	—	—	28.69
29	71.28	1.16	—	—	—	28.72
30	71.00	1.12	—	0.24	—	29.00

续表 10-4

序号	元素含量（质量分数）/%					
	Fe	Mn	Mg	V	Al	O
31	70. 95	1. 12	—	0. 28	—	29. 05
32	71. 74	—	—	0. 48	—	28. 26
33	71. 24	1. 20	—	—	—	28. 76
34	71. 70	—	0. 55	—	—	27. 75
35	71. 95	—	—	0. 31	—	28. 05
36	71. 28	1. 16	—	—	—	28. 72
37	70. 97	0. 96	0. 41	—	—	28. 62
38	71. 27	0. 85	—	0. 22	—	28. 73
39	70. 95	1. 09	—	0. 30	—	29. 05
40	71. 12	1. 05	—	0. 19	—	28. 88

10.1.4.2 赤铁矿

赤铁矿同样是矿石中重要的铁矿物，主要呈半自形-他形晶粒状结构（见图 10-4）。赤铁矿与磁铁矿关系密切，常沿着磁铁矿边缘和裂隙交代（见图 10-5）；有时可见赤铁矿被褐铁矿交代。赤铁矿的 X 射线能谱分析结果见表 10-5。结果表明，部分赤铁矿中含有 Mn、Mg、Al 及 V 等元素。

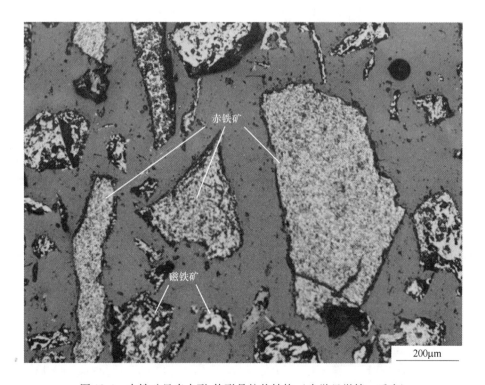

图 10-4 赤铁矿呈半自形-他形晶粒状结构（光学显微镜，反光）

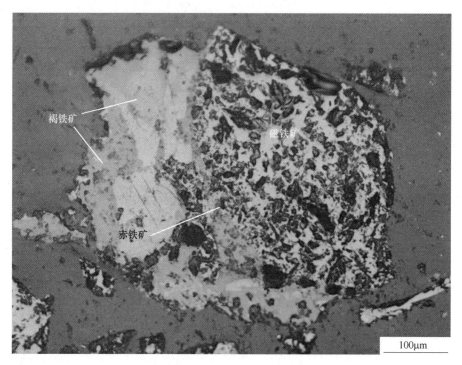

图 10-5   赤铁矿沿磁铁矿边缘交代（光学显微镜，反光）

表 10-5   赤铁矿的 X 射线能谱分析

序号	元素含量（质量分数)/%					
	Fe	Mn	V	Mg	Al	O
1	69. 94	—	—	—	—	30. 06
2	69. 94	—	—	—	—	30. 06
3	68. 94	—	—	0. 87	—	30. 20
4	69. 94	—	—	—	—	30. 06
5	68. 98	—	—	—	0. 73	30. 29
6	69. 94	—	—	—	—	30. 06
7	69. 94	—	—	—	—	30. 06
8	69. 94	—	—	—	—	30. 06
9	69. 94	—	—	—	—	30. 06
10	68. 49	1. 00	0. 44	—	—	31. 51
11	68. 45	1. 21	0. 32	—	—	31. 55
12	68. 51	1. 13	0. 33	—	—	31. 49
13	68. 40	1. 14	0. 41	—	—	31. 60
14	68. 59	1. 11	0. 27	—	—	31. 41
15	68. 48	1. 17	0. 33	—	—	31. 52
16	69. 31	—	0. 51	—	—	30. 69

序号	元素含量（质量分数)/%					
	Fe	Mn	Mg	V	Al	O
17	69.75	—	—	0.17	—	30.08
18	69.39	—	0.44	—	—	30.61
19	68.91	1.10	0.03	—	—	31.09
20	68.91	1.14	—	—	—	31.09
21	68.96	1.09	—	—	—	31.04
22	68.90	1.15	—	—	—	31.10
23	69.53	—	0.33	—	—	30.47
24	69.49	—	0.36	—	—	30.51
25	69.94	—	—	—	—	30.06
26	69.94	—	—	—	—	30.06
27	68.94	—	—	0.87	—	30.20

10.1.5 矿石中磁铁矿、赤铁矿的嵌布粒度

利用基于光学显微镜的矿物特征参数自动分析系统（MCPAS）对矿石中磁铁矿和赤铁矿的嵌布粒度及它们的相对比例进行自动测量，其结果分别见表 10-6 和表 10-7。结果显示矿石中的磁铁矿和赤铁矿以中细粒嵌布。

表 10-6 矿石中磁铁矿和赤铁矿的粒度组成

粒级/mm	分布率/%	
	磁铁矿	赤铁矿
−0.589+0.500	0.36	—
−0.500+0.417	0.87	0.48
−0.417+0.350	1.38	1.65
−0.350+0.295	2.15	2.49
−0.295+0.250	3.96	3.88
−0.250+0.208	5.24	4.34
−0.208+0.180	6.43	7.08
−0.180+0.147	8.16	7.27
−0.147+0.130	11.39	10.64
−0.130+0.104	12.18	11.37
−0.104+0.090	15.33	12.58
−0.090+0.074	10.84	9.69
−0.074+0.060	8.35	8.67
−0.060+0.043	5.28	6.21
−0.043+0.030	3.16	4.25

续表 10-6

粒级/mm	分布率/%	
	磁铁矿	赤铁矿
−0.030+0.020	1.81	3.15
−0.020+0.015	1.12	2.71
−0.015+0.010	0.86	1.64
−0.010+0.005	0.79	1.06
−0.005	0.34	0.84
颗粒数	46364	9182

表 10-7　样品中磁铁矿与赤铁矿的相对比例

样品名称	相对比例/%	
	磁铁矿	赤铁矿
综合样	63.30	36.70

10.1.6　磨矿产品中磁铁矿、赤铁矿的解离度

利用 MCPAS 对不同磨矿细度产品中磁铁矿和赤铁矿的解离度、粒度及它们的相对比例进行自动测量，其结果分别见表 10-8~表 10-11。结果显示，当磨矿细度为−0.074mm 占 70%时，磁铁矿的解离度已经达到 80%以上，解离比较充分，再提高磨矿细度，其增幅较小；但赤铁矿的解离度只有 72%左右，相对较低，还需要进一步提高磨矿细度。

表 10-8　样品中磁铁矿解离度

磨矿细度 (−0.074mm) /%	单体/%	连生体/%							
		与赤铁矿				与其他			
		≥75%	75%~50%	50%~25%	≤25%	≥75%	75%~50%	50%~25%	≤25%
60	63.36	1.42	1.91	1.89	1.01	10.12	10.25	6.08	3.96
70	82.32	0.83	1.30	1.18	0.63	6.05	4.56	2.27	0.86
80	86.33	0.92	1.20	0.89	0.50	4.15	3.13	1.84	1.04

表 10-9　样品中赤铁矿解离度

磨矿细度 (−0.074mm) /%	单体/%	连生体/%							
		与磁铁矿				与其他			
		≥75%	75%~50%	50%~25%	≤25%	≥75%	75%~50%	50%~25%	≤25%
60	63.26	7.78	7.58	4.31	2.10	9.47	2.70	2.18	0.62
70	72.49	6.37	6.02	3.62	2.03	5.78	2.09	1.18	0.42
80	78.92	4.12	5.91	2.56	1.58	4.66	1.42	0.57	0.26

表 10-10　样品中磁铁矿和赤铁矿的粒度组成

粒级/mm	磁铁矿/%			赤铁矿/%		
	−0.074mm 占 60%	−0.074mm 占 70%	−0.074mm 占 80%	−0.074mm 占 60%	−0.074mm 占 70%	−0.074mm 占 80%
−0.250+0.208	0.76	—	—	—	—	—
−0.208+0.180	1.24	—	—	0.96	—	—
−0.180+0.147	2.57	—	—	1.27	—	—
−0.147+0.130	7.32	2.59	—	4.18	3.25	—
−0.130+0.104	8.29	5.26	3.23	6.22	5.32	1.38
−0.104+0.090	11.89	8.98	5.16	8.73	6.19	3.25
−0.090+0.074	13.26	12.45	8.34	10.16	9.37	7.24
−0.074+0.060	13.57	11.53	9.86	11.23	10.98	8.19
−0.060+0.043	10.53	16.35	18.59	14.68	12.84	10.33
−0.043+0.030	8.57	13.08	15.13	11.19	14.56	19.52
−0.030+0.020	6.21	9.37	12.98	9.68	10.64	14.64
−0.020+0.015	5.52	7.23	9.38	7.97	9.24	13.86
−0.015+0.010	5.26	6.59	8.39	6.36	8.39	10.36
−0.010+0.005	3.52	4.24	5.93	4.82	5.84	6.84
−0.005	1.49	2.33	3.01	2.55	3.38	4.39
颗粒数（颗）	121520	159677	183460	28790	32588	38800

表 10-11　样品中磁铁矿与赤铁矿的相对比例

样品名称	相对比例/%	
	磁铁矿	赤铁矿
−0.074mm 占 60%	61.80	38.20
−0.074mm 占 70%	61.94	38.06
−0.074mm 占 80%	62.15	37.85

根据矿石性质，要想通过常规选矿方法获得铁品位为 71.50% 以上的铁精矿，难度很大。主要因为矿石中存在较多的赤铁矿，而赤铁矿与磁铁矿关系密切，常沿着磁铁矿边缘和裂隙交代，二者很难完全单体解离，易随着磁铁矿进入到铁精矿中，从而影响铁品位的提高；再者，部分磁铁矿、赤铁矿含有 Mn、Mg、Al 和 V 等杂质元素，致使磁铁矿、赤铁矿中 Fe 平均含量分别为 71.86% 和 69.31%，导致铁品位提升难度大；此外，少量的磁铁矿颗粒还包裹有细粒脉石矿物，即使细磨也难以单体解离，从而影响铁精矿品位的进一步提高。

10.2　铜矿

10.2.1　矿石的化学组成

矿石的化学多组分分析结果见表 10-12。

表 10-12　矿石的化学多组分分析

化学成分	Cu	TFe	Pb	Zn	S	As	P	Ti	C
含量（质量分数）/%	1.00	31.18	0.015	0.009	22.62	0.01	0.008	0.008	0.62
化学成分	SiO_2	Al_2O_3	K_2O	Na_2O	CaO	MgO	Au[①]	Ag[①]	—
含量（质量分数）/%	23.01	0.28	0.084	0.11	6.44	8.63	0.42	8.60	—

①单位为 g/t。

10.2.2　矿石中铜、铁化学物相分析

对 -0.038mm 占 100% 的样品分别进行了铜、铁的化学物相分析，其结果见表 10-13 和表 10-14。

表 10-13　矿石中铜的化学物相分析

相别	氧化铜	原生硫化铜	次生硫化铜	墨铜矿	合计
铜含量（质量分数）/%	0.019	0.906	0.037	0.040	1.002
占有率/%	1.87	90.44	3.74	3.95	100.00

表 10-14　矿石中铁的化学物相分析

相别	磁性氧化铁	磁性硫化铁	非磁性硫化铁	碳酸铁	赤、褐铁矿	硅酸铁	合计
铁含量（质量分数）/%	4.23	5.83	19.01	0.37	0.12	1.59	31.15
占有率/%	13.58	18.71	61.03	1.19	0.39	5.10	100.00

10.2.3　矿石的矿物组成

矿石中铜矿物绝大部分为黄铜矿，少量墨铜矿，偶见斑铜矿、黝铜矿、铜蓝等；铁矿物绝大部分为磁铁矿，偶见菱铁矿、赤铁矿、褐铁矿；硫矿物主要为磁黄铁矿（单斜磁黄铁矿和六方磁黄铁矿），其次为黄铁矿。其他金属矿物有金红石、辉钼矿、闪锌矿、方铅矿、自然铋、碲铋矿、毒砂等。非金属矿物主要为滑石，其次为蛇纹石、硬石膏、石英，少量的透辉石、钙铁榴石、钙铝榴石、白云石，微量的钠长石、黑云母等。矿石中矿物相对含量见表 10-15。

表 10-15　矿石中矿物的相对含量

矿物名称	黄铜矿	斑铜矿	墨铜矿	方铅矿	闪锌矿	磁铁矿	黄铁矿	单斜磁黄铁矿
含量（质量分数）/%	2.67	0.06	0.20	0.02	0.01	5.90	14.05	9.71
矿物名称	六方磁黄铁矿	菱铁矿	滑石	蛇纹石	硬石膏	石英	透辉石	钙铁榴石
含量（质量分数）/%	19.52	0.55	12.66	9.34	8.68	5.38	4.45	2.12
矿物名称	钙铝榴石	白云石	钠长石	黑云母	金红石	其他矿物	合计	
含量（质量分数）/%	1.06	1.87	0.93	0.70	0.01	0.11	100.00	

10.2.4　矿石中重要矿物的嵌布特征

10.2.4.1　黄铜矿

黄铜矿主要呈不规则状嵌布在脉石矿物中（见图 10-6），部分黄铜矿呈微细粒嵌布在脉石矿物中（见图 10-7）。此外，黄铜矿与磁黄铁矿、黄铁矿关系密切，部分沿磁黄铁矿、黄铁矿裂隙充填（见图 10-8）；有时可见黄铜矿与磁铁矿紧密嵌布在一起。

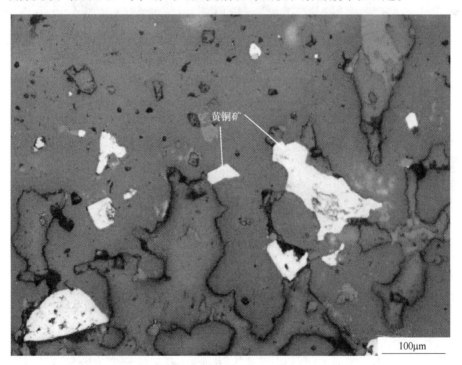

黄铜矿

100μm

图 10-6　黄铜矿呈不规则状嵌布在脉石矿物中（光学显微镜，反光）

10.2.4.2　墨铜矿

墨铜矿分子式为 $4(Fe,Cu)S \cdot 3(Mg,Al)(OH)_2$，是一种化学组成复杂、晶体结构特殊的矿物。墨铜矿的晶体结构是由硫化物层子晶胞和氢氧化物层子晶胞交替组成的结构层，这两

图 10-7 黄铜矿呈微细粒嵌布在脉石矿物中（光学显微镜，反光）

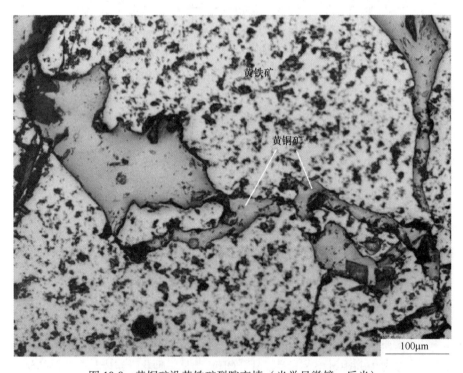

图 10-8 黄铜矿沿黄铁矿裂隙充填（光学显微镜，反光）

种结构层呈无序堆积。晶体结构的原因，墨铜矿比较难选，因此它对铜的选别指标有着直接影响。

墨铜矿主要呈鳞片状、纤维状嵌布在脉石矿物中（见图 10-9）；少量墨铜矿沿磁黄铁矿边缘、间隙或裂隙交代（见图 10-10）；有时可见墨铜矿与黄铜矿嵌布在一起。

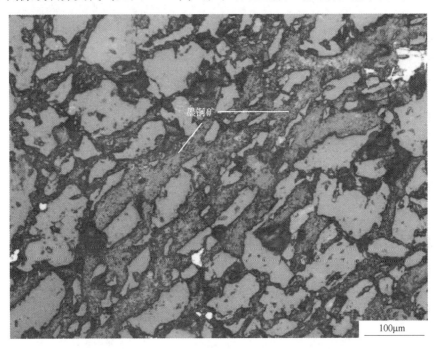

图 10-9　墨铜矿嵌布在脉石矿物中（光学显微镜，反光）

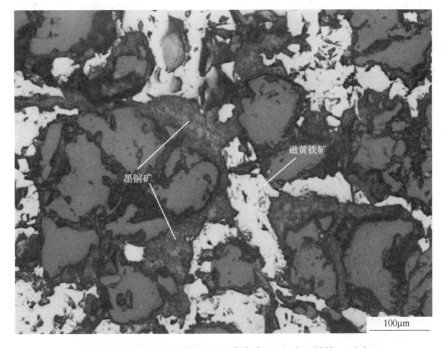

图 10-10　墨铜矿沿磁黄铁矿边缘嵌布（光学显微镜，反光）

10.2.4.3 磁黄铁矿

磁黄铁矿主要呈不规则状嵌布在脉石矿物中（见图 10-11），部分磁黄铁矿与磁铁矿紧密嵌布在一起（见图 10-12），少量磁黄铁矿沿黄铜矿周边交代（见图 10-13）。矿石中的

图 10-11　磁黄铁矿呈不规则状嵌布在脉石矿物中（光学显微镜，反光）

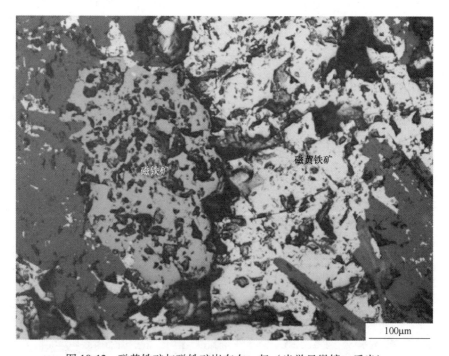

图 10-12　磁黄铁矿与磁铁矿嵌布在一起（光学显微镜，反光）

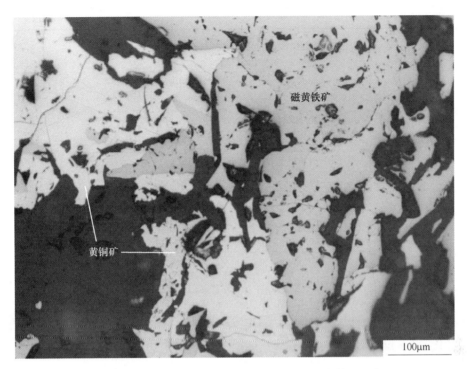

图 10-13　磁黄铁矿与黄铜矿共生嵌布（光学显微镜，反光）

磁黄铁矿（$Fe_{1-x}S$）既有属于强磁性的单斜磁黄铁矿，也有弱磁性的六方磁黄铁矿。因此，利用 X 射线能谱数据计算磁黄铁矿 Fe、S 比值，从而划分磁黄铁矿的种类。磁黄铁矿的 X 射线能谱分析结果见表 10-16。

表 10-16　磁黄铁矿的 X 射线能谱分析

测点	元素含量（质量分数）/%		晶系
	Fe	S	
1	61.98	38.02	六方
2	61.75	38.25	六方
3	61.64	38.36	六方
4	60.81	39.19	单斜
5	62.10	37.90	六方
6	61.00	39.00	单斜
7	61.83	38.17	六方
8	61.40	38.60	六方
9	60.42	39.58	单斜
10	60.28	39.72	单斜
11	61.66	38.34	六方
12	61.43	38.57	六方
13	61.68	38.32	六方

测点	元素含量（质量分数）/%		晶系
	Fe	S	
14	60.83	39.17	单斜
15	60.95	39.05	六方
16	60.78	39.22	单斜
17	60.40	39.60	单斜
18	61.97	38.03	六方
19	61.99	38.01	六方
20	61.85	38.15	六方
21	61.25	38.75	六方
22	60.59	39.41	单斜
23	60.33	39.67	单斜
24	61.67	38.33	六方
25	61.22	38.78	六方
26	61.84	38.16	六方
27	60.52	39.48	单斜
28	61.44	38.56	六方
29	60.57	39.43	单斜
30	60.56	39.44	单斜
31	61.39	38.61	六方
32	61.43	38.57	六方
33	60.39	39.61	单斜
34	61.58	38.42	六方
35	61.59	38.41	六方
36	61.79	38.21	六方
37	60.33	39.67	单斜
38	61.25	38.75	六方
39	61.02	38.98	六方
40	60.45	39.55	单斜
41	60.34	39.66	单斜
42	61.54	38.46	六方
43	61.42	38.58	六方
44	60.51	39.49	单斜
45	60.47	39.53	单斜
46	60.35	39.65	单斜
47	61.32	38.68	六方
48	61.29	38.71	六方
49	61.52	38.48	六方
50	61.49	38.51	六方

10.2.4.4 黄铁矿

黄铁矿主要呈不规则状嵌布在脉石矿物中（见图10-14）。粗粒黄铁矿可见压碎结构，偶见呈自形、半自形晶结构产出。

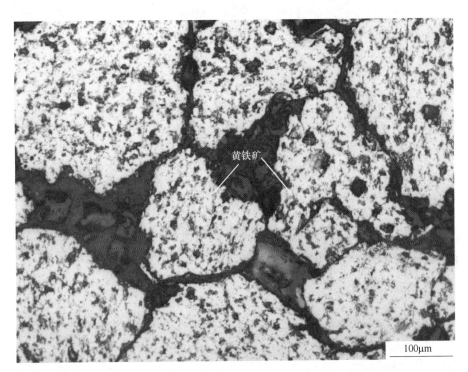

图 10-14 黄铁矿呈不规则状嵌布在脉石矿物中（光学显微镜，反光）

10.2.4.5 磁铁矿

磁铁矿是矿石中最主要的铁矿物，也是重要的回收对象。磁铁矿主要呈不规则状嵌布于脉石矿物中（见图10-15）；部分磁铁矿与磁黄铁矿关系密切（见图10-16）；少量磁铁矿与黄铜矿、黄铁矿嵌布在一起。

10.2.4.6 滑石

滑石主要呈鳞片状、纤维状与蛇纹石紧密相连（见图10-17），部分滑石与辉石、黑云母、石英等其他脉石矿物嵌布在一起。

10.2.4.7 蛇纹石

蛇纹石大部分呈鳞片状、纤维状及不规则状集合体形式产出（见图10-18），其中与滑石关系较为密切（见图10-19）；少量蛇纹石与辉石、白云石、石英等其他脉石矿物嵌布在一起。

10.2.4.8 硬石膏

硬石膏大部分呈不规则形式产出（见图10-20），其与滑石、蛇纹石关系较为密切，少量硬石膏与辉石、石英等其他脉石矿物嵌布在一起。

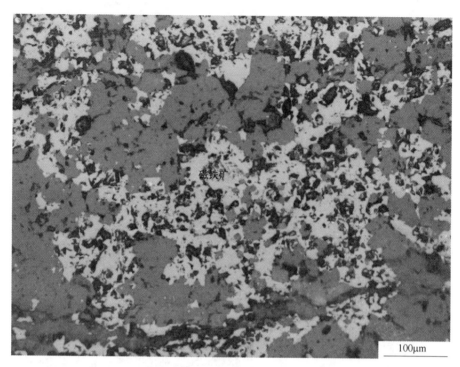

100μm

图 10-15 磁铁矿呈不规则状嵌布在脉石矿物中（光学显微镜，反光）

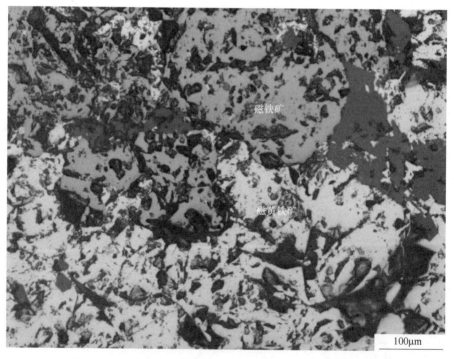

100μm

图 10-16 磁铁矿与磁黄铁矿嵌布在一起（光学显微镜，反光）

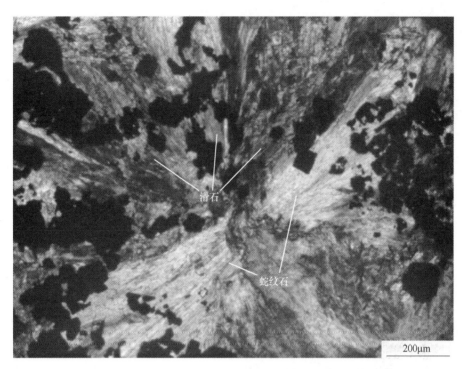

图 10-17　滑石与蛇纹石紧密嵌布（光学显微镜，透光）

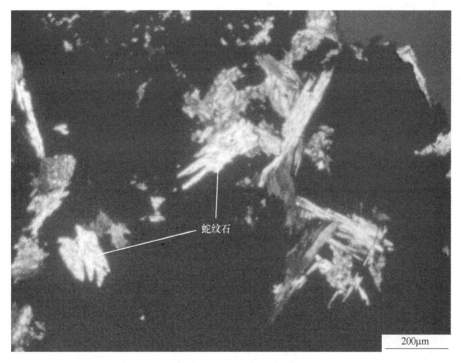

图 10-18　蛇纹石呈鳞片状产出（光学显微镜，透光）

图 10-19 蛇纹石与滑石紧密嵌布（光学显微镜，透光）

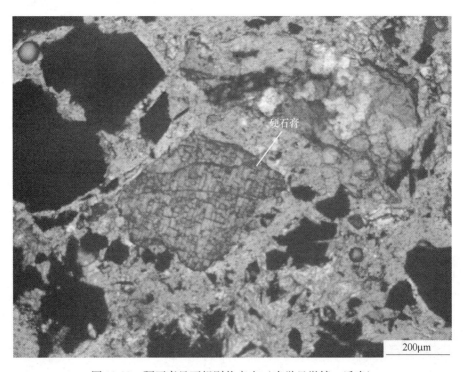

图 10-20 硬石膏呈不规则状产出（光学显微镜，透光）

10.2.5 矿石中重要矿物的嵌布粒度

利用 MCPAS 对矿石中黄铜矿、磁黄铁矿、磁铁矿和黄铁矿等重要矿物的嵌布粒度及它们的相对比例进行自动测量，其结果分别见表 10-17 和表 10-18。结果显示黄铁矿、磁黄铁矿粒度稍粗且不均匀，黄铜矿以中细粒为主，磁铁矿粒度较细。

表 10-17　矿石中重要矿物的粒度组成

粒级/mm	分布率/%			
	黄铜矿	磁铁矿	黄铁矿	磁黄铁矿
−1.168+1.000	—	—	—	2.87
−1.000+0.833	—	—	1.87	3.39
−0.833+0.700	—	—	2.49	3.87
−0.700+0.589	—	0.26	2.57	4.35
−0.589+0.500	0.36	2.38	3.99	6.35
−0.500+0.417	1.62	3.11	4.18	7.32
−0.417+0.350	2.01	5.67	4.87	6.79
−0.350+0.295	3.67	6.21	5.16	5.68
−0.295+0.250	4.26	6.38	5.87	3.97
−0.250+0.208	4.66	7.49	7.66	4.36
−0.208+0.180	5.65	12.69	9.67	8.69
−0.180+0.147	6.13	10.84	10.69	7.07
−0.147+0.130	7.46	9.44	9.04	6.24
−0.130+0.104	8.28	8.69	6.58	4.08
−0.104+0.090	12.68	6.97	5.97	5.98
−0.090+0.074	9.36	5.58	5.39	4.55
−0.074+0.060	9.28	4.11	4.38	3.84
−0.060+0.043	7.94	3.48	3.26	3.21
−0.043+0.030	5.68	2.08	2.11	3.03
−0.030+0.020	4.49	1.98	1.46	2.16
−0.020+0.015	2.73	1.58	1.26	0.99
−0.015+0.010	1.79	0.59	0.97	0.81
−0.010+0.005	1.26	0.28	0.35	0.26
−0.005	0.69	0.19	0.21	0.14
颗粒数（颗）	37041	24501	38372	54970

表 10-18　样品中矿物之间的相对比例

样品名称	相对比例/%			
	磁铁矿	磁黄铁矿	黄铁矿	黄铜矿
原矿	27.40	43.99	22.83	5.78

10.2.6 磨矿产品中重要矿物的解离度

利用 MCPAS 不同磨矿细度产品中黄铜矿、磁黄铁矿、磁铁矿和黄铁矿的解离度及它们的相对比例进行自动测量，其结果分别见表 10-19～表 10-24。结果显示，当磨矿细度为−0.074mm 占 75% 时，样品中的黄铜矿、黄铁矿、磁黄铁矿和磁铁矿的解离度均达到了80% 以上，单体解离比较充分，为相对合理的磨矿细度。

表 10-19 样品中黄铜矿*解离度

磨矿细度 (−0.074mm)/%	单体/%	与磁铁矿 ≥75%	与磁铁矿 75%~50%	与磁铁矿 50%~25%	与磁铁矿 ≤25%	与磁黄铁矿 ≥75%	与磁黄铁矿 75%~50%	与磁黄铁矿 50%~25%	与磁黄铁矿 ≤25%	与黄铁矿 ≥75%	与黄铁矿 75%~50%	与黄铁矿 50%~25%	与黄铁矿 ≤25%	与其他 ≥75%	与其他 75%~50%	与其他 50%~25%	与其他 ≤25%
		连生体/%															
65	70.82	—	—	0.73	0.28	0.12	0.72	0.67	0.82	0.19	0.14	0.34	0.30	8.64	5.76	4.68	5.79
75	80.62	—	—	0.64	0.31	0.07	0.51	0.22	0.26	0.04	1.11	—	0.06	4.89	4.22	3.46	3.59
85	87.77	—	—	0.42	0.27	0.01	0.08	0.16	0.15	0.24	0.15	0.13	0.18	3.45	2.65	2.28	2.06

表 10-20 样品中黄铁矿*解离度

磨矿细度 (−0.074mm)/%	单体/%	与铜矿 ≥75%	与铜矿 75%~50%	与铜矿 50%~25%	与铜矿 ≤25%	与磁铁矿 ≥75%	与磁铁矿 75%~50%	与磁铁矿 50%~25%	与磁铁矿 ≤25%	与磁黄铁矿 ≥75%	与磁黄铁矿 75%~50%	与磁黄铁矿 50%~25%	与磁黄铁矿 ≤25%	与其他 ≥75%	与其他 75%~50%	与其他 50%~25%	与其他 ≤25%
		连生体/%															
65	80.41	0.81	0.20	—	—	0.16	—	0.68	0.02	0.07	1.19	1.52	2.13	6.83	4.76	1.16	0.06
75	86.81	0.65	0.01	0.06	0.02	0.07	—	0.44	0.03	—	0.77	1.76	1.52	4.91	2.53	0.37	0.05
85	91.53	0.43	—	0.07	—	—	—	0.32	0.03	—	0.37	0.67	1.38	3.02	1.86	0.29	0.03

表 10-21 样品中磁黄铁矿*解离度

磨矿细度 (−0.074mm)/%	单体/%	与黄铜矿 ≥75%	与黄铜矿 75%~50%	与黄铜矿 50%~25%	与黄铜矿 ≤25%	与磁铁矿 ≥75%	与磁铁矿 75%~50%	与磁铁矿 50%~25%	与磁铁矿 ≤25%	与黄铁矿 ≥75%	与黄铁矿 75%~50%	与黄铁矿 50%~25%	与黄铁矿 ≤25%	与其他 ≥75%	与其他 75%~50%	与其他 50%~25%	与其他 ≤25%
		连生体/%															
65	83.91	0.76	0.38	—	—	0.12	1.11	0.09	0.07	0.09	0.96	1.78	1.09	2.06	2.29	3.08	2.21
75	86.29	0.52	0.33	0.06	0.01	0.32	1.05	0.07	0.02	0.22	1.12	1.38	1.19	1.17	1.97	2.16	2.12
85	89.24	0.37	0.28	0.03	0.00	0.16	0.89	0.45	0.05	0.14	0.47	0.97	1.04	0.56	1.54	2.12	1.69

表 10-22　样品中磁铁矿解离度

磨矿细度 (-0.074mm)/%	单体/%	连生体/%															
		与黄铜矿				与黄铁矿				与磁黄铁矿				与其他			
		≥75%	75%~50%	50%~25%	≤25%	≥75%	75%~50%	50%~25%	≤25%	≥75%	75%~50%	50%~25%	≤25%	≥75%	75%~50%	50%~25%	≤25%
65	64.28	—	—	0.83	0.26	—	—	0.94	0.09	0.64	1.99	0.22	0.14	10.31	9.27	5.49	5.54
75	80.59	—	—	0.67	0.04	—	—	0.84	0.04	0.94	1.31	0.21	0.44	5.32	4.41	3.13	2.06
85	83.16	—	—	0.53	0.03	—	—	0.58	0.02	0.71	1.23	0.19	0.14	4.68	3.97	2.89	1.87

表 10-23　样品中目的矿物的粒度组成

粒级/mm	黄铜矿/%			黄铁矿/%			磁黄铁矿/%			磁铁矿/%		
	-0.074mm 占65%	-0.074mm 占75%	-0.074mm 占85%	-0.074mm 占65%	-0.074mm 占75%	-0.074mm 占85%	-0.074mm 占65%	-0.074mm 占75%	-0.074mm 占85%	-0.074mm 占65%	-0.074mm 占75%	-0.074mm 占85%
-0.180+0.147	—	—	—	0.21	—	—	0.65	—	—	—	—	—
-0.147+0.130	2.36	1.58	0.79	1.68	1.31	0.26	2.06	1.68	0.92	1.88	0.32	—
-0.130+0.104	4.55	2.87	1.64	5.43	2.67	1.72	6.62	4.16	2.93	3.16	2.18	1.15
-0.104+0.090	8.32	5.63	4.92	9.32	6.39	4.51	9.68	7.33	5.16	6.82	4.66	2.67
-0.090+0.074	13.24	9.49	6.16	15.68	12.31	10.14	16.07	11.54	9.93	14.21	11.52	8.13
-0.074+0.060	11.36	9.26	7.44	14.31	10.37	9.17	13.45	11.08	7.54	12.03	9.64	6.25
-0.060+0.043	9.68	7.97	6.82	11.67	8.22	6.31	15.19	12.99	9.11	9.93	7.11	6.03
-0.043+0.030	15.45	16.99	18.03	13.86	15.91	17.82	12.52	15.13	19.76	13.72	17.62	19.35
-0.030+0.020	11.27	15.69	16.71	9.17	16.76	19.66	9.98	14.24	16.73	14.61	17.06	20.32
-0.020+0.015	9.87	12.08	14.15	8.67	11.03	12.84	7.35	9.33	12.56	11.93	13.24	15.83
-0.015+0.010	7.36	8.97	10.34	5.51	7.72	8.16	4.05	7.03	8.76	5.81	7.81	9.33
-0.010+0.005	5.28	6.38	8.16	3.58	5.87	7.03	1.96	3.57	4.11	4.52	6.48	7.22
-0.005	1.26	3.09	4.84	0.98	1.44	2.38	0.41	1.92	2.49	1.38	2.36	3.72
颗粒数（颗）	22730	23093	25705	21075	22730	28727	32093	33730	32605	13828	14256	15360

表 10-24　样品中矿物之间的相对比例

样品	相对比例/%			
	磁铁矿	磁黄铁矿	黄铁矿	黄铜矿
−0.074mm 占 65%	27.98	44.40	21.68	5.94
−0.074mm 占 75%	27.59	43.59	23.00	5.82
−0.074mm 占 85%	27.82	44.01	22.15	6.02

10.2.7　矿石中铜、铁、硫的赋存状态

矿石中铜、铁、硫均以独立矿物的形式存在。它们在各矿物中的平衡计算见表10-25~见表10-27。

表 10-25　铜在各矿物中的平衡计算

矿物名称	矿物量 （质量分数）/%	矿物中铜含量 （质量分数）/%	铜金属量 （质量分数）/%	铜分布率/%
黄铜矿	2.67	34.56	0.92	92.26
斑铜矿	0.06	63.33	0.04	3.79
墨铜矿	0.20	19.80	0.04	3.95

表 10-26　铁在各矿物中的平衡计算

矿物名称	矿物量 （质量分数）/%	矿物中铁含量 （质量分数）/%	铁金属量 （质量分数）/%	铁分布率/%
黄铜矿	2.67	30.52	0.82	2.62
斑铜矿	0.06	11.12	0.01	0.02
墨铜矿	0.20	20.50	0.04	0.13
磁铁矿	5.90	72.41	4.27	13.72
黄铁矿	14.05	46.55	6.54	21.02
单斜磁黄铁矿	9.71	60.52	5.88	18.87
六方磁黄铁矿	19.52	60.83	11.87	38.13
钙铁榴石	2.12	20.95	0.44	1.43
白云石	1.87	2.00	0.04	0.12
菱铁矿	0.55	48.23	0.27	0.85
透辉石	4.45	9.20	0.41	1.32
黑云母	0.70	6.45	0.04	0.14
滑石	12.66	1.95	0.25	0.79
蛇纹石	9.34	2.81	0.26	0.84

表 10-27 硫在各矿物中的平衡计算

矿物名称	矿物量 （质量分数）/%	矿物中硫含量 （质量分数）/%	硫金属量 （质量分数）/%	硫分布率/%
黄铜矿	2.67	34.92	0.93	4.26
斑铜矿	0.06	25.55	0.01	0.07
墨铜矿	0.20	21.50	0.04	0.20
方铅矿	0.02	13.40	0.002	0.01
闪锌矿	0.01	32.90	0.004	0.02
黄铁矿	14.05	53.45	7.51	34.24
单斜磁黄铁矿	9.71	39.19	3.80	17.35
六方磁黄铁矿	19.52	38.83	7.58	34.55
硬石膏	8.68	23.52	2.04	9.30

铜矿石中铜、铁、硫是主要的回收对象，这些元素均以独立矿物的形式产出。矿石中黄铜矿的嵌布粒度相对较细，并且含有 9.71% 强磁性、可浮性好的单斜磁黄铁矿及 22% 易泥化的滑石、蛇纹石等矿物。因此，为了更好回收矿石中的铜、铁、硫，建议一方面采用阶段磨矿的方式，以便使目的矿物获得较好的解离效果，又能避免由于细磨造成的泥化现象；另一方面采用先浮选铜，再浮选硫，强化对单斜磁黄铁矿的回收，最后弱磁性回收铁的选矿工艺。由于滑石和蛇纹石的浮游性能好，因此在浮选铜的过程中要强化对滑石及蛇纹石的抑制。

10.3 铅锌矿

10.3.1 矿石的化学组成

矿石的多组分分析结果见表 10-28。Pb、Zn 的品位分别为 0.67% 和 5.93%。

表 10-28 矿石的多组分分析

成分	Pb	Zn	Cu	S	TFe	C	As	SiO_2
含量（质量分数）/%	0.67	5.93	0.015	3.88	2.25	1.71	0.014	65.79

成分	Al_2O_3	CaO	MgO	K_2O	Na_2O	Sb	Au[①]	Ag[①]
含量（质量分数）/%	3.63	7.43	0.22	0.89	0.14	<0.005	<0.10	16.60

①单位为 g/t。

10.3.2 矿石中铅、锌化学物相分析

对 -0.074mm 占 100% 的样品分别进行了铅、锌的化学物相分析，结果见表 10-29 和表 10-30。

表 10-29　铅的化学物相分析

相别	氧化铅	硫化铅	合计
铅含量（质量分数）/%	0.03	0.63	0.66
占有率/%	4.55	95.45	100.00

表 10-30　锌的化学物相分析

相别	氧化锌	硫化锌	合计
锌含量（质量分数）/%	0.03	5.89	5.92
占有率/%	0.51	99.49	100.00

10.3.3　矿石的矿物组成

　　矿石中的铅矿物主要为方铅矿，另有微量的白铅矿；锌矿物为闪锌矿；其他金属矿物主要为白铁矿，另有少量的黄铁矿，偶见褐铁矿、黄铜矿等。非金属矿物主要为石英，其次为方解石，另有少量的高岭石、钾长石、白云母、绿泥石、斜长石、重晶石、锆石、榍石等。矿石中矿物相对含量见表 10-31。

表 10-31　矿石中矿物相对含量

矿物名称	闪锌矿	方铅矿	白铅矿	白铁矿	黄铜矿	石英	方解石
含量（质量分数）/%	8.92	0.74	0.04	1.55	0.04	60.79	14.25
矿物名称	高岭石	钾长石	白云母	绿泥石	斜长石	其他	合计
含量（质量分数）/%	4.27	3.44	2.63	1.53	1.10	0.72	100.00

10.3.4　矿石中重要矿物的嵌布特征

10.3.4.1　闪锌矿

　　闪锌矿是含量最多的金属矿物。通过电子探针对矿石中的闪锌矿进行了分析，结果见表 10-32。根据分析结果可知，闪锌矿比较纯净，含杂较少，部分闪锌矿中含有微量的 Cd 和 Fe，有利于通过浮选获得高品位的锌精矿。

表 10-32　闪锌矿的电子探针分析

序号	元素含量（质量分数）/%				
	Zn	Fe	Cd	S	合计
1	66.54	0.22	0.00	32.82	99.57
2	65.95	0.93	0.04	32.67	99.59
3	65.56	0.27	0.55	32.84	99.22
4	65.45	0.46	0.53	32.73	99.17
5	65.77	0.68	0.95	32.21	99.61
6	65.53	0.36	0.90	32.12	98.91
7	65.67	0.74	0.50	32.48	99.39

序号	元素含量（质量分数）/%				
	Zn	Fe	Cd	S	合计
8	66.36	0.21	0.34	32.03	98.94
9	65.78	0.34	0.50	32.69	99.30
10	65.66	0.27	0.50	32.06	98.48
11	66.16	0.31	0.57	32.26	99.30
12	65.56	0.31	0.22	32.79	98.87
13	66.14	0.14	0.43	32.14	98.84
14	65.86	0.28	0.87	32.26	99.26
15	65.23	0.24	0.58	32.62	98.67
16	65.62	0.16	0.45	32.78	99.01

闪锌矿主要呈不规则状嵌布在脉石矿物的粒间及裂隙中（见图 10-21）。部分闪锌矿与白铁矿的关系紧密（见图 10-22）。有少量的闪锌矿被方铅矿沿周边交代（见图 10-23）。也有少量的闪锌矿呈细粒不规则状分布在脉石中（见图 10-24），这种结构的闪锌矿通过磨矿实现单体解离的难度较大，会造成闪锌矿损失到浮选尾矿中。

图 10-21 闪锌矿呈不规则状嵌布在脉石粒间及裂隙中（光学显微镜，反光）

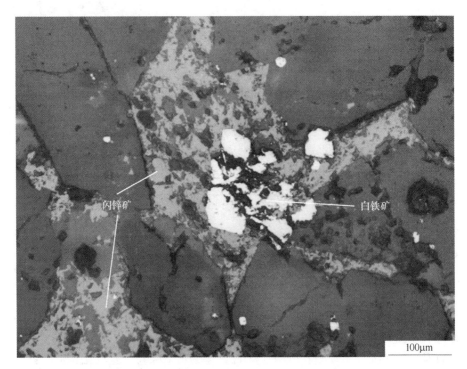

图 10-22 闪锌矿与白铁矿紧密共生（光学显微镜，反光）

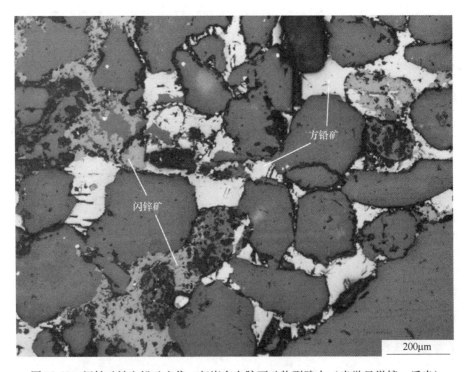

图 10-23 闪锌矿被方铅矿交代一起嵌布在脉石矿物裂隙中（光学显微镜，反光）

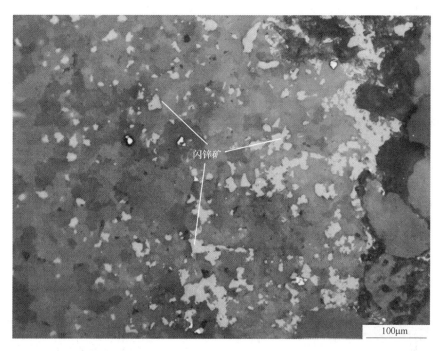

图 10-24　细粒闪锌矿弥散分布在脉石矿物中（光学显微镜，反光）

10.3.4.2　方铅矿

方铅矿是最重要的铅矿物，也是要通过浮选回收的目的矿物。矿石中的方铅矿主要以半自形-他形粒状、不规则状嵌布在脉石矿物的粒间和裂隙中（见图 10-25 和图 10-26）。部分方铅矿与闪锌矿一起嵌布在其他矿物的粒间。

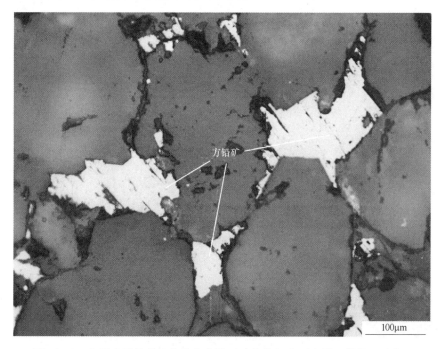

图 10-25　方铅矿呈他形粒状分布在脉石矿物粒间中（光学显微镜，反光）

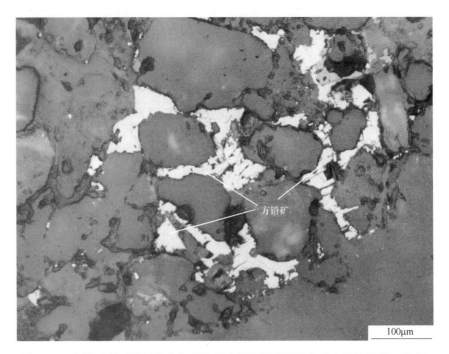

图 10-26　方铅矿呈不规则状分布在脉石矿物粒间及裂隙中（光学显微镜，反光）

10. 3. 4. 3　白铁矿

白铁矿是矿石中主要的硫矿物。白铁矿主要呈不规则状、细脉分布在脉石矿物粒间及裂隙中（见图 10-27 和图 10-28），部分细粒白铁矿弥散分布在脉石矿物中（见图 10-29）。有时可见白铁矿与闪锌矿关系紧密，少量白铁矿交代闪锌矿呈交代残余结构（见图 10-30）。

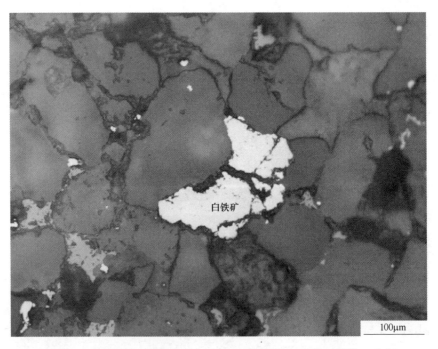

图 10-27　白铁矿呈不规则状嵌布在脉石矿物粒间（光学显微镜，反光）

图 10-28　白铁矿呈细脉状嵌布在脉石矿物粒间（光学显微镜，反光）

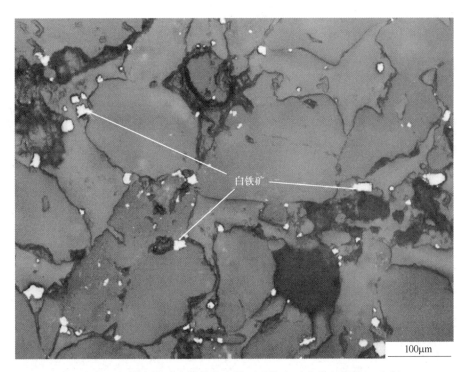

图 10-29　细粒白铁矿弥散分布在脉石矿物中（光学显微镜，反光）

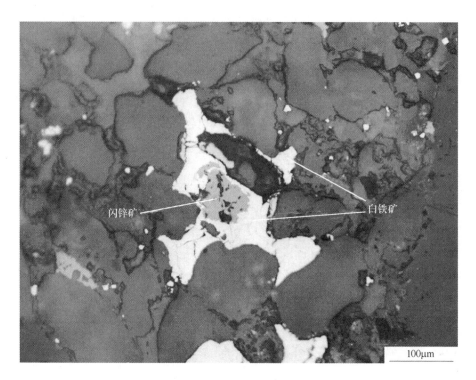

闪锌矿

白铁矿

100μm

图 10-30 白铁矿交代闪锌矿呈交代残余结构（光学显微镜，反光）

10.3.5 矿石中重要矿物的嵌布粒度

利用 MCPAS 对矿石中闪锌矿、方铅矿和白铁矿等重要矿物的嵌布粒度及它们的相对比例进行自动测量，其结果分别见表 10-33 和表 10-34。根据粒度统计结果可知，矿石中闪锌矿、方铅矿、白铁矿的嵌布粒度都比较细，主要以细粒为主。其中闪锌矿的粒度相对偏粗，主要分布在-0.147+0.020mm；方铅矿的粒度主要分布在-0.104+0.020mm；白铁矿的粒度最细，多分布在 0.074mm 以下，其中 0.010mm 以下部分占 12.81%。

表 10-33 矿石中方铅矿、闪锌矿、白铁矿的粒度组成

粒级/mm	分布率/%		
	闪锌矿	方铅矿	白铁矿
-0.833+0.589	0.52	—	—
-0.589+0.500	1.26	—	—
-0.500+0.417	1.38	—	—
-0.417+0.350	2.15	—	—
-0.350+0.295	2.61	—	—
-0.295+0.250	3.46	0.63	0.43

粒级/mm	分布率/%		
	闪锌矿	方铅矿	白铁矿
−0.250+0.208	3.54	1.72	0.92
−0.208+0.180	5.72	2.81	1.36
−0.180+0.147	6.39	3.36	1.92
−0.147+0.130	7.13	4.89	2.83
−0.130+0.104	10.23	6.61	3.73
−0.104+0.090	13.26	7.12	4.81
−0.090+0.074	8.46	8.66	5.98
−0.074+0.060	7.63	9.63	7.73
−0.060+0.043	7.32	11.18	9.66
−0.043+0.030	5.61	13.63	11.03
−0.030+0.020	4.36	10.33	14.42
−0.020+0.015	3.56	8.11	12.51
−0.015+0.010	2.76	7.42	9.86
−0.010+0.005	1.83	3.15	9.49
−0.005	0.82	0.75	3.32
颗粒数（颗）	75084	6430	17673

表 10-34　样品中矿物之间的相对比例

样品名称	相对比例/%		
	闪锌矿	方铅矿	白铁矿
原矿	77.36	7.39	15.25

10.3.6　磨矿产品中重要矿物的解离度

为了了解不同磨矿细度产品中方铅矿、闪锌矿、白铁矿单体解离特征，利用 MCPAS 对方铅矿、闪锌矿、白铁矿的解离度及其相对比例进行自动测量，结果分别见表 10-35 ~ 表 10-39。

根据单体解离度的测定结果可知，当磨矿细度为−0.074mm 占 60% 时，方铅矿、闪锌矿、白铁矿的单体解离度分别为 75.82%、65.28% 和 44.19%，解离都不太理想；随着磨矿细度的增加，当磨矿细度为−0.074mm 占 80% 时，三者的单体解离度都有了明显提升，方铅矿和闪锌矿的单体解离比较充分，分别达到 89.77% 和 83.72%，连生体部分主要为与脉石连生；白铁矿的单体解离度为 75.47%，解离相对较差，连生体部分主要为与脉石的贫连生。

表 10-35 方铅矿的解离度特征

磨矿细度 (−0.074mm)/%	单体/%	连生体/%											
		与闪锌矿				与黄铁矿				与其他			
		≥75%	75%~50%	50%~25%	≤25%	≥75%	75%~50%	50%~25%	≤25%	≥75%	75%~50%	50%~25%	≤25%
60	75.82	1.56	2.48	1.28	0.51	0.93	1.59	1.38	1.94	2.47	3.18	3.03	3.83
70	83.62	1.35	1.62	1.09	0.38	0.74	1.31	1.15	1.52	1.83	2.01	1.83	1.55
80	89.77	0.87	0.92	0.81	0.18	0.52	0.73	0.91	1.02	0.93	1.14	1.28	0.92

表 10-36 闪锌矿的解离度特征

磨矿细度 (−0.074mm)/%	单体/%	连生体/%											
		与方铅矿				与白铁矿				与其他			
		≥75%	75%~50%	50%~25%	≤25%	≥75%	75%~50%	50%~25%	≤25%	≥75%	75%~50%	50%~25%	≤25%
60	65.28	0.42	0.63	0.95	0.57	0.84	0.49	0.91	1.28	6.21	7.38	8.29	6.75
70	79.62	0.31	0.57	0.72	0.39	0.66	0.32	0.75	0.91	4.33	5.02	4.17	2.23
80	83.72	0.19	0.48	0.58	0.27	0.41	0.28	0.46	0.82	2.97	4.31	3.53	1.98

表 10-37 白铁矿的解离度特征

磨矿细度 (−0.074mm)/%	单体/%	连生体/%											
		与方铅矿				与闪锌矿				与其他			
		≥75%	75%~50%	50%~25%	≤25%	≥75%	75%~50%	50%~25%	≤25%	≥75%	75%~50%	50%~25%	≤25%
60	44.19	0.38	0.71	0.43	0.37	2.81	3.94	2.55	2.04	4.31	5.62	14.39	18.26
70	71.24	0.29	0.62	0.34	0.31	1.52	2.19	1.04	0.98	1.92	2.37	6.33	10.85
80	75.47	0.25	0.58	0.26	0.14	1.36	1.83	0.92	0.75	1.51	1.83	5.19	9.91

表 10-38 样品中目的矿物的粒度组成

粒级/mm	闪锌矿/%			方铅矿/%			黄铁矿/%		
	-0.074mm占60%	-0.074mm占70%	-0.074mm占80%	-0.074mm占60%	-0.074mm占70%	-0.074mm占80%	-0.074mm占60%	-0.074mm占70%	-0.074mm占80%
-0.180+0.147	2.36	0.29	—	—	—	—	—	—	—
-0.147+0.130	3.98	2.06	0.37	—	—	—	—	—	—
-0.130+0.104	6.58	4.53	1.54	1.62	—	—	0.64	—	—
-0.104+0.090	10.61	8.17	4.35	2.14	0.63	0.12	2.75	1.34	0.26
-0.090+0.074	13.64	10.68	8.19	6.41	2.63	1.86	4.81	2.62	1.89
-0.074+0.060	14.36	12.67	10.23	16.32	13.65	8.36	10.99	8.86	5.93
-0.060+0.043	18.82	21.39	23.46	19.36	15.21	11.44	16.68	13.92	11.17
-0.043+0.030	11.36	13.68	16.71	24.27	28.84	31.39	23.16	24.78	26.77
-0.030+0.020	8.67	10.58	12.44	13.43	17.46	19.43	13.02	15.58	18.03
-0.020+0.015	4.43	6.11	8.69	8.16	9.52	11.81	11.98	13.26	12.62
-0.015+0.010	3.35	5.59	7.71	4.95	6.86	8.13	7.48	8.12	10.38
-0.010+0.005	1.36	2.82	3.95	2.46	3.53	4.87	5.61	6.87	7.26
-0.005	0.48	1.43	2.36	0.88	1.67	2.59	2.88	4.65	5.69
颗粒数（颗）	31720	33692	35545	3907	4052	4286	12854	13038	13962

表 10-39 样品中矿物之间的相对比例

样品	相对比例/%		
	闪锌矿	方铅矿	白铁矿
-0.074mm 占 60%	78.79	7.05	14.16
-0.074mm 占 70%	79.01	6.98	14.01
-0.074mm 占 80%	78.82	7.56	13.62

矿石中方铅矿和闪锌矿的嵌布粒度细,需要细磨才能取得较好的解离效果。同时考虑到矿石中金属矿物的含量少,且方铅矿性脆、易碎,可以考虑阶段磨矿的方式进行磨矿,避免过磨并使目的矿物取得较好的解离效果,有利于通过浮选获得较好的回收指标。

10.4 选矿流程产品检查

某铅锌矿石中金属矿物主要为闪锌矿、方铅矿和黄铁矿等,非金属矿物主要为石英、长石和云母等。为评价现场选矿工艺的合理性,利用 MCPAS 对其生产流程(见图 10-31)中重要环节产品(溢流、铅精矿、铅精一尾、铅扫一泡、铅尾 1、锌精矿、锌精一尾、锌扫一泡、锌尾矿)中闪锌矿、方铅矿的解离度和粒度进行了自动测量。

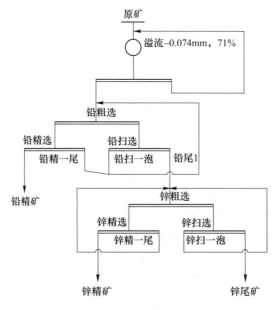

图 10-31 选矿工艺原则流程图

10.4.1 溢流样

该溢流样的细度为-0.074mm 占 71%,其中铅品位为 0.78%,锌品位为 3.33%。铅矿物主要为方铅矿;锌矿物为闪锌矿,其他金属矿物主要为黄铁矿。脉石矿物主要为白云石,其次为重晶石,少量的石英、白云母、长石等。

样品中闪锌矿以单体为主(见图 10-32)。连生体部分主要与脉石矿物连生(见图 10-33),

其次与方铅矿连生（见图 10-34），少量的闪锌矿与黄铁矿等其他矿物连生产出。闪锌矿的粒度主要集中在-0.043+0.015mm。

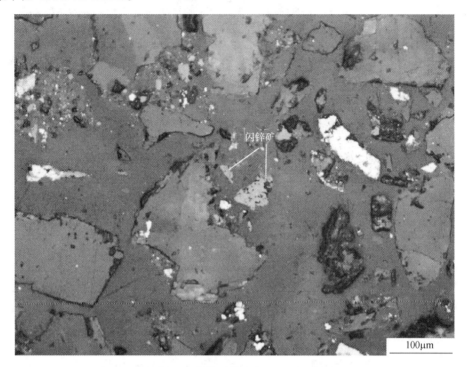

图 10-32　闪锌矿呈单体形式产出（光学显微镜，反光）

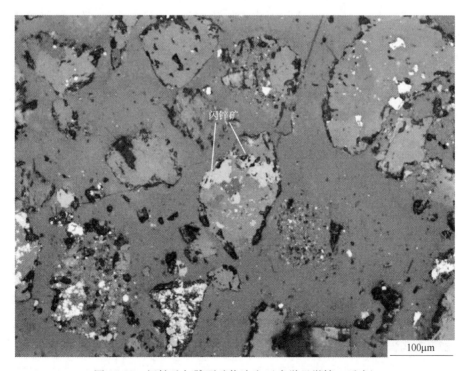

图 10-33　闪锌矿与脉石矿物连生（光学显微镜，反光）

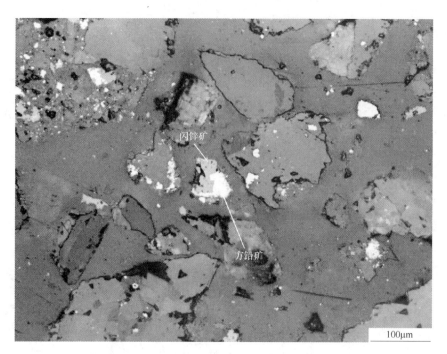

图 10-34 闪锌矿与方铅矿连生（光学显微镜，反光）

方铅矿主要以单体形式产出（见图 10-35）。呈连生体形式产出的方铅矿主要与闪锌矿连生（见图 10-36），部分方铅矿与脉石矿物连生产出（见图 10-37），少量方铅矿与黄铁矿等矿物连生产出。方铅矿的粒度大部分分布在−0.030+0.010mm。

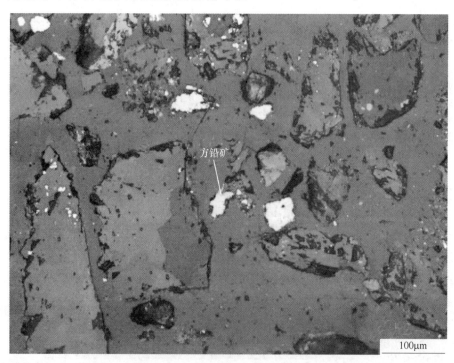

图 10-35 方铅矿呈单体形式产出（光学显微镜，反光）

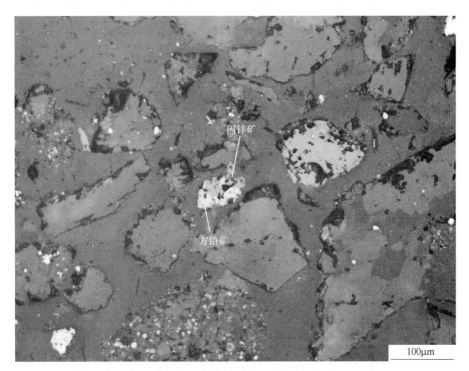

图 10-36　方铅矿与闪锌矿连生（光学显微镜，反光）

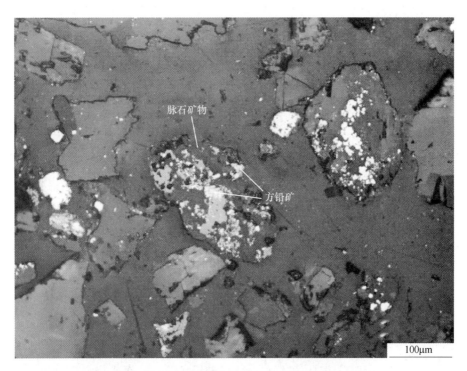

图 10-37　方铅矿与脉石矿物连生（光学显微镜，反光）

溢流产品中方铅矿和闪锌矿的解离度及粒度特征见表 10-40～表 10-42。研究结果表明，该溢流样中方铅矿、闪锌矿的解离度分别为 67.82% 和 63.15%，解离效果较差。在 +0.020mm 粒级中，方铅矿、闪锌矿的占有率分别为 57.62% 和 76.20%。

表 10-40　溢流样品中闪锌矿解离度

单体/%	连生体/%							
	与方铅矿				与其他			
	≥75%	75%~50%	50%~25%	≤25%	≥75%	75%~50%	50%~25%	≤25%
63.15	1.35	1.14	0.64	0.27	11.57	9.63	6.64	5.61

表 10-41　溢流样品中方铅矿解离度

单体/%	连生体/%							
	与闪锌矿				与其他			
	≥75%	75%~50%	50%~25%	≤25%	≥75%	75%~50%	50%~25%	≤25%
67.82	6.39	2.89	1.35	12.12	4.62	1.25	2.28	1.28

表 10-42　溢流样品中闪锌矿、方铅矿的粒度组成

粒级/mm	占有率/%	
	闪锌矿	方铅矿
-0.180+0.147	0.84	
-0.147+0.130	1.63	
-0.130+0.104	3.84	
-0.104+0.090	6.85	1.25
-0.090+0.074	8.53	2.28
-0.074+0.060	9.44	5.53
-0.060+0.043	10.54	7.62
-0.043+0.030	9.89	16.28
-0.030+0.020	24.64	24.67
-0.020+0.015	12.53	15.31
-0.015+0.010	7.43	14.83
-0.010+0.005	2.68	7.31
-0.005	1.16	4.92
颗粒数（颗）	23160	22800

10.4.2　铅精矿

铅精矿中铅品位为 59.11%，锌品位为 6.06%。金属矿物主要为方铅矿，其次为闪锌矿、黄铁矿、灰硫砷锑铅矿、斜硫砷铅矿、维硫砷铅矿等。脉石矿物大部分为白云石，少量为重晶石。

　　方铅矿主要呈单体形式产出（见图 10-38），这部分方铅矿的占有率达 90.82%；5.47%的方铅矿与闪锌矿连生产出（见图 10-39）；另有少量的方铅矿以与脉石矿物、黄铁矿等连生的形式产出。方铅矿的粒度大部分分布在−0.020+0.010mm。

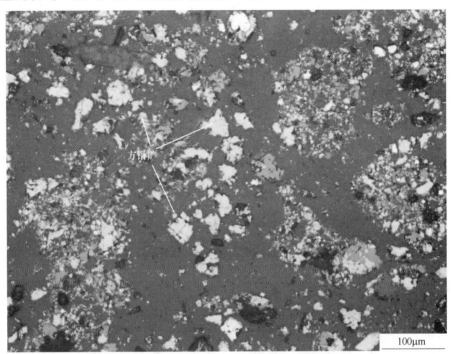

图 10-38　方铅矿呈单体形式产出（光学显微镜，反光）

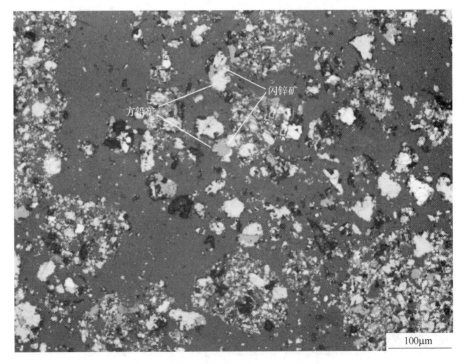

图 10-39　方铅矿与闪锌矿连生（光学显微镜，反光）

闪锌矿主要与方铅矿连生的形式混入该铅精矿中（见图10-40），部分闪锌矿呈单体形式产出（见图10-41），有时可见闪锌矿与黄铁矿连生产出，少量闪锌矿与脉石矿物连生产出。闪锌矿的粒度主要集中在-0.030+0.010mm。

图 10-40 闪锌矿与方铅矿连生（光学显微镜，反光）

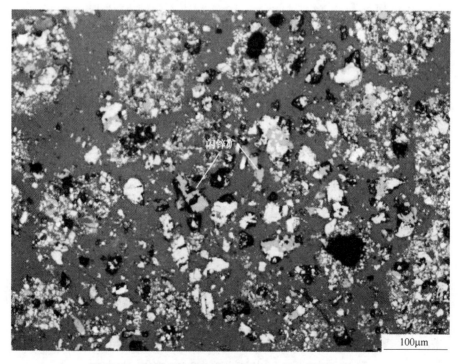

图 10-41 闪锌矿呈单体形式产出（光学显微镜，反光）

　　黄铁矿主要以单体形式混入该铅精矿中（见图 10-42），部分黄铁矿以与方铅矿连生的形式产出（见图 10-43），偶见黄铁矿与脉石矿物连生。

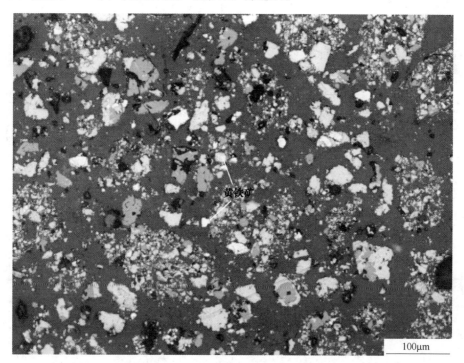

图 10-42　黄铁矿呈单体形式产出（光学显微镜，反光）

图 10-43　黄铁矿与方铅矿连生（光学显微镜，反光）

脉石矿物大部分以与方铅矿连生的形式产出（见图 10-44）；少量脉石矿物呈单体形式产出。

图 10-44 脉石矿物与方铅矿连生（光学显微镜，反光）

铅精矿中方铅矿和闪锌矿的解离度及粒度特征见表 10-43～表 10-45。研究结果表明，混入该铅精矿中的闪锌矿大部分与方铅矿连生产出，因此若要实现这部分方铅矿与闪锌矿的分离，需提高磨矿细度。此外，混入该铅精矿中的黄铁矿主要呈单体形式，因此应加强对这部分单体黄铁矿的抑制，进而提高铅精矿的品位。

表 10-43 铅精矿样品中闪锌矿解离度

单体/%	连生体/%							
	与方铅矿				与其他			
	≥75%	75%~50%	50%~25%	≤25%	≥75%	75%~50%	50%~25%	≤25%
42.21	12.84	15.18	11.24	8.89	6.51	1.35	1.14	0.64

表 10-44 铅精矿样品中方铅矿解离度

单体/%	连生体/%							
	与闪锌矿				与其他			
	≥75%	75%~50%	50%~25%	≤25%	≥75%	75%~50%	50%~25%	≤25%
90.82	2.35	1.85	0.83	0.44	2.02	0.23	0.99	0.47

表 10-45　铅精矿样品中闪锌矿、方铅矿的粒度组成

粒级/mm	占有率/%	
	闪锌矿	方铅矿
-0.074+0.060	1.94	1.63
-0.060+0.043	5.03	5.54
-0.043+0.030	9.53	11.12
-0.030+0.020	34.08	15.12
-0.020+0.015	18.67	31.22
-0.015+0.010	14.68	19.06
-0.010+0.005	11.71	10.14
-0.005	4.36	6.17
颗粒数（颗）	3591	29300

10.4.3　铅精一尾

　　铅精一尾中铅品位为 2.93%，锌品位为 17.45%。金属矿物主要为黄铁矿和闪锌矿，其次为方铅矿。脉石矿物大部分为白云石，少量为重晶石。

　　铅精一尾产品中方铅矿和闪锌矿的解离度及粒度特征见表 10-46~表 10-48。

表 10-46　铅精一尾样品中闪锌矿解离度

单体/%	连生体/%							
	与方铅矿				与其他			
	≥75%	75%~50%	50%~25%	≤25%	≥75%	75%~50%	50%~25%	≤25%
70.55	4.23	3.17	2.94	1.83	5.73	4.71	4.08	2.76

表 10-47　铅精一尾样品中方铅矿解离度

单体/%	连生体/%							
	与闪锌矿				与其他			
	≥75%	75%~50%	50%~25%	≤25%	≥75%	75%~50%	50%~25%	≤25%
23.85	7.53	9.49	16.42	12.21	3.42	5.17	8.67	13.24

表 10-48　铅精一尾样品中闪锌矿、方铅矿的粒度组成

粒级/mm	闪锌矿	方铅矿
	分布率/%	分布率/%
-0.147+0.130	1.97	—
-0.130+0.104	2.42	—
-0.104+0.090	3.96	—
-0.090+0.074	6.25	—
-0.074+0.060	7.73	2.67

续表 10-48

粒级/mm	闪锌矿	方铅矿
	分布率/%	分布率/%
-0.060+0.043	5.26	4.74
-0.043+0.030	18.71	9.83
-0.030+0.020	21.18	14.28
-0.020+0.015	11.02	25.72
-0.015+0.010	14.88	19.23
-0.010+0.005	4.57	18.16
-0.005	2.05	5.37
颗粒数（颗）	25670	1241

方铅矿主要以与闪锌矿连生的形式损失在该产品中（见图 10-45），这部分方铅矿的占有率为 45.65%；其次方铅矿以与脉石矿物连生的形式产出（见图 10-46）；少量方铅矿以单体形式产出（见图 10-47）；另有少量与黄铁矿等矿物连生产出（见图 10-48）。方铅矿的粒度大部分分布在-0.020+0.005mm。

图 10-45 方铅矿与闪锌矿连生（光学显微镜，反光）

闪锌矿主要以单体形式产出（见图 10-49）。连生体部分主要与脉石矿物连生（见图 10-50），其次以方铅矿连生的形式产出（见图 10-51）；少量闪锌矿与黄铁矿连生（见图 10-52）。闪锌矿的粒度主要集中在-0.043+0.010mm。

图 10-46 方铅矿与脉石矿物连生（光学显微镜，反光）

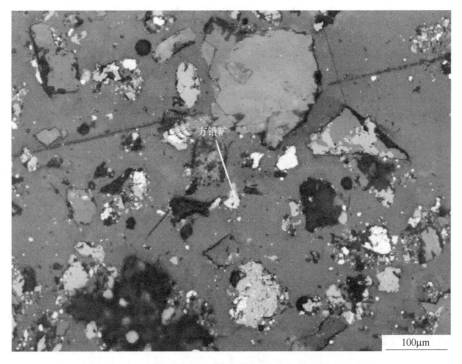

图 10-47 方铅矿呈单体形式产出（光学显微镜，反光）

图 10-48 方铅矿与黄铁矿连生（光学显微镜，反光）

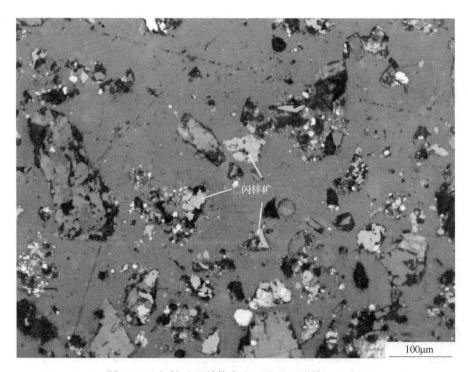

图 10-49 闪锌矿呈单体产出（光学显微镜，反光）

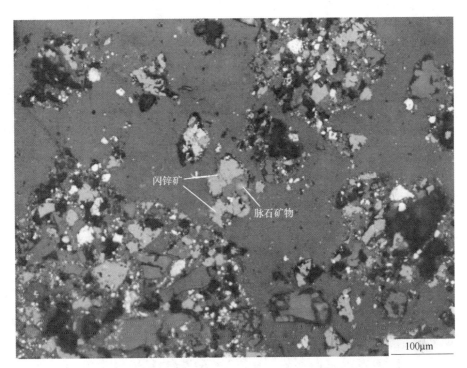

图 10-50 闪锌矿以与脉石矿物连生形式产出（光学显微镜，反光）

图 10-51 闪锌矿与方铅矿连生（光学显微镜，反光）

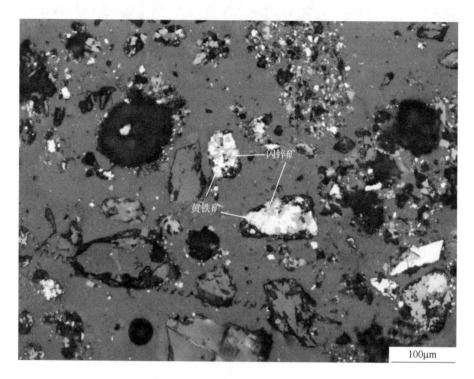

图 10-52 闪锌矿与黄铁矿连生（光学显微镜，反光）

10.4.4 铅扫一泡

铅扫一泡中铅品位为 11.55%，锌品位为 25.49%。金属矿物主要为黄铁矿和闪锌矿，其次为方铅矿。脉石矿物大部分为白云石，少量为重晶石。

铅扫一泡中方铅矿和闪锌矿的解离度及粒度特征见表 10-49~表 10-51。

表 10-49　铅扫一泡样品中闪锌矿解离度

单体/%	连生体/%							
	与方铅矿				与其他			
	≥75%	75%~50%	50%~25%	≤25%	≥75%	75%~50%	50%~25%	≤25%
39.76	14.31	13.15	6.85	6.05	7.53	3.16	3.05	6.14

表 10-50　铅扫一泡样品中方铅矿解离度

单体/%	连生体/%							
	与闪锌矿				与其他			
	≥75%	75%~50%	50%~25%	≤25%	≥75%	75%~50%	50%~25%	≤25%
62.59	5.04	5.73	4.51	3.06	6.19	5.68	4.59	2.61

表 10-51 铅扫一泡样品中闪锌矿、方铅矿的粒度组成

粒级/mm	分布率/%	
	闪锌矿	方铅矿
−0.104+0.090	1.26	—
−0.090+0.074	3.05	—
−0.074+0.060	4.87	2.07
−0.060+0.043	9.55	5.43
−0.043+0.030	20.34	16.05
−0.030+0.020	19.72	23.16
−0.020+0.015	15.71	16.04
−0.015+0.010	14.38	19.25
−0.010+0.005	6.49	11.32
−0.005	4.63	6.68
颗粒数（颗）	12187	37970

样品中方铅矿主要以单体形式产出（见图 10-53），呈连生体形式产出的方铅矿主要与脉石矿物和闪锌矿连生（见图 10-54 和图 10-55）；少量方铅矿以与黄铁矿等矿物连生形式产出（见图 10-56）。方铅矿的粒度大部分分布在−0.043+0.010mm。

图 10-53 方铅矿呈单体形式产出（光学显微镜，反光）

图 10-54 方铅矿与闪锌矿连生（光学显微镜，反光）

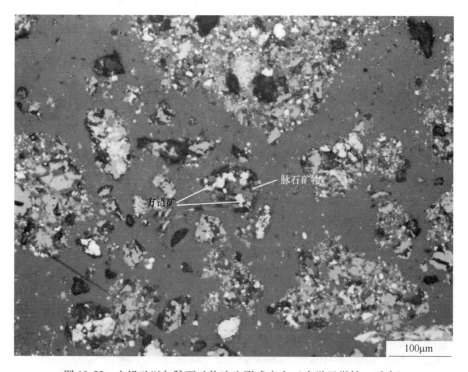

图 10-55 方铅矿以与脉石矿物连生形式产出（光学显微镜，反光）

图 10-56　方铅矿与黄铁矿连生（光学显微镜，反光）

闪锌矿主要以与方铅矿形式连生产出（见图 10-57），其次以单体形式产出（见图 10-58），部分闪锌矿以与脉石矿物、黄铁矿等连生的形式产出（见图 10-59 和图 10-60）。闪锌矿的粒度主要集中在−0.043+0.010mm。

图 10-57　闪锌矿与方铅矿连生（光学显微镜，反光）

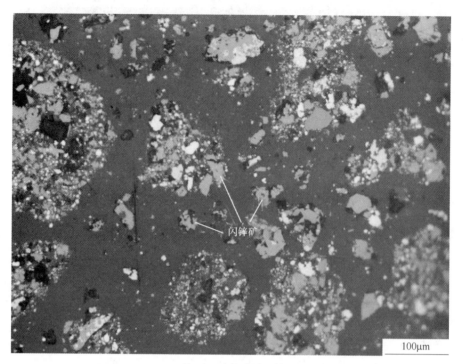

图 10-58 闪锌矿呈单体形式产出（光学显微镜，反光）

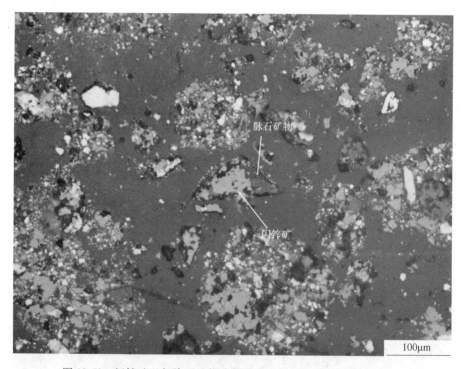

图 10-59 闪锌矿以与脉石矿物连生形式产出（光学显微镜，反光）

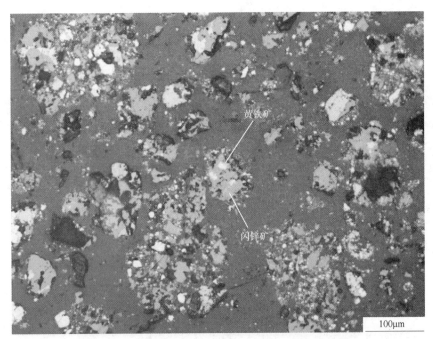

图 10-60　闪锌矿与黄铁矿连生（光学显微镜，反光）

10.4.5　铅尾 1

铅尾 1 中铅品位为 0.33%，锌品位为 3.06%。金属矿物主要为黄铁矿，其次为闪锌矿，少量方铅矿。脉石矿物大部分为白云石，少量为重晶石。

方铅矿主要以与脉石矿物连生的形式损失在该尾矿中（见图 10-61），部分方铅矿与闪

图 10-61　方铅矿与脉石矿物以连生体形式产出（光学显微镜，反光）

锌矿连生产出（见图 10-62），这部分方铅矿的占有率为 24.01%。以单体形式产出的方铅矿占有率为 25.11%（见图 10-63），少量的方铅矿与黄铁矿连生产出。方铅矿的粒度分布在 -0.043mm。

图 10-62　方铅矿与闪锌矿连生（光学显微镜，反光）

图 10-63　方铅矿呈单体形式产出（光学显微镜，反光）

闪锌矿大部分以单体形式产出（见图10-64），其占有率为7.73%；其次以与方铅矿连生的形式存在（见图10-65）；少量以与黄铁矿及脉石矿物连生的形式存在（见图10-66和图10-67）。闪锌矿的粒度主要集中在−0.060+0.015mm。

图 10-64 闪锌矿呈单体形式产出（光学显微镜，反光）

图 10-65 闪锌矿与方铅矿连生（光学显微镜，反光）

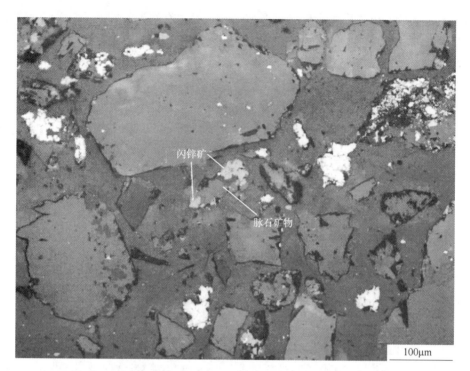

图 10-66 闪锌矿以与脉石矿物连生体产出（光学显微镜，反光）

图 10-67 闪锌矿与黄铁矿连生（光学显微镜，反光）

铅尾 1 中方铅矿和闪锌矿的解离度及粒度特征见表 10-52 ~ 表 10-54。研究结果表明，损失在该尾矿中的方铅矿有部分单体，连生体中以富连生体为主，强化这部分方铅矿的回收，能够降低铅的损失。

表 10-52 铅尾 1 样品中闪锌矿解离度

单体/%	连生体/%							
	与方铅矿				与其他			
	≥75%	75%~50%	50%~25%	≤25%	≥75%	75%~50%	50%~25%	≤25%
79.73	4.32	2.16	1.32	0.51	3.38	3.22	2.44	2.92

表 10-53 铅尾 1 样品中方铅矿解离度

单体/%	连生体/%							
	与闪锌矿				与其他			
	≥75%	75%~50%	50%~25%	≤25%	≥75%	75%~50%	50%~25%	≤25%
25.11	8.64	6.31	5.32	3.74	21.63	15.42	9.11	4.72

表 10-54 铅尾 1 样品中闪锌矿、方铅矿的粒度组成

粒级/mm	分布率/%	
	闪锌矿	方铅矿
-0.147+0.130	1.38	—
-0.130+0.104	2.35	—
-0.104+0.090	3.48	—
-0.090+0.074	7.52	—
-0.074+0.060	10.64	—
-0.060+0.043	12.27	—
-0.043+0.030	16.18	10.74
-0.030+0.020	20.04	22.89
-0.020+0.015	11.63	20.45
-0.015+0.010	8.16	28.19
-0.010+0.005	4.21	11.25
-0.005	2.14	6.48
颗粒数（颗）	6610	2673

10.4.6 锌精矿

锌精矿中铅品位为 1.98%，锌品位为 46.27%。金属矿物主要为闪锌矿，其次为黄铁矿，少量方铅矿、灰硫砷锑铅矿、斜硫砷铅矿、维硫砷铅矿等。脉石矿物大部分为白云石，少量为重晶石。

闪锌矿以单体形式产出为主（见图 10-68），其占有率为 87.85%；其次以与脉石矿物、

方铅矿及黄铁矿等连生的形式产出（见图 10-69～图 10-71）。闪锌矿的粒度主要集中在
−0.043+0.010mm。

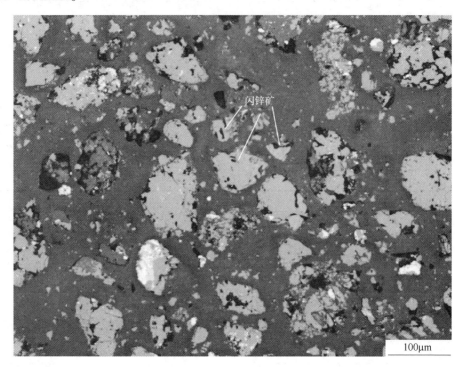

图 10-68 闪锌矿呈单体形式产出（光学显微镜，反光）

图 10-69 闪锌矿与脉石矿物以连生体形式产出（光学显微镜，反光）

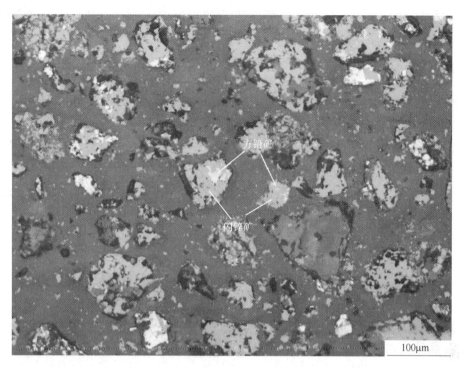

图 10-70 闪锌矿与方铅矿连生（光学显微镜，反光）

图 10-71 闪锌矿与黄铁矿连生（光学显微镜，反光）

方铅矿主要以与闪锌矿连生的形式产出（见图 10-72），其次以单体形式存在，少量方铅矿以与脉石矿物、黄铁矿等连生的形式产出（见图 10-73 和图 10-74）。方铅矿的粒度主要集中在-0.020+0.010mm。

图 10-72 方铅矿与闪锌矿呈连生体形式产出（光学显微镜，反光）

图 10-73 方铅矿与黄铁矿连生（光学显微镜，反光）

图 10-74 方铅矿以与脉石矿物连生体产出（光学显微镜，反光）

　　黄铁矿大部分以与闪锌矿连生的形式混入该锌精矿中（见图 10-75）；少量黄铁矿呈单体形式产出（见图 10-76）。

图 10-75 黄铁矿与闪锌矿连生（光学显微镜，反光）

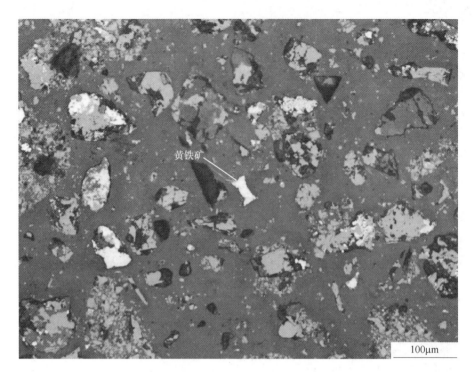

图 10-76 黄铁矿呈单体形式产出（光学显微镜，反光）

脉石矿物主要以与闪锌矿连生的形式混入该精矿中（见图 10-77）。

图 10-77 脉石矿物与闪锌矿连生产出（光学显微镜，反光）

锌精矿中方铅矿、闪锌矿的解离度及粒度特征见表10-55~表10-57。研究结果表明，混入该锌精矿中的杂质矿物大部分与闪锌矿连生产出，因此若进一步提高锌精矿品位，增加磨矿细度是必不可少的。此外，该产品中部分闪锌矿中包裹微粒黄铁矿、方铅矿，且嵌布关系复杂，这部分闪锌矿难以通过磨矿实现解离，进而影响锌精矿品位。

表 10-55　锌精矿样品中闪锌矿解离度

单体/%	连生体/%							
	与方铅矿				与其他			
	≥75%	75%~50%	50%~25%	≤25%	≥75%	75%~50%	50%~25%	≤25%
87.85	1.24	0.73	0.41	0.13	3.98	3.06	1.80	0.80

表 10-56　锌精矿样品中方铅矿解离度

单体/%	连生体/%							
	与闪锌矿				与其他			
	≥75%	75%~50%	50%~25%	≤25%	≥75%	75%~50%	50%~25%	≤25%
45.35	7.41	5.36	14.18	23.16	1.21	1.83	0.49	1.01

表 10-57　锌精矿样品中闪锌矿、方铅矿的粒度组成

粒级/mm	占有率/%	
	闪锌矿	方铅矿
-0.147+0.130	1.23	
-0.130+0.104	2.48	
-0.104+0.090	6.45	
-0.090+0.074	7.27	
-0.074+0.060	7.31	
-0.060+0.043	9.38	2.04
-0.043+0.030	11.62	8.31
-0.030+0.020	13.11	17.38
-0.020+0.015	19.36	36.57
-0.015+0.010	10.12	21.38
-0.010+0.005	7.41	12.18
-0.005	4.26	2.14
颗粒数（颗）	32510	4160

10.4.7　锌精一尾

锌精一尾中铅品位为1.83%，锌品位为18.34%。金属矿物主要为闪锌矿、黄铁矿，少量方铅矿。脉石矿物大部分为白云石，少量为重晶石。

锌精一尾中方铅矿、闪锌矿的解离度及粒度特征见表10-58~表10-60。

表 10-58 锌精一尾样品中闪锌矿解离度

单体/%	连生体/%							
	与方铅矿				与其他			
	≥75%	75%~50%	50%~25%	≤25%	≥75%	75%~50%	50%~25%	≤25%
48.32	0.00	0.00	0.21	0.15	13.55	14.20	12.90	10.67

表 10-59 锌精一尾样品中方铅矿解离度

单体/%	连生体/%							
	与闪锌矿				与其他			
	≥75%	75%~50%	50%~25%	≤25%	≥75%	75%~50%	50%~25%	≤25%
14.89	0.42	4.21	14.49	41.83	1.20	1.11	3.08	18.77

表 10-60 锌精一尾样品中闪锌矿、方铅矿的粒度组成

粒级/mm	分布率/%	
	闪锌矿	方铅矿
-0.180+0.147	2.41	—
-0.147+0.130	3.56	—
-0.130+0.104	5.83	—
-0.104+0.090	5.02	—
-0.090+0.074	6.52	—
-0.074+0.060	7.19	—
-0.060+0.043	7.36	2.54
-0.043+0.030	16.63	3.61
-0.030+0.020	13.42	4.63
-0.020+0.015	11.71	8.06
-0.015+0.010	11.72	26.31
-0.010+0.005	4.99	44.19
-0.005	3.64	10.66
颗粒数（颗）	29757	2706

闪锌矿主要以与脉石矿物和黄铁矿连生的形式产出（见图 10-78 和图 10-79）；其次呈单体形式（见图 10-80），其占有率为 48.32%。闪锌矿的粒度主要集中在-0.043+0.010mm。

方铅矿主要以与闪锌矿连生的形式产出，其次以与脉石矿物、黄铁矿等连生的形式产出，少量方铅矿以单体形式存在。方铅矿的粒度主要集中在-0.015+0.005mm。

10.4.8 锌扫一泡

锌扫一泡中铅品位为 1.93%，锌品位为 14.77%。金属矿物主要为闪锌矿、黄铁矿，少量方铅矿；脉石矿物大部分为白云石，少量为重晶石。

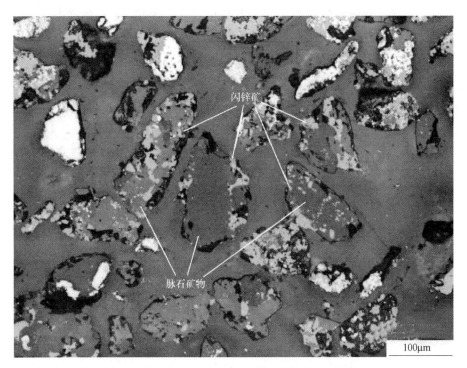

图 10-78　闪锌矿与脉石矿物以连生体形式产出（光学显微镜，反光）

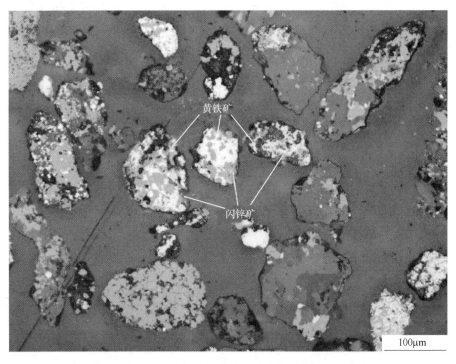

图 10-79　闪锌矿与黄铁矿连生（光学显微镜，反光）

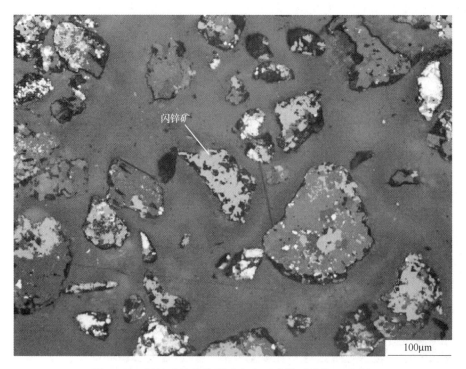

图 10-80 闪锌矿呈单体形式产出（光学显微镜，反光）

锌扫一泡产品中方铅矿、闪锌矿的解离度及粒度特征见表 10-61~表 10-63。

表 10-61 锌扫一泡样品中闪锌矿解离度

单体/%	连生体/%							
	与方铅矿				与其他			
	≥75%	75%~50%	50%~25%	≤25%	≥75%	75%~50%	50%~25%	≤25%
58.61	0.00	0.00	2.42	1.14	7.95	10.65	7.39	11.84

表 10-62 锌扫一泡样品中方铅矿解离度

单体/%	连生体/%							
	与闪锌矿				与其他			
	≥75%	75%~50%	50%~25%	≤25%	≥75%	75%~50%	50%~25%	≤25%
18.06	2.43	4.52	16.82	33.73	6.28	8.77	3.35	6.04

表 10-63 锌扫一泡样品中闪锌矿、方铅矿的粒度组成

粒级/mm	分布率/%	
	闪锌矿	方铅矿
-0.180+0.147	2.16	—
-0.147+0.130	3.73	—
-0.130+0.104	4.17	—

粒级/mm	分布率/%	
	闪锌矿	方铅矿
-0.104+0.090	5.03	—
-0.090+0.074	5.88	1.09
-0.074+0.060	7.01	2.81
-0.060+0.043	9.36	5.24
-0.043+0.030	11.89	9.24
-0.030+0.020	15.47	10.25
-0.020+0.015	12.65	15.62
-0.015+0.010	10.17	26.64
-0.010+0.005	7.72	20.84
-0.005	4.76	8.27
颗粒数（颗）	25188	3627

　　闪锌矿主要呈单体形式（见图 10-81），其占有率为 58.61%；其次以与脉石矿物连生的形式产出（见图 10-82）；少量的闪锌矿与方铅矿、黄铁矿等连生（见图 10-83）。闪锌矿的粒度主要集中在-0.043+0.010mm。

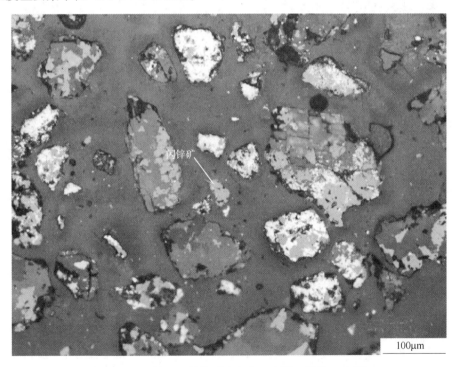

闪锌矿

100μm

图 10-81　闪锌矿呈单体形式产出（光学显微镜，反光）

　　方铅矿主要以与闪锌矿连生的形式产出，其次以与脉石矿物、黄铁矿等连生的形式产出，少量方铅矿以单体形式存在。方铅矿的粒度主要集中在-0.015+0.005mm。

100μm

图 10-82　闪锌矿与脉石矿物呈连生体形式产出（光学显微镜，反光）

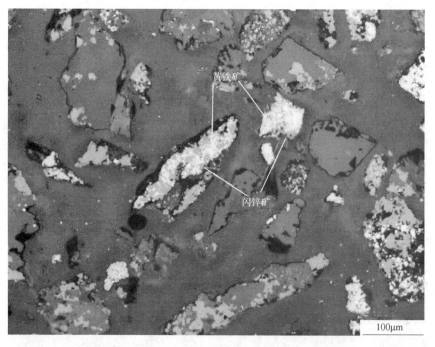

100μm

图 10-83　闪锌矿与黄铁矿连生（光学显微镜，反光）

10.4.9　锌尾矿

锌尾矿中铅品位为 0.33%，锌品位为 0.40%。金属矿物主要为黄铁矿，少量闪锌矿和方铅矿。脉石矿物大部分为白云石，少量为重晶石。

方铅矿主要以与脉石矿物连生的形式损失在该尾矿中（见图 10-84），这部分方铅矿的占有率为 67.26%；部分方铅矿呈单体形式产出，少量方铅矿与闪锌矿、黄铁矿连生产出（见图 10-85）。方铅矿的粒度主要集中在−0.043+0.010mm。

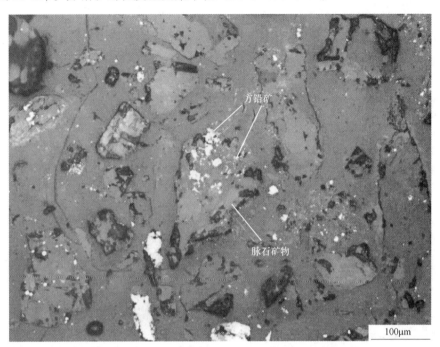

图 10-84　方铅矿与脉石矿物呈连生体形式产出（光学显微镜，反光）

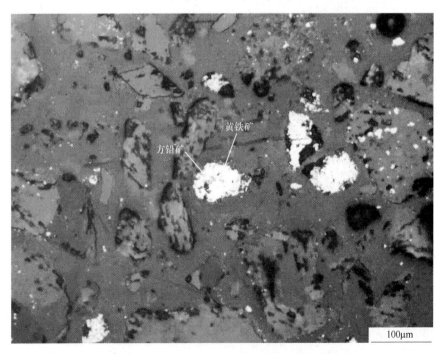

图 10-85　方铅矿与黄铁矿连生（光学显微镜，反光）

闪锌矿主要以与脉石矿物连生的形式损失在该尾矿中（见图10-86），这部分闪锌矿的占有率为79.34%；部分闪锌矿与黄铁矿连生（见图10-87）或以单体形式产出。闪锌矿的粒度主要集中在-0.060+0.010mm。

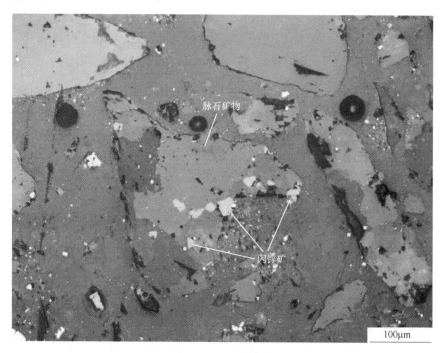

图 10-86　闪锌矿以与脉石矿物呈连生体产出（光学显微镜，反光）

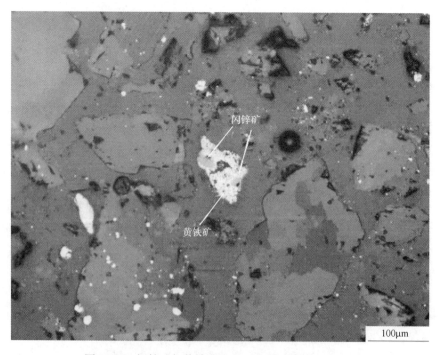

图 10-87　闪锌矿与黄铁矿连生（光学显微镜，反光）

锌尾矿中方铅矿和闪锌矿的解离度及粒度特征见表10-64～表10-66。研究结果表明，损失在该尾矿中的方铅矿、闪锌矿虽然单体较少，但有相当一部分与脉石呈富连生体的形式存在，且粒度较粗。因此，通过增加原矿的磨矿细度，提升方铅矿、闪锌矿的单体解离度，是可以进一步提高铅锌回收率的。

表10-64 锌尾样品中闪锌矿解离度

单体/%	连生体/%							
	与方铅矿				与其他			
	≥75%	75%～50%	50%～25%	≤25%	≥75%	75%～50%	50%～25%	≤25%
20.57	0.05	0.04	0.00	0.00	12.90	15.95	23.93	26.56

表10-65 锌尾样品中方铅矿解离度

单体/%	连生体/%							
	与闪锌矿				与其他			
	≥75%	75%～50%	50%～25%	≤25%	≥75%	75%～50%	50%～25%	≤25%
18.29	0.00	0.00	7.84	6.61	5.23	6.26	24.32	31.45

表10-66 锌尾样品中闪锌矿、方铅矿的粒度组成

粒级/mm	占有率/%	
	闪锌矿	方铅矿
-0.074+0.060	5.53	4.16
-0.060+0.043	13.21	12.52
-0.043+0.030	25.75	21.34
-0.030+0.020	14.62	23.36
-0.020+0.015	15.82	13.97
-0.015+0.010	13.18	12.61
-0.010+0.005	9.35	7.93
-0.005	2.54	4.11
颗粒数（颗）	3525	2100

通过对该铅锌矿选矿生产中9个产品的系统研究，发现溢流样品中闪锌矿和方铅矿的单体解离度均只有60几个百分点，解离不够充分；此外，锌尾矿中闪锌矿和方铅矿的单体解离度仅为20%左右，其粒度有一半分布在+0.020mm。造成目前现场选矿生产指标不佳的根本原因是原矿磨矿细度不够，致使目的矿物解离不充分。可见，进一步提高原矿磨矿细度，强化铅锌浮选，是可以减少尾矿中铅锌的损失，从而提高选矿回收指标。

11 自动扫描电子显微镜应用

由于稀贵金属矿有价元素品位低、有用矿物嵌布粒度细,利用常规手段很难发现有用矿物并进行有代表性的统计计算,因此基于扫描电子显微镜的矿物自动分析系统进行稀贵金属矿工艺矿物学研究显得十分重要。通过放大 400~500 倍,甚至 1000 倍在扫描电子显微镜下进行面扫描,可以发现一定数量的稀贵金属矿物,并原位分析其化学组成、测量矿物颗粒粒度大小及面积,计算它们之间的相对百分比,研究稀贵金属元素的赋存状态。

11.1 金矿

11.1.1 矿石的化学组成

矿石的多组分化学分析结果见表 11-1。

表 11-1 矿石的多组分化学分析

化学成分	Au[①]	Ag[①]	Fe	Pb	Zn	S	As
含量(质量分数)/%	19.17	11.94	2.94	0.037	0.014	1.26	0.032
化学成分	SiO$_2$	Al$_2$O$_3$	CaO	MgO	K$_2$O	Na$_2$O	烧失量
含量(质量分数)/%	35.02	4.74	20.10	8.40	1.60	1.45	23.46

① 单位为 g/t。

11.1.2 矿石的矿物组成

矿石的矿物组成较简单。矿石中金属矿物含量较低,以黄铁矿为主,另有少量的褐铁矿。脉石矿物主要为白云石和石英,其次为方解石、云母、长石,另外有少量的高岭石。矿物的相对含量见表 11-2。

表 11-2 矿石中矿物的相对含量

矿物名称	白云石	方解石	石英	长石	云母	高岭石	黄铁矿	褐铁矿	其他
含量(质量分数)/%	39.27	12.75	20.57	10.12	11.79	0.21	2.36	1.95	0.98

11.1.3 矿石中金矿物的种类和化学成分

利用矿物自动分析系统 MLA 对矿石光片进行自动扫描,发现矿石中金矿物主要为自然金和碲金矿,另外还有少量的碲金银矿。

11.1.3.1 自然金

自然金的扫描电镜 X 射线能谱分析数据见表 11-3。矿石中大部分自然金都含银,银的含量从 2.21% 到 10.90% 不等。

表 11-3 自然金的 X 射线能谱分析

序号	元素含量（质量分数）/%				
	Au	Ag	Rb	Fe	Co
1	100.00	—	—	—	—
2	100.00	—	—	—	—
3	100.00	—	—	—	—
4	100.00	—	—	—	—
5	100.00	—	—	—	—
6	100.00	—	—	—	—
7	100.00	—	—	—	—
8	100.00	—	—	—	—
9	100.00	—	—	—	—
10	100.00	—	—	—	—
11	100.00	—	—	—	—
12	100.00	—	—	—	—
13	100.00	—	—	—	—
14	100.00	—	—	—	—
15	100.00	—	—	—	—
16	97.79	2.21	—	—	—
17	97.56	2.44	—	—	—
18	96.87	3.13	—	—	—
19	96.78	3.22	—	—	—
20	96.78	3.22	—	—	—
21	96.26	3.74	—	—	—
22	93.88	3.84	—	2.19	0.09
23	95.99	4.01	—	—	—
24	95.82	4.18	—	—	—
25	93.54	4.50	—	1.96	—
26	95.45	4.55	—	—	—
27	95.30	4.70	—	—	—
28	95.29	4.71	—	—	—
29	95.11	4.89	—	—	—
30	95.09	4.91	—	—	—
31	94.98	5.02	—	—	—
32	92.03	5.35	2.62	—	—
33	94.57	5.43	—	—	—

序号	元素含量（质量分数）/%				
	Au	Ag	Rb	Fe	Co
34	94.48	5.52	—	—	—
35	94.48	5.52	—	—	—
36	94.41	5.59	—	—	—
37	94.41	5.59	—	—	—
38	94.41	5.59	—	—	—
39	94.29	5.71	—	—	—
40	94.27	5.73	—	—	—
41	94.20	5.80	—	—	—
42	94.14	5.86	—	—	—
43	94.13	5.87	—	—	—
44	93.79	6.21	—	—	—
45	93.64	6.36	—	—	—
46	93.51	6.49	—	—	—
47	87.62	7.00	5.38	—	—
48	92.97	7.03	—	—	—
49	92.97	7.03	—	—	—
50	92.81	7.19	—	—	—
51	92.73	7.27	—	—	—
52	92.68	7.32	—	—	—
53	92.63	7.37	—	—	—
54	92.45	7.55	—	—	—
55	92.42	7.58	—	—	—
56	90.85	7.64	1.51	—	—
57	92.17	7.83	—	—	—
58	91.98	8.02	—	—	—
59	91.95	8.05	—	—	—
60	91.68	8.32	—	—	—
61	91.52	8.48	—	—	—
62	91.36	8.64	—	—	—
63	91.26	8.74	—	—	—
64	91.26	8.74	—	—	—
65	90.66	9.34	—	—	—
66	90.60	9.40	—	—	—
67	90.16	9.84	—	—	—
68	90.07	9.93	—	—	—
69	89.16	10.84	—	—	—
70	89.10	10.90	—	—	—

11.1.3.2 碲金矿

碲金矿的扫描电镜 X 射线能谱分析数据见表 11-4。大部分碲金矿中含有少量的银，此外还有微量的 Cs、Ce、Cu、Fe、Rb 等。

表 11-4 碲金矿的 X 射线能谱分析

序号	元素含量（质量分数）/%							
	Au	Ag	Te	Cs	Ce	Cu	Rb	Fe
1	41.74	—	58.26	—	—	—	—	—
2	54.13	—	45.87	—	—	—	—	—
3	42.67	—	57.33	—	—	—	—	—
4	47.71	—	52.29	—	—	—	—	—
5	32.34	—	64.25	—	—	3.41	—	—
6	39.97	—	59.04	0.99	—	—	—	—
7	53.10	—	43.93	0.65	0.75	—	—	1.57
8	27.51	—	67.17	—	—	4.18	—	1.14
9	29.37	—	63.91	—	0.46	6.26	—	—
10	39.34	—	60.13	—	0.53	0.00	—	—
11	13.77	—	84.00	—	—	2.23	—	—
12	30.83	—	63.03	—	0.61	5.53	—	—
13	34.81	—	65.19	—	—	—	—	—
14	15.97	—	78.91	—	—	5.12	—	—
15	29.75	—	65.25	—	0.50	4.50	—	—
16	43.80	0.61	55.23	0.36	—	—	—	—
17	41.52	1.03	57.45	—	—	—	—	—
18	18.29	1.04	79.34	—	—	1.33	—	—
19	34.65	1.69	63.66	—	—	—	—	—
20	30.54	2.10	63.50	0.36	0.75	2.75	—	—
21	33.95	2.13	63.92	—	—	—	—	—
22	29.27	2.73	68.00	—	—	—	—	—
23	34.15	2.80	61.72	—	—	—	1.33	—
24	27.96	2.87	62.45	—	0.46	4.16	—	2.10
25	27.96	2.87	62.45	—	0.46	4.16	—	2.10
26	38.72	3.08	57.26	—	0.94	—	—	—
27	38.05	3.55	58.40	—	—	—	—	—
28	32.38	4.57	60.14	—	0.00	1.78	1.13	—
29	24.07	4.81	71.12	—	—	—	—	—
30	30.80	5.75	62.10	—	—	1.35	—	—
31	25.36	6.12	64.38	0.58	0.57	2.99	—	—

序号	元素含量（质量分数）/%							
	Au	Ag	Te	Cs	Ce	Cu	Rb	Fe
32	22.57	6.34	68.78	—	—	1.37	—	0.94
33	28.19	6.59	63.40	—	—	1.82	—	—
34	25.37	6.63	66.41	—	—	1.59	—	—
35	25.01	6.66	66.12	—	—	1.78	—	0.43
36	28.33	7.01	62.03	—	0.86	1.77	—	—
37	30.03	7.23	61.99	—	0.75	—	—	—
38	31.41	7.23	59.25	1.49	0.43	—	0.19	—
39	31.41	7.23	59.25	1.49	0.43	—	0.19	—
40	31.41	7.23	59.25	1.49	0.43	—	0.19	—
41	27.17	7.26	65.57	—	—	—	—	—
42	28.04	7.29	64.32	0.35	—	—	—	—
43	27.30	7.44	65.26	—	—	—	—	—
44	22.59	7.44	67.53	—	—	—	—	2.44
45	27.02	7.53	61.81	—	—	0.59	—	3.05
46	30.13	7.69	60.21	1.29	0.68	—	—	—
47	30.13	7.69	60.21	1.29	0.68	—	—	—
48	21.41	7.69	70.90	—	—	—	—	—
49	24.46	8.22	67.32	—	—	—	—	—
50	24.46	8.22	67.32	—	—	—	—	—
51	28.17	8.23	62.82	0.00	0.78	—	—	—
52	29.47	8.28	60.70	1.55	—	—	—	—
53	25.70	8.83	64.15	0.49	0.83	—	—	—
54	26.83	9.09	63.85	0.23	—	—	—	—
55	24.38	9.18	66.44	—	—	—	—	—
56	25.50	6.51	68.00	—	—	—	—	—
57	28.21	7.20	64.59	—	—	—	—	—
58	31.54	8.05	60.41	—	—	—	—	—
59	30.15	7.69	62.16	—	—	—	—	—
60	29.56	7.54	62.90	—	—	—	—	—

11.1.3.3 碲金银矿

碲金银矿的扫描电镜 X 射线能谱分析数据见表 11-5。

表 11-5　碲金银矿的 X 射线能谱分析

序号	元素含量（质量分数）/%								
	Au	Ag	Te	Cs	Ce	Rb	Fe	Hg	Se
1	22.77	37.87	38.67	—	—	—	0.69	—	—
2	22.77	37.87	38.67	—	—	—	0.69	—	—
3	45.76	18.21	35.04	0.24	—	—	0.75	—	—
4	24.54	41.64	33.82	—	—	—	—	—	—
5	26.97	41.24	31.79	—	—	—	—	—	—
6	25.25	41.76	30.29	—	1.8	—	0.9	—	—
7	25.24	41.77	30.29	—	1.8	—	0.9	—	—
8	26.48	41.53	29.07	—	—	—	—	—	2.92
9	25.64	33.08	27.11	—	2.49	0.65	—	11.03	—
10	24.25	42.76	30.29	—	1.8	—	0.9	—	—

11.1.4　矿石中金矿物的嵌布特征

11.1.4.1　自然金

自然金主要呈粒间金的形式嵌布（见图 11-1 和图 11-2）。粒间自然金占矿石中总金矿物量的 38.58%，占矿石中总金比例的 55.01%，是矿石中金回收的主要对象。这部分粒间自然金与黄铁矿、石英的嵌布关系最为紧密，黄铁矿间的自然金占总粒间自然金的 48.71%，石英间的自然金占总粒间自然金的 45.07%，只有少量的自然金嵌布于白云石粒间。

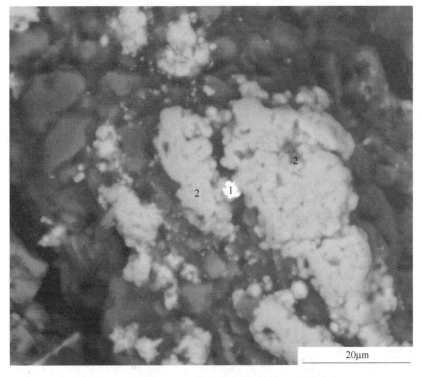

图 11-1　自然金（1）嵌布于黄铁矿（2）颗粒之间

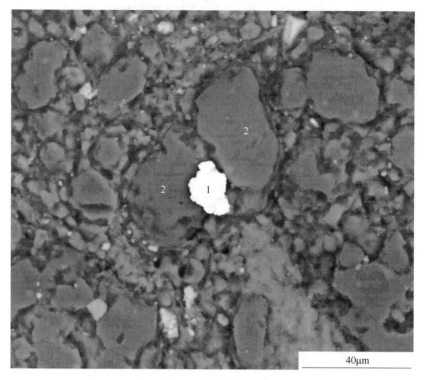

图 11-2　自然金（1）嵌布于石英（2）颗粒之间

以包体金、孔洞金和裂隙金嵌布的自然金分别占总金矿物量的 5.86%、7.79% 和 3.86%，分别占矿石中总金比率的 8.10%、11.11% 和 5.50%。

呈包体金形式存在的自然金主要分布白云石和白云母中（见图 11-3），分别占总包体金的 47.41% 和 38.83%；其次分布在黄铁矿中，这部分自然金占总包体金的 8.50%；少量分布在石英和碲金矿中，占总包体自然金的 5.24%。

该矿石中粗粒白云石、方解石和石英存在较多的孔洞，这给金矿物的赋存提供了很好的条件。孔洞金在磨矿条件相同的情况下较包体金更易解离。自然金主要是嵌布于白云石的孔洞中，这部分自然金占孔洞金的 68.26%；此外，有约 31.74% 的自然金嵌布于石英孔洞中。

裂隙中的自然金主要嵌布于黄铁矿颗粒的裂隙中（见图 11-4），占总裂隙自然金的 58.93%；其次，自然金嵌布于白云石和石英裂隙中，各自占总裂隙金中自然金的 19.35% 和 17.80%，另有少量的自然金嵌布于白云母裂隙中。

11.1.4.2　碲金矿

碲金矿主要以包体金的形式嵌布于矿石中，其次是以粒间金的形式嵌布，少量以孔洞金的形式嵌布。三种形式嵌布的碲金矿分别占矿石中总金矿物量的 27.82%、11.17% 和 2.19%，它们各自占矿石中总金比率的 12.90%、5.18% 和 1.02%。

碲金矿与白云石、方解石的嵌布关系较紧密，其主要呈包体金的形式嵌布于白云石和方解石中（见图 11-5 和图 11-6），其次是以粒间金的形式嵌布于白云石粒间、方解石粒间及两者的颗粒之间（见图 11-7），少量的碲金矿以孔洞金的形式嵌布于白云石、方解石的孔洞中。

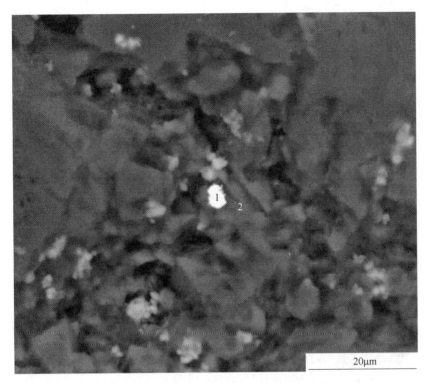

图 11-3 自然金（1）嵌布于白云石（2）中

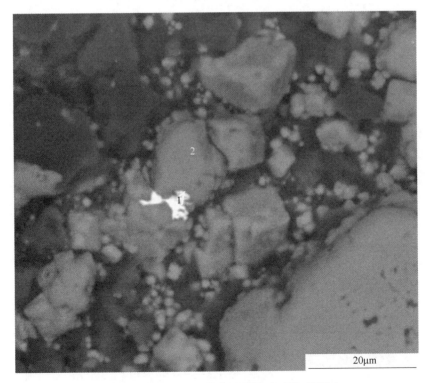

图 11-4 自然金（1）嵌布于黄铁矿（2）裂隙中

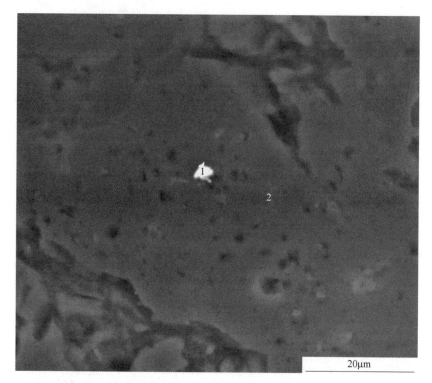

20μm

图 11-5 碲金矿（1）呈包裹体嵌布于白云石（2）中

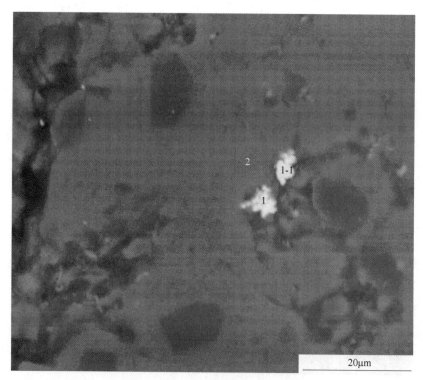

20μm

图 11-6 碲金矿（1、1-1）呈包裹体嵌布在方解石（2）中

图 11-7 碲金矿（1）嵌布于石英（2）和方解石（3）的颗粒之间

11.1.4.3 碲金银矿

碲金银矿含量较低，金的占有率不高。碲金银矿主要呈矩形、不规则状、圆粒状嵌布，也有少量呈长条状嵌布的碲金银矿。碲金银矿与石英的嵌布关系最为紧密（见图 11-8）。

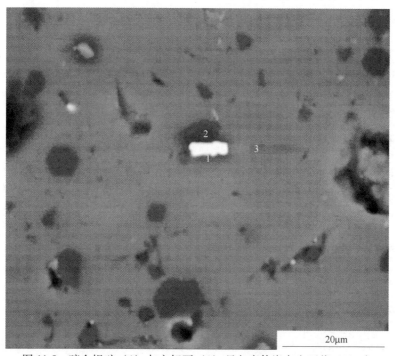

图 11-8 碲金银矿（1）与方解石（2）呈包裹体嵌布在石英（3）中

矿石中的金在各种嵌布类型的分布情况见表 11-6。

表 11-6   矿石中金在各种嵌布类型中的分布

嵌布类型	矿物名称	相关矿物	金分布率/%	合计/%
裂隙金	自然金	黄铁矿、白云石、石英	5.50	5.85
	碲金银矿	石英	0.35	
孔洞金	自然金	白云石、石英	11.11	12.48
	碲金矿	方解石、石英	1.02	
	碲金银矿	石英	0.35	
粒间金	自然金	黄铁矿、石英、白云石	55.01	60.49
	碲金矿	方解石、白云石、石英、白云母	5.18	
	碲金银矿	白云母	0.30	
包裹金	自然金	白云石、白云母、黄铁矿、石英	8.10	21.18
	碲金矿	白云石、方解石	12.90	
	碲金银矿	石英、方解石	0.18	

11.1.5   矿石中金矿物的嵌布粒度

矿石中金矿物的嵌布粒度总体来说很细（见表 11-7），都小于 0.020mm，而且绝大部分小于 0.010mm。

表 11-7   矿石中金矿物的粒度组成表

粒级/mm	分布率/%		
	自然金	碲金矿	碲银金矿
−0.020+0.010	11.63	18.71	—
−0.010+0.005	16.48	37.98	35.54
−0.005	71.89	43.31	64.46

11.1.6   矿石中金的赋存状态

矿石中的金以独立矿物的形式存在，为自然金、碲金矿和碲金银矿。金在各种金矿物的分布情况见表 11-8。

表 11-8   矿石中金的平衡分配表

矿物名称	相对比例/%	金的占有率/%
自然金	55.91	79.72
碲金矿	41.18	19.10
碲金银矿	2.91	1.18

矿石中金的含量很高，为 19.17g/t。金矿物为自然金、碲金矿和碲金银矿，这三种金矿物的嵌布粒度都很细，绝大部分小于 0.010mm。矿石中最主要的硫化矿物黄铁矿的嵌布

粒度也很细，绝大部分小于 0.015mm。尽管以裂隙金、孔洞金和粒间金存在的金达到了 78.82%，通过细磨尽可能使其游离或裸露，但由于有 20.28% 的金以碲金矿和碲金银矿的形式存在，将直接影响金的氰化浸出效果。

11.2 金多金属矿

11.2.1 矿石的化学组成

矿石的多组分化学分析结果见表 11-9。

表 11-9 矿石的多组分化学分析

化学成分	Au[①]	Ag[①]	Fe	Cu	Pb	Zn	S	As
含量（质量分数）/%	2.08	64.00	32.67	0.17	3.14	0.79	1.49	0.28
化学成分	Mn	SiO$_2$	Al$_2$O$_3$	CaO	MgO	K$_2$O	C	
含量（质量分数）/%	3.45	11.91	4.47	5.57	2.33	0.76	2.31	

①单位为 g/t。

11.2.2 矿石的矿物组成

通过光学显微镜、矿物自动分析系统 MLA、X 射线衍射等多种仪器、方法查明，矿石中金矿物主要为自然金，其次为银金矿；银矿物主要为辉银矿，其次为自然银，微量的辉铜银矿、硫铜银矿、硫铋银矿等；铁矿物主要为褐铁矿，其次为菱铁矿、赤铁矿，少量的磁铁矿；铜矿物主要为黄铜矿，其次有少量斑铜矿、辉铜矿、铜蓝；铅矿物主要为锰铅矿、白铅矿，少量的方铅矿；锌矿物为闪锌矿、菱锌矿等；其他金属矿物还有黄铁矿、硬锰矿、软锰矿、菱锰矿等；矿石中非金属矿物主要为白云石、黑云母、高岭石、石英、方解石等。矿物的相对含量见表 11-10。

表 11-10 矿石中矿物的相对含量

矿物名称	褐铁矿	磁铁矿	菱铁矿	黄铁矿	方铅矿	白铅矿	铅矾
含量（质量分数）/%	47.28	0.81	5.54	1.33	0.72	2.32	0.15
矿物名称	锰铅矿	硬锰矿	软锰矿	菱锰矿	黄铜矿	闪锌矿	菱锌矿
含量（质量分数）/%	2.57	1.14	0.88	0.44	0.29	0.49	0.35
矿物名称	白云石	黑云母	高岭石	石英	方解石	其他	
含量（质量分数）/%	9.16	8.37	8.07	5.01	4.47	0.61	

11.2.3 矿石中重要矿物嵌布特征

11.2.3.1 金矿物

通过光学显微镜及矿物自动分析系统 MLA 对矿石进行了系统的研究，查明矿石中的金矿物主要为自然金（Ag 含量小于 20%），其次为银金矿（Ag 含量为 20%~50%）。

矿石中金矿物与褐铁矿的关系最为密切。嵌布于褐铁矿中的金矿物绝大部分为裂隙金（见图 11-9 和图 11-10），少量包裹金（见图 11-11），微量粒间金（见图 11-12）。此外，

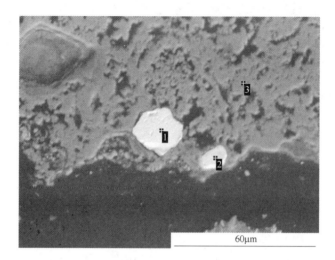

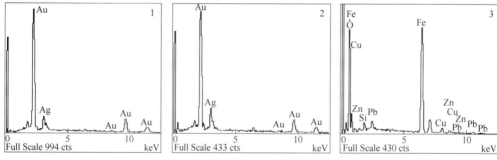

图 11-9 自然金分布在褐铁矿孔洞中

1, 2—自然金；3—褐铁矿

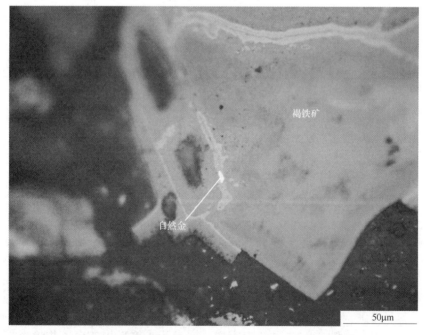

图 11-10 自然金嵌布于褐铁矿裂隙中（光学显微镜，反光）

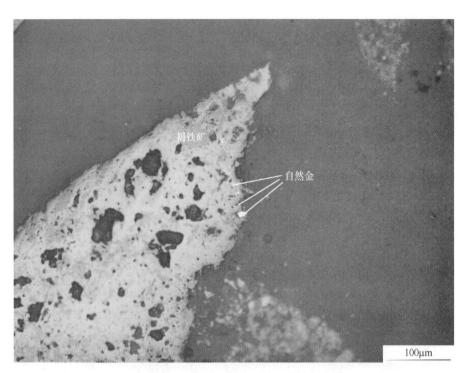

图 11-11　自然金呈细粒包裹在褐铁矿中（光学显微镜，反光）

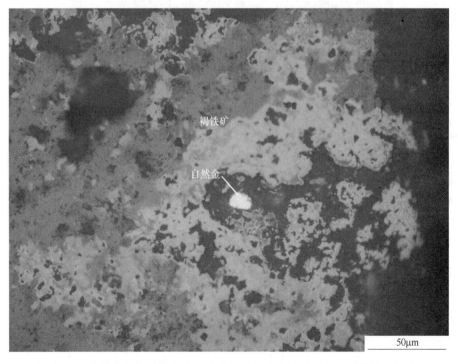

图 11-12　自然金呈细粒嵌布于褐铁矿与脉石矿物粒间（光学显微镜，反光）

部分金矿物嵌布在黄铁矿裂隙或黄铁矿与其他硫化物粒间（见图 11-13），有时可见金矿物以微粒形式嵌布在石英等脉石矿物裂隙或包裹在其中（见图 11-14）。

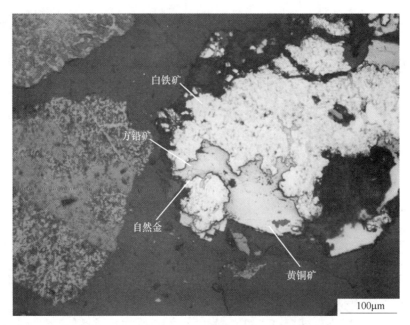

图 11-13 自然金嵌布在白铁矿与方铅矿粒间（光学显微镜，反光）

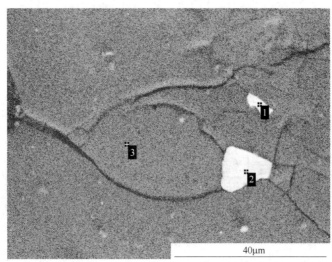

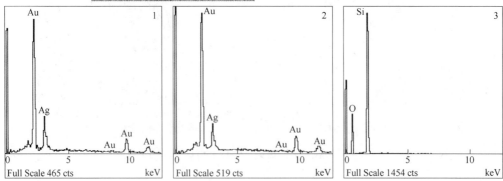

图 11-14 自然金被包裹在石英中或分布在石英粒间

1，2—自然金；3—石英

对部分金矿物进行扫描电镜 X 射线能谱分析，结果见表 11-11。对金矿物的产出特征进行分析统计，结果见表 11-12 和表 11-13。金矿物绝大部分分布在褐铁矿的裂隙中，有利于金的氰化浸出。

表 11-11　金矿物的扫描电镜 X 射线能谱分析

序号	矿物名称	元素含量（质量分数）/%	
		Au	Ag
1	自然金	100.00	—
2		100.00	—
3		100.00	—
4		100.00	—
5		100.00	—
6		100.00	—
7		95.03	4.97
8		92.64	7.36
9		92.21	7.79
10		90.87	9.13
11		90.04	9.96
12		85.42	14.58
13		81.18	18.82
14		81.04	18.96
15	银金矿	76.10	23.90
16		74.11	25.89
17		72.15	27.85
18		68.14	31.86
19		66.46	33.54
20		65.48	34.52
21		60.69	39.31

表 11-12　矿石中金矿物的嵌布特性

序号	长径/μm	短径/μm	形状	嵌布关系	共生矿物
1	10.00	8.00	矩形	包裹	石英
2	8.00	2.00	矩形	包裹	石英
3	15.00	15.00	粒状	孔洞	褐铁矿
4	8.00	4.00	粒状	孔洞	褐铁矿
5	7.00	6.00	粒状	裂隙	褐铁矿
6	20.00	18.00	粒状	裂隙	黄铁矿
7	7.70	5.27	粒状	粒间	白铁矿、方铅矿
8	3.00	1.00	粒状	粒间	褐铁矿、菱铁矿

序号	长径/μm	短径/μm	形状	嵌布关系	共生矿物
9	8.00	0.50	长条状	粒间	褐铁矿、菱铁矿
10	7.00	1.00	长条状	粒间	褐铁矿、菱铁矿
11	3.00	0.50	长条状	粒间	褐铁矿、菱铁矿
12	0.20	0.10	粒状	裂隙	菱铁矿
13	0.10	0.10	粒状	裂隙	菱铁矿
14	0.10	0.10	粒状	裂隙	菱铁矿
15	5.00	0.50	长条状	粒间	褐铁矿、石英
16	7.50	2.50	粒状	粒间	褐铁矿、石英
17	5.00	2.50	粒状	裂隙	褐铁矿
18	15.83	9.01	粒状	裂隙	褐铁矿
19	8.21	4.33	粒状	裂隙	褐铁矿
20	6.99	3.59	粒状	包裹	褐铁矿
21	3.72	1.92	粒状	包裹	褐铁矿
22	1.00	0.80	粒状	包裹	褐铁矿
23	3.68	1.46	粒状	包裹	褐铁矿
24	1.00	0.60	粒状	包裹	褐铁矿
25	0.20	0.10	粒状	包裹	褐铁矿
26	0.20	0.10	粒状	包裹	褐铁矿
27	0.60	0.40	粒状	包裹	褐铁矿
28	0.60	0.50	粒状	包裹	褐铁矿
29	0.50	0.40	粒状	包裹	褐铁矿
30	1.30	1.00	粒状	包裹	褐铁矿
31	0.50	0.50	粒状	包裹	褐铁矿
32	1.00	0.60	粒状	包裹	褐铁矿
33	0.60	0.60	粒状	包裹	褐铁矿
34	0.60	0.20	粒状	包裹	褐铁矿
35	0.20	0.20	粒状	包裹	褐铁矿
36	3.50	1.95	粒状	包裹	褐铁矿
37	0.40	0.30	粒状	包裹	褐铁矿
38	0.20	0.20	粒状	包裹	褐铁矿
39	0.20	0.10	粒状	包裹	褐铁矿
40	0.50	0.40	粒状	裂隙	褐铁矿
41	3.76	0.94	长条状	裂隙	褐铁矿
42	1.67	1.67	粒状	裂隙	褐铁矿
43	5.74	4.08	不规则状	包裹	褐铁矿
44	2.41	1.87	不规则状	包裹	褐铁矿

序号	长径/μm	短径/μm	形状	嵌布关系	共生矿物
45	3.80	0.60	粒状	裂隙	褐铁矿
46	0.64	0.50	粒状	裂隙	褐铁矿
47	2.94	0.30	粒状	裂隙	褐铁矿
48	3.17	0.80	粒状	裂隙	褐铁矿
49	5.35	0.80	粒状	裂隙	褐铁矿
50	8.02	2.90	粒状	包裹	褐铁矿
51	8.43	2.86	粒状	裂隙	褐铁矿
52	9.79	3.54	粒状	裂隙	褐铁矿
53	6.96	1.74	粒状	裂隙	石英
54	6.99	2.87	不规则状	裂隙	褐铁矿
55	5.09	1.46	不规则状	裂隙	褐铁矿
56	2.93	1.45	不规则状	裂隙	褐铁矿
57	8.05	1.60	不规则状	裂隙	褐铁矿
58	10.42	6.97	不规则状	裂隙	褐铁矿
59	7.52	4.78	不规则状	裂隙	褐铁矿
60	4.23	3.77	不规则状	裂隙	褐铁矿
61	7.46	3.50	不规则状	裂隙	褐铁矿
62	1.77	1.77	不规则状	裂隙	褐铁矿
63	18.64	13.49	不规则状	裂隙	褐铁矿
64	14.90	3.61	不规则状	裂隙	褐铁矿
65	18.07	5.03	不规则状	裂隙	褐铁矿
66	11.55	2.86	不规则状	裂隙	褐铁矿
67	20.96	7.78	不规则状	裂隙	褐铁矿
68	12.94	5.55	不规则状	裂隙	褐铁矿
69	9.15	3.00	不规则状	裂隙	褐铁矿
70	3.99	1.79	不规则状	裂隙	褐铁矿
71	8.22	4.49	不规则状	裂隙	褐铁矿
72	5.71	3.24	不规则状	裂隙	褐铁矿
73	32.50	10.22	不规则状	裂隙	褐铁矿
74	6.61	4.16	不规则状	裂隙	褐铁矿
75	6.93	4.47	不规则状	裂隙	褐铁矿
76	17.67	4.29	不规则状	裂隙	褐铁矿
77	19.54	5.31	不规则状	裂隙	褐铁矿
78	12.80	7.94	不规则状	裂隙	褐铁矿
79	13.01	7.28	不规则状	裂隙	褐铁矿
80	22.31	13.79	不规则状	裂隙	褐铁矿

序号	长径/μm	短径/μm	形状	嵌布关系	共生矿物
81	3.54	3.00	粒状	包裹	褐铁矿
82	4.89	3.17	粒状	包裹	褐铁矿
83	142.86	45.10	粒状	裂隙	褐铁矿
84	4.23	2.05	粒状	粒间	褐铁矿
85	3.82	2.88	粒状	裂隙	褐铁矿
86	3.94	3.11	粒状	裂隙	赤铁矿
87	2.67	2.67	圆粒	包裹	石英
88	0.80	0.80	圆粒	包裹	石英
89	0.30	0.30	圆粒	包裹	石英
90	0.30	0.25	圆粒	包裹	石英
91	75.35	33.68	圆粒	包裹	褐铁矿

表 11-13　金矿物的产出状态

金的产出类型	共生关系	占有率/%	合计/%
裂隙金	褐铁矿	92.30	95.33
	石英	0.10	
	黄铁矿	2.93	
粒间金	白铁矿、方铅矿	0.33	0.70
	褐铁矿、菱铁矿	0.13	
	褐铁矿、石英	0.17	
	褐铁矿	0.07	
包裹金	褐铁矿	3.12	3.97
	石英	0.85	

11.2.3.2　银矿物

通过矿物自动分析系统 MLA 查明矿石中的独立银矿物种类较多。银矿物大部分为辉银矿，其次为自然银，还有辉铜银矿、硫铜银矿、硫银铋矿等。此外，发现少量铜蓝中含银。矿石中银矿物与白铅矿、褐铁矿的关系较为密切，常呈微粒嵌布在褐铁矿裂隙中或褐铁矿与白铅矿、脉石矿物粒间（见图 11-15）；此外，部分银矿物呈微粒状包裹在褐铁矿、白铅矿、石英等脉石矿物中（见图 11-16）；有时可见银矿物呈微粒状嵌布在脉石矿物粒间或脉石矿物与黄铁矿等其他金属矿物粒间（见图 11-17）。对银矿物的产出特征进行分析统计，结果见表 11-14。

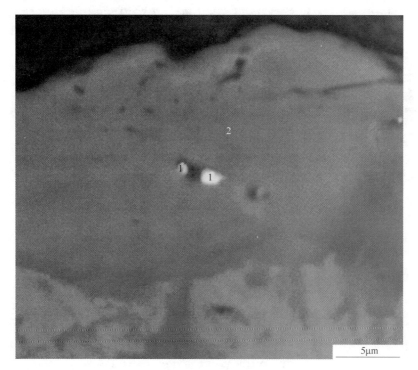

图 11-15 辉银矿分布在褐铁矿裂隙中

1—辉银矿；2—褐铁矿

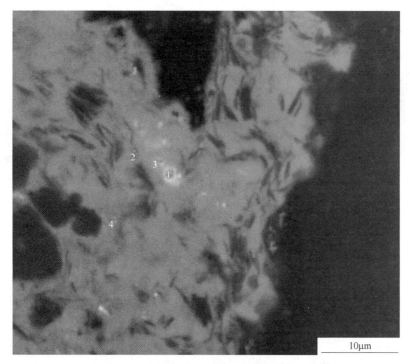

图 11-16 辉银矿包裹在褐铁矿中

1，3，4—辉银矿；2—褐铁矿

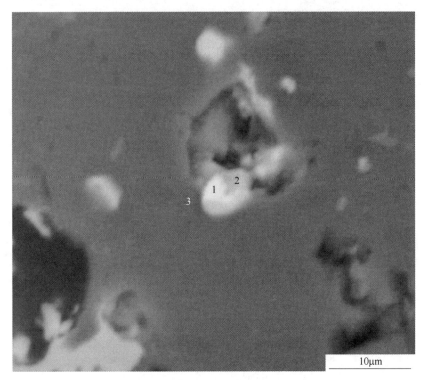

图 11-17 辉银矿分布在黄铁矿与石英粒间
1—辉银矿；2—黄铁矿；3—石英

表 11-14 银矿物的产出状态

矿物名称	产出状态	共生关系	占有率/%	合计/%
辉银矿	裂隙	褐铁矿	33.27	33.90
		菱铁矿	0.63	
	粒间	褐铁矿与白铅矿	20.02	22.35
		褐铁矿与高岭石	1.24	
		高岭石	0.68	
		黄铁矿与石英	0.41	
	包裹	褐铁矿	3.61	22.61
		白铅矿	18.46	
		石英	0.54	
自然银	包裹	白铅矿	6.34	6.34
硫铜银矿、辉铜银矿、含银铜蓝	裂隙	褐铁矿	3.44	3.44
	粒间	高岭石	9.40	9.40
	包裹	褐铁矿	0.13	0.13
硫银铋矿	裂隙	白铅矿	0.16	0.16
	包裹	石英	1.67	1.67

11.2.3.3 褐铁矿

褐铁矿是针铁矿、纤铁矿、水针铁矿与黏土矿物的混合物，也是矿石中最主要的铁矿物。褐铁矿嵌布特征十分复杂，大部分褐铁矿与黑云母、高岭石等脉石矿物或锰铅矿、硬锰矿以不同形态紧密嵌生（见图 11-18~图 11-20）。褐铁矿与赤铁矿、磁铁矿等嵌布关系

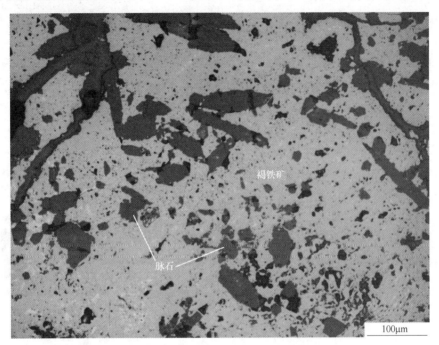

图 11-18　褐铁矿中分布有微细粒的脉石矿物（光学显微镜，反光）

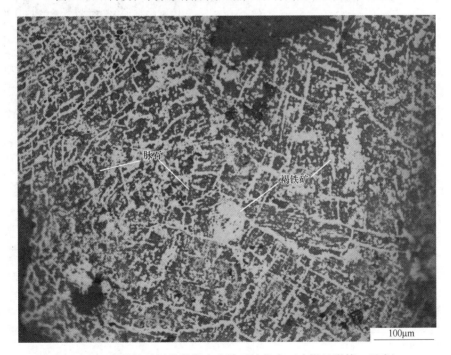

图 11-19　褐铁矿呈网脉状嵌布在脉石矿物中（光学显微镜，反光）

十分密切，常呈复杂的穿插关系，接触界面不平整（见图 11-21）；有时可见褐铁矿与白铅矿嵌布在一起（见图 11-22）。

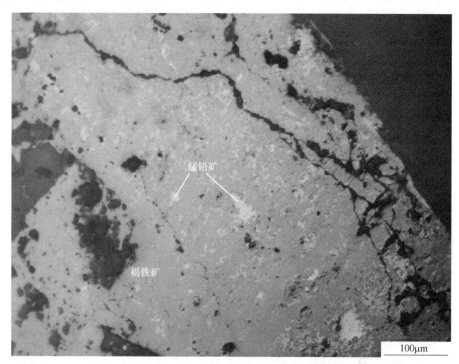

图 11-20 褐铁矿中分布有微细粒的锰铅矿（光学显微镜，反光）

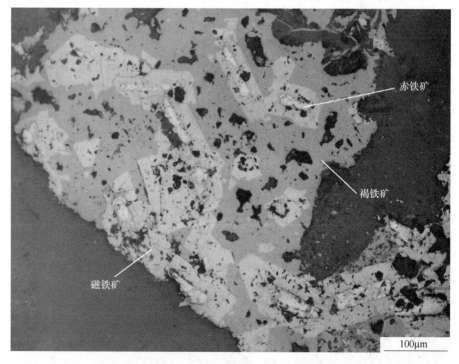

图 11-21 褐铁矿与磁铁矿、赤铁矿紧密嵌布在一起（光学显微镜，反光）

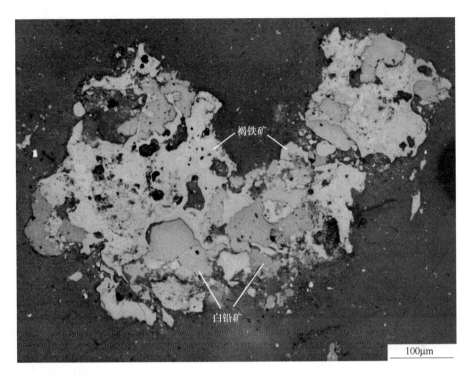

图 11-22 褐铁矿与白铅矿紧密嵌布在一起（光学显微镜，反光）

褐铁矿的扫描电镜 X 射线能谱分析结果见表 11-15。褐铁矿成分较为复杂，常含 Al_2O_3、SiO_2、MnO、ZnO、PbO 等杂质，影响铁精矿品位的提高。

11.2.3.4　赤铁矿

赤铁矿与褐铁矿关系较为密切，其接触界面不平整（见图 11-23）；有时可见赤铁矿呈板状与磁铁矿、褐铁矿嵌布在一起或沿磁铁矿裂隙交代产出（见图 11-24）。

11.2.3.5　菱铁矿

菱铁矿常呈中粗粒不规则状嵌布在脉石矿物中（见图 11-25）；菱铁矿与黄铁矿紧密嵌布关系密切或呈脉状充填在黄铁矿裂隙中（见图 11-26）；有时可见菱铁矿与褐铁矿呈复杂的穿插关系。

11.2.3.6　磁铁矿

大部分磁铁矿被赤铁矿、褐铁矿不同程度交代（见图 11-27）；有时可见磁铁矿与黄铁矿嵌布在一起（见图 11-28）。磁铁矿粒度分布不均匀，嵌布粒度主要集中在 $-0.150+0.038$mm，个别粒度较粗，可达 0.300mm。

11.2.3.7　白铅矿

白铅矿是矿石中最主要的氧化铅矿物。白铅矿是方铅矿风化后的产物，即原生方铅矿氧化后形成铅矾（$PbSO_4$），再由铅矾受含碳酸水热液作用而生成白铅矿，反应如下：

$$PbS + 2O_2 \longrightarrow PbSO_4$$
$$PbSO_4 + H_2O + CO_2 \longrightarrow PbCO_3 + H_2SO_4$$

表 11-15 褐铁矿的扫描电镜 X 射线能谱分析

序号	H₂O	Na₂O	MgO	Al₂O₃	SiO₂	P₂O₅	SO₃	CaO	TiO₂	MnO	Fe₂O₃	CuO	ZnO	As₂O₃	PbO
											组分含量（质量分数）/%				
1	8.84	—	—	0.45	3.88	—	—	—	—	—	86.83	—	—	—	—
2	7.54	—	—	—	3.46	—	—	—	—	0.50	87.40	—	1.10	—	—
3	9.11	—	—	1.55	3.39	—	—	—	—	—	79.52	1.56	2.11	—	2.76
4	9.35	—	—	—	0.53	—	0.67	—	3.48	0.97	85.00	—	—	—	—
5	7.22	—	—	—	0.57	—	—	—	—	4.78	86.23	1.20	—	—	—
6	7.83	—	—	—	4.14	—	—	—	—	—	83.29	—	2.85	0.29	1.61
7	8.98	—	—	—	1.52	—	—	—	—	1.96	82.90	—	4.65	—	—
8	5.24	—	—	3.79	6.06	1.03	—	—	—	6.10	72.51	—	—	—	5.27
9	10.82	—	—	—	3.00	—	—	—	—	—	86.18	—	—	—	—
10	10.82	—	—	—	0.95	—	—	—	—	4.10	85.08	—	—	—	—
11	10.86	—	—	1.50	—	—	—	—	—	0.78	85.55	—	—	—	1.86
12	8.76	—	—	—	2.82	—	0.84	—	—	—	82.56	—	3.53	—	3.30
13	7.12	—	—	—	3.08	—	—	—	—	—	84.11	—	2.40	—	3.98
14	9.24	—	—	0.88	3.45	—	—	—	—	—	80.41	—	2.04	—	2.38
15	8.77	—	—	—	3.03	—	—	—	—	—	82.59	—	3.23	—	3.43
16	8.31	—	—	0.62	3.39	—	—	—	—	—	81.32	—	2.93	—	—
17	13.10	—	2.29	—	—	—	—	0.76	—	10.87	72.99	—	—	—	—
18	9.99	—	—	—	1.67	—	—	—	—	2.85	83.76	—	—	—	1.74
19	9.78	—	—	—	5.00	—	1.46	—	—	—	83.76	—	—	—	—
20	6.31	—	—	—	7.38	—	0.57	—	—	—	83.68	—	2.06	—	—
21	9.75	—	—	—	10.34	—	—	—	—	27.35	52.57	—	—	—	—
22	7.53	—	—	0.96	7.09	—	—	—	—	—	84.43	—	—	—	—
23	8.00	—	—	11.53	18.42	—	—	—	—	—	62.04	—	—	—	—
24	6.24	1.22	—	2.25	8.28	—	—	—	—	—	82.00	—	—	—	—
25	8.96	—	—	4.28	10.29	—	—	—	—	—	74.85	—	1.61	—	—

续表 11-15

| 序号 | 组分含量（质量分数）/% | | | | | | | | | | | | | | |
	H₂O	Na₂O	MgO	Al₂O₃	SiO₂	P₂O₅	SO₃	CaO	TiO₂	MnO	Fe₂O₃	CuO	ZnO	As₂O₃	PbO
26	9.60	—	—	0.67	6.26	—	—	—	2.87	—	80.59	—	—	—	—
27	6.28	—	—	—	11.49	—	1.29	—	—	2.18	76.89	—	0.88	—	—
28	6.76	—	—	—	1.38	—	—	—	—	2.82	86.61	—	—	—	2.44
29	3.95	—	—	—	1.02	—	1.24	—	2.81	2.00	86.21	—	—	—	2.77
30	7.93	—	—	1.50	2.08	—	—	—	—	1.00	87.49	—	—	—	—
31	7.20	—	—	—	—	—	—	—	—	16.66	72.74	—	3.40	—	—
32	2.16	—	—	—	2.05	—	—	—	—	—	95.79	—	—	—	—
33	6.31	—	—	—	—	—	—	—	—	5.83	87.86	—	—	—	3.35
34	10.44	—	—	—	2.24	—	—	—	—	8.29	75.67	—	—	—	1.48
35	17.04	—	—	—	0.57	—	—	—	—	9.07	71.85	—	—	—	—
36	11.82	—	—	—	—	—	—	—	—	11.81	76.37	—	—	—	—
37	9.99	—	—	—	2.52	—	—	—	—	7.11	68.46	—	7.77	—	4.15
38	9.36	—	—	0.15	0.40	—	—	—	—	—	89.53	—	—	—	0.70
39	0.49	—	—	—	2.76	—	—	—	—	—	93.17	—	—	—	3.59
40	7.84	—	—	—	1.70	—	—	—	—	—	90.46	—	—	—	—
41	8.95	—	—	1.27	1.65	—	—	—	—	—	89.40	—	—	—	—
42	11.61	—	—	1.27	1.27	—	—	—	—	10.09	75.76	—	—	—	—
43	9.73	—	—	0.15	1.33	—	—	—	—	8.85	79.93	—	—	—	—
44	8.72	—	—	—	1.21	—	—	—	—	7.28	82.79	—	—	—	—
45	12.05	—	—	—	0.80	—	—	0.43	—	8.50	78.23	—	—	—	—
46	7.94	—	—	—	1.02	—	—	—	—	7.70	83.33	—	—	—	—
47	14.57	—	—	—	2.44	—	—	—	—	2.04	79.95	—	—	—	1.00
48	13.88	—	—	—	0.42	—	—	—	—	—	85.25	—	—	—	0.45
49	11.36	—	0.82	0.99	3.00	—	—	—	—	4.83	79.00	—	—	—	—
50	4.09	—	—	—	1.47	—	—	—	—	—	93.60	—	—	—	0.85

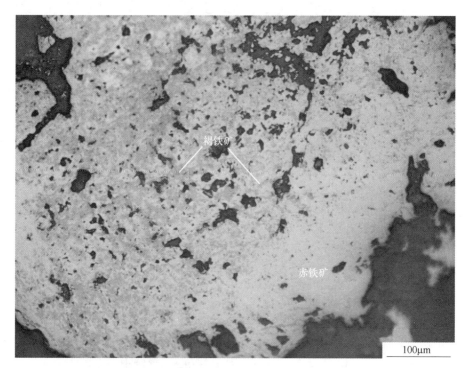

图 11-23 赤铁矿与褐铁矿紧密嵌布在一起（光学显微镜，反光）

图 11-24 赤铁矿与磁铁矿、褐铁矿紧密嵌布在一起（光学显微镜，反光）

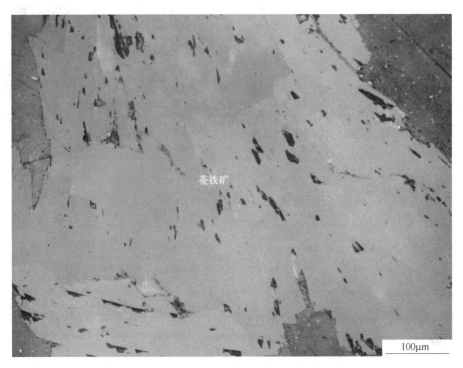

图 11-25 菱铁矿呈粗粒不规则状嵌布脉石矿物中（光学显微镜，反光）

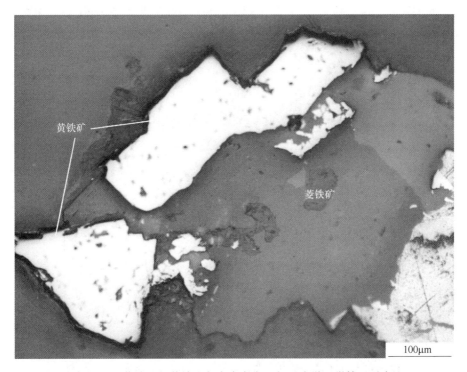

图 11-26 菱铁矿与黄铁矿紧密嵌布在一起（光学显微镜，反光）

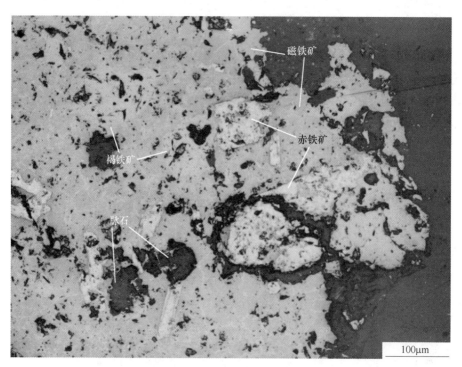

图 11-27   磁铁矿被赤铁矿、褐铁矿沿周边和裂隙交代（光学显微镜，反光）

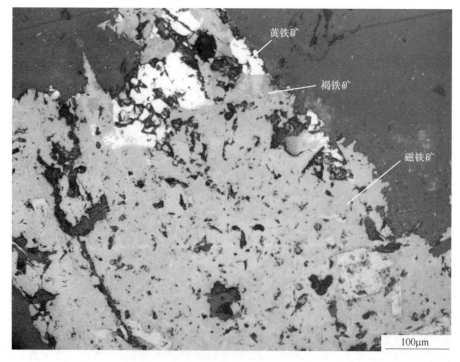

图 11-28   磁铁矿与黄铁矿、褐铁矿嵌布在一起（光学显微镜，反光）

矿石中白铅矿主要呈不规则状与褐铁矿、赤铁矿紧密嵌布（见图 11-29）；有时可见白铅矿交代方铅矿呈交代残余结构（见图 11-30），部分白铅矿沿方铅矿边缘或裂隙不同程度交代方铅矿。

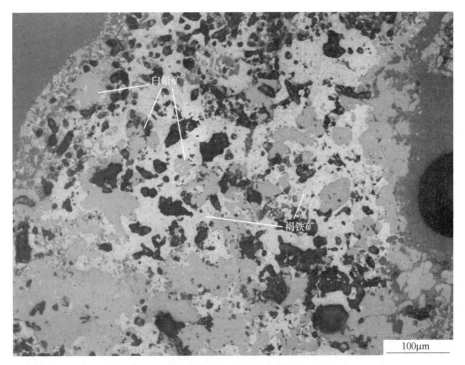

图 11-29 白铅矿与褐铁矿复杂嵌布（光学显微镜，反光）

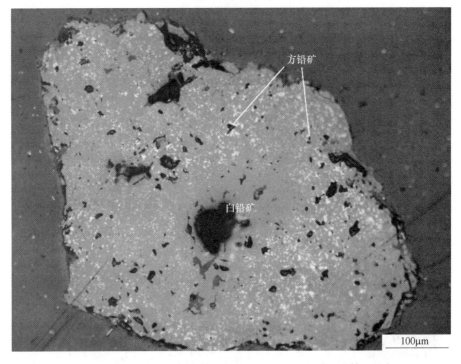

图 11-30 白铅矿中交代残余的微细粒方铅矿（光学显微镜，反光）

11.2.3.8　方铅矿

方铅矿的嵌布特征较简单，多呈不规则状嵌布（见图 11-31）；部分方铅矿的边缘或裂隙处被白铅矿不同程度地交代（见图 11-32）；有时可见方铅矿与黄铁矿、闪锌矿、磁黄铁矿、黄铜矿紧密嵌布在一起（见图 11-33）。总体来看，方铅矿嵌布粒度粗细不均匀。

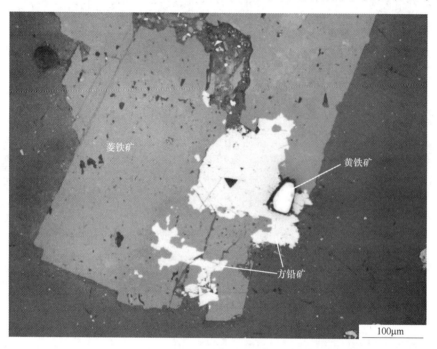

图 11-31　方铅矿呈不规则状嵌布在菱铁矿中（光学显微镜，反光）

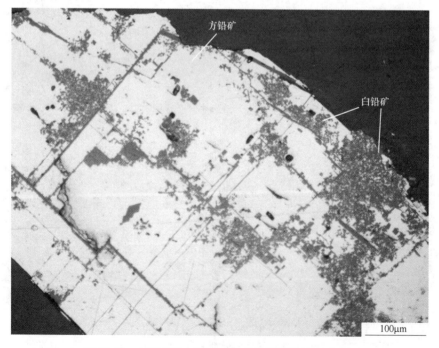

图 11-32　方铅矿被白铅矿交代（光学显微镜，反光）

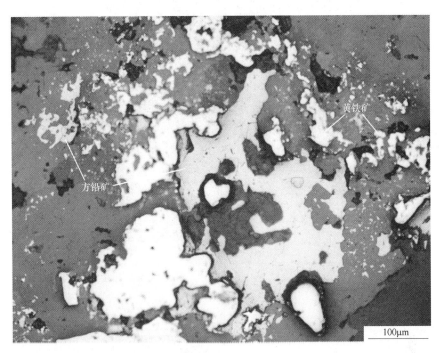

图 11-33 方铅矿与黄铁矿紧密嵌布在脉石矿物中（光学显微镜，反光）

11.2.3.9 锰铅矿

锰铅矿与褐铁矿关系最为密切，常呈不规则状与褐铁矿嵌布在一起（见图 11-34 和图 11-35），部分锰铅矿呈微细粒状分布在褐铁矿中（见图 11-36），二者接触界面较为混杂，不易解离。锰铅矿嵌布粒度主要集中在−0.074+0.020mm，个别粒度较粗，可达 0.150mm。

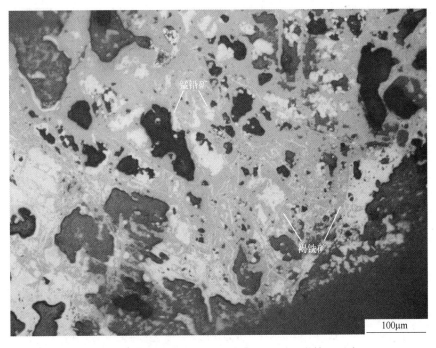

图 11-34 锰铅矿与褐铁矿复杂嵌布（光学显微镜，反光）

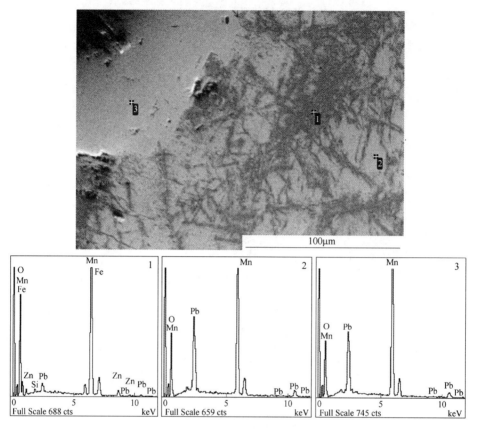

图 11-35 锰铅矿与褐铁矿紧密嵌布在一起

1—褐铁矿；2，3—锰铅矿

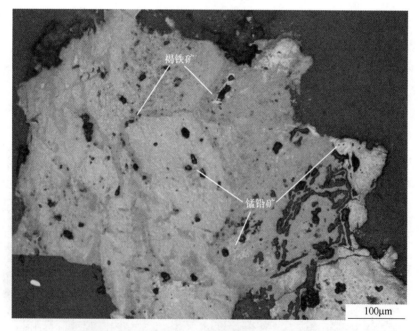

图 11-36 锰铅矿呈微细粒状分布在褐铁矿中（光学显微镜，反光）

锰铅矿的扫描电镜 X 射线能谱分析结果见表 11-16。

表 11-16 锰铅矿的扫描电镜 X 射线能谱分析

序号	元素含量（质量分数）/%							
	O	Al	Si	Mn	Fe	Zn	As	Pb
1	31.25	—	—	47.55	2.66	1.76	0.06	16.72
2	33.27	—	—	41.78	1.26	2.14	0.10	21.45
3	30.93	—	—	44.00	2.39	—	—	22.68
4	28.01	—	—	47.92	—	—	—	24.07
5	28.20	—	—	44.02	7.99	—	—	19.78
6	33.90	—	—	41.77	1.47	—	—	22.86
7	31.41	0.78	1.03	36.49	5.44	—	—	24.86
8	30.99	—	0.88	35.60	7.19	—	0.43	24.90
9	32.89	—	—	44.75	1.73	—	—	20.63
10	30.39	—	—	42.65	2.47	—	—	24.49
11	34.23	—	—	38.40	5.97	—	—	21.40
12	31.01	—	—	43.50	—	—	—	25.49
13	31.18	—	—	40.71	4.36	—	—	23.75
14	30.98	—	—	45.65	—	—	—	23.37
15	29.01	—	—	46.55	3.04	—	0.41	20.99

11.2.3.10 黄铜矿

黄铜矿多呈不规则粒状及粒状集合体产出，少量呈微细粒浸染状分布于菱铁矿及石英等脉石矿物中；有时可见黄铜矿与方铅矿、黄铁矿、磁黄铁矿、闪锌矿的关系较为密切（见图 11-37）。

11.2.3.11 黄铁矿

黄铁矿常呈不规则状嵌布在菱铁矿中（见图 11-38）；有时可见黄铁矿与方铅矿、黄铜矿、闪锌矿、磁黄铁矿关系紧密；还可见黄铁矿被褐铁矿交代呈微细粒残余体被包裹在褐铁矿中。黄铁矿嵌布粒度主要集中在 -0.104+0.043mm，个别黄铁矿粒度较粗，可达 0.300mm。

11.2.4 矿石中金、银矿物的嵌布粒度

矿石中金矿物粒度整体较细，大部分分布在 0.020mm 以下，部分金矿物的粒度较粗，在 +0.040mm 的分布率仅为 22.35%。银矿物的粒度相对更细，均分布在 0.020mm 以下，其中 -0.010mm 的分布率高达 76.89%。金、银矿物的粒度组成见表 11-17。

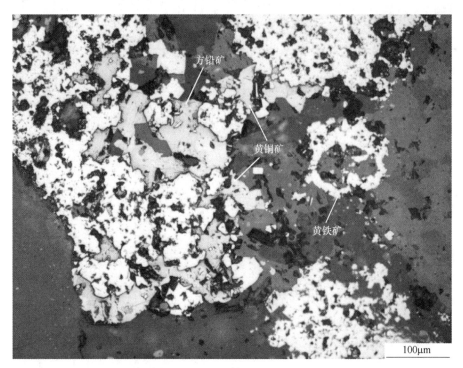

方铅矿

黄铜矿

黄铁矿

100μm

图 11-37 黄铜矿与方铅矿、黄铁矿紧密嵌布在一起（光学显微镜，反光）

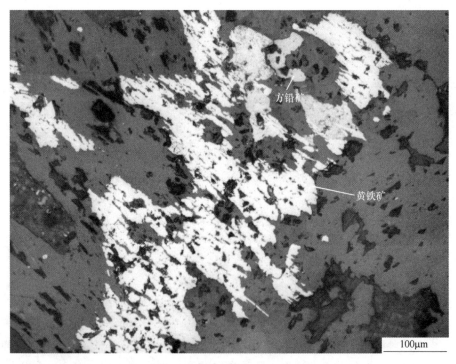

方铅矿

黄铁矿

100μm

图 11-38 黄铁矿呈不规则状分布在菱铁矿中（光学显微镜，反光）

表 11-17 矿石中金、银矿物的粒度组成

粒级/mm	金矿物		银矿物	
	分布率/%	累计/%	分布率/%	累计/%
-0.100+0.040	22.35	22.35	—	—
-0.040+0.020	5.11	27.46	—	—
-0.020+0.010	21.98	49.44	23.11	23.11
-0.010+0.005	23.78	73.22	52.90	76.01
-0.005	26.78	100.00	23.99	100.00

11.2.5 矿石中铁、铅、铜矿物的嵌布粒度

矿石中褐铁矿、菱铁矿、铁矿物集合体、白铅矿、方铅矿、铅矿物集合体和硫化铜矿物集合体的嵌布粒度组成见表 11-18 ~ 表 11-20。其中，铁矿物集合体包括褐铁矿、赤铁矿、磁铁矿、菱铁矿；铅矿物集合体包括方铅矿、白铅矿；硫化铜矿物集合体包括黄铜矿、斑铜矿、辉铜矿、铜蓝。

矿石中褐铁矿、菱铁矿、铁矿物集合体、白铅矿、方铅矿、铅矿物集合体、硫化铜矿物集合体粒度分布不均匀。其中，褐铁矿、菱铁矿、铁矿物集合体以中粗粒为主；白铅矿、方铅矿、铅矿物集合体、硫化铜矿物集合体均以细粒为主。

表 11-18 矿石中褐铁矿、菱铁矿、铁矿物集合体粒度组成

粒级/mm	褐铁矿		菱铁矿		铁矿物集合体	
	分布率/%	累计/%	分布率/%	累计/%	分布率/%	分布率/%
+1.168	0.13	0.13	5.75	5.75	1.08	1.08
-1.168+0.833	6.01	6.14	15.86	21.61	7.68	8.76
-0.833+0.589	1.64	7.78	17.72	39.33	4.37	13.13
-0.587+0.417	12.55	20.33	15.95	55.28	13.13	26.26
-0.417+0.295	16.42	36.75	11.46	66.74	15.57	41.83
-0.295+0.208	12.35	49.10	9.00	75.74	11.78	53.61
-0.208+0.147	11.09	60.19	6.75	82.49	10.36	63.97
-0.147+0.104	5.95	66.14	4.95	87.44	5.78	69.75
-0.104+0.074	5.55	71.69	3.43	90.87	5.19	74.94
-0.074+0.043	8.38	80.07	3.18	94.05	7.50	82.44
-0.043+0.020	6.88	86.95	2.93	96.98	6.21	88.65
-0.020+0.015	3.96	90.91	1.13	98.11	3.48	92.13
-0.015+0.010	4.57	95.48	1.17	99.28	3.99	96.12
-0.010	4.52	100.00	0.72	100.00	3.88	100.00

表 11-19 矿石中白铅矿、方铅矿、铅矿物集合体和硫化铜矿物集合体的粒度组成

粒级/mm	硫化铜矿物		方铅矿		闪锌矿		黄铁矿	
	分布率/%	累计/%	分布率/%	累计/%	分布率/%	累计率/%	分布率/%	累计/%
+0.417	—	—	3.19	3.19	1.46	1.46	—	—
-0.417+0.295	5.69	5.69	4.51	7.70	5.15	6.61	—	—
-0.295+0.208	4.02	9.71	7.97	15.67	5.82	12.43	9.58	9.58
-0.208+0.147	6.62	16.33	11.25	26.92	8.74	21.17	6.76	16.34
-0.147+0.104	4.02	20.35	7.15	34.07	5.45	26.62	4.78	21.12
-0.104+0.074	8.53	28.88	11.28	45.35	9.79	36.41	16.94	38.06
-0.074+0.043	21.82	50.70	22.24	67.59	22.01	58.42	20.05	58.11
-0.043+0.020	28.37	79.07	15.97	83.56	22.70	81.12	17.99	76.10
-0.020+0.015	9.42	88.49	8.76	92.32	9.12	90.24	6.00	82.10
-0.015+0.010	6.66	95.15	5.15	97.47	5.97	96.21	10.47	92.57
-0.010	4.85	100.00	2.53	100.00	3.79	100.00	7.43	100.00

表 11-20 矿石中铁、铅、铜矿物的粒度组成特征

矿物名称	粒级/mm			
	微粒 <0.010	细粒 -0.074+0.010	中粒 -0.300+0.074	粗粒 +0.300
褐铁矿	4.52	23.79	34.94	36.75
菱铁矿	0.72	8.41	24.13	66.74
铁矿物集合体	3.88	21.18	33.10	41.84
白铅矿	4.34	66.62	23.32	5.72
方铅矿	3.15	51.79	37.41	7.65
铅矿物集合体	3.79	59.80	29.80	6.61
硫化铜矿物集合体	7.43	54.51	38.06	—

11.2.6 矿石中金、银、铁、铅、铜的赋存状态

矿石中的金以独立矿物的形式存在，主要为自然金，其次为银金矿。金在各种金矿物的分布情况见表 11-21。

表 11-21 矿石中金的平衡分配表

矿物名称	金矿物的相对比例/%	矿物含金量/%	金的占有率/%
自然金	84.22	93.46	87.84
银金矿	15.78	69.02	12.16

矿石中银主要以辉银矿为主，其次为自然银、辉铜银矿、硫铜银矿、硫银铋矿等；此外，自然金、银金矿、铜蓝中也含有银。银在各种矿物的分布情况见表 11-22。

表 11-22 矿石中银的平衡分配表

矿物名称	辉银矿	硫铜银矿	辉铜银矿	含银铜蓝	自然银	硫银铋矿
含银矿物的相对比例/%	78.63	0.72	5.32	8.20	6.95	0.17
矿物含银量/%	87.06	31.24	14.08	8.94	100.00	25.55
银的占有率/%	88.72	0.29	0.97	0.95	9.01	0.06

矿石中铁主要以赤铁矿、褐铁矿、菱铁矿、磁铁矿等独立氧化铁矿物形式存在，铁在其中的分布率为 92.38%；另有 5.71% 的铁以硅酸铁的形式存在，主要含黑云母、绿泥石等脉石矿物；1.91% 的铁以黄铁矿、磁黄铁矿等硫化物矿物形式存在。

矿石中铅的独立矿物主要为锰铅矿、白铅矿，其次为方铅矿，少量的铅矾。此外，有部分铅分散在褐铁矿中。

矿石中铜的独立矿物主要为黄铜矿，其次为斑铜矿、辉铜矿、铜蓝，微量的自然铜、孔雀石、砷黝铜矿；另有部分铜赋存于褐铁矿或硬锰矿等矿物中。

11.2.7 影响金、银、铁、铅、铜回收的矿物学因素分析

影响金、银、铁、铅、铜回收的矿物学因素分析如下所示。

（1）矿石中有少量金矿以微粒包裹体形式嵌布在脉石等矿物中，这部分金易损失到尾矿中。同时，矿石中的黑云母、高岭石等矿物在细磨后会产生大量的泥，且含有少量的次生硫化铜矿物，这些都会对金的浸出效果造成一定的影响。

（2）矿石中银矿物主要为辉银矿，且嵌布粒度普遍很细，其中 53.78% 分布于褐铁矿裂隙、孔洞或与白铅矿等矿物粒间，22.61% 包于白铅矿等矿物中。在氰化浸出工艺中，由于褐铁矿裂隙、孔洞发育，分布于其中的辉银矿大部分可以浸出回收，而包裹于白铅矿等矿物中的辉银矿则难以浸出。此外，在矿石中有少量银以辉铜银矿、硫铜银矿、硫铋银矿及含银铜蓝的形式存在，且粒度同样很细，这部分银也难以被浸出。

（3）矿石中的铁主要以褐铁矿的形式产出，一方面，褐铁矿本身含有 Al_2O_3、SiO_2、MnO、ZnO、PbO 等杂质；另一方面，褐铁矿与黑云母、高岭石等脉石矿物及锰铅矿、硬锰矿、白铅矿的嵌布关系十分密切，即使细磨矿也难以完全单体解离，只能相对解离成富铁集合体，会对铁精矿的品位造成较大的影响。

（4）矿石中的菱铁矿、黑云母在强磁选铁过程中易进入到铁精矿中，影响铁精矿的品位。同时，菱铁矿与黄铁矿的关系较为密切，因此磁选过程中部分黄铁矿会随菱铁矿进入铁精矿中，使铁精矿中的硫含量较高。

（5）矿石中方铅矿、白铅矿及其集合体的粒度整体较细，以细粒嵌布为主；同时，矿石中部分白铅矿与褐铁矿的嵌布关系十分密切；因此，采用重选方法综合回收铅的难度较大。

（6）矿石中 25.95% 的铜与锰、铁相结合的形式存在，这部分结合铜将很难回收。此外，硫化铜矿物黄铜矿、铜蓝等大多呈微细粒浸染于铁矿物或脉石矿物中，即使细磨矿也很难单体解离，使得其回收十分困难。

矿石中金矿物、银矿物嵌布粒度为微细粒，铅矿物和铜矿物以细粒为主，而金矿物和银矿物主要分布在粗粒褐铁矿的裂隙、孔洞及粒间。为了高效回收矿石中金、银、铜和铅

等有价金属，矿石必须细磨。由于矿石中含有少量的次生硫化铜矿物，而且矿石中的黑云母、高岭石等矿物在细磨后会产生大量的泥，这些都会对金的浸出效果造成一定的影响。因此，基于以上矿石特点，矿石应该先细磨，然后先浮选硫化铜矿物，再浮选铅矿物；浮选尾矿进行强磁选回收褐铁矿和菱铁矿，再对铁精矿进行氰化浸金。

11.3 银矿

11.3.1 矿石的化学组成

矿石的多组分化学分析结果见表 11-23。

表 11-23 矿石的多组分化学分析

化学成分	Pb	Zn	Au	Ag	Cu	Mo	S
含量（质量分数）/%	0.98	1.74	0.25g/t	169.61g/t	0.026	0.0066	2.56
化学成分	Fe	As	Sb	Bi	SiO_2	Al_2O_3	CaO
含量（质量分数）/%	5.28	<0.005	<0.005	<0.005	58.55	10.09	5.06
化学成分	MgO	K_2O	Na_2O	总 C	有机 C	F	Ti
含量（质量分数）/%	2.44	2.51	0.14	2.36	1.33	0.60	0.20

11.3.2 矿石的矿物组成

矿石中金属硫化矿物主要为黄铁矿、闪锌矿、方铅矿，微量的黄铜矿、黝铜矿、辉钼矿、辉银矿等；其他金属矿物主要为金红石，微量的磁铁矿、赤铁矿、褐铁矿、菱铁矿、菱锰矿等。非金属矿物主要为石英、白云母、绿泥石、方解石等，少量的碳质、钠长石、萤石等。矿物的相对含量见表 11-24。

表 11-24 矿石的矿物的相对含量

矿物名称	闪锌矿	方铅矿	黄铁矿	黄铜矿	金红石	石英	白云母
含量（质量分数）/%	2.73	1.13	2.75	0.08	0.33	42.12	22.1
矿物名称	绿泥石	方解石	钾长石	碳质	钠长石	萤石	其他
含量（质量分数）/%	14.94	7.81	1.49	1.33	1.19	1.17	0.83

11.3.3 矿石中重要矿物的嵌布特征

11.3.3.1 辉银矿

辉银矿是矿石中含量最多的银矿物，具有局部富集的特点。辉银矿主要与方铅矿、黄铜矿、闪锌矿及黄铁矿等硫化物矿物嵌布在一起，且多呈不规则状嵌布在方铅矿、闪锌矿、黄铜矿及黄铁矿粒间或这些硫化物矿物与脉石的粒间（见图 11-39 和图 11-40）。矿石中有部分细粒的辉银矿嵌布在脉石矿物中（见图 11-41）。

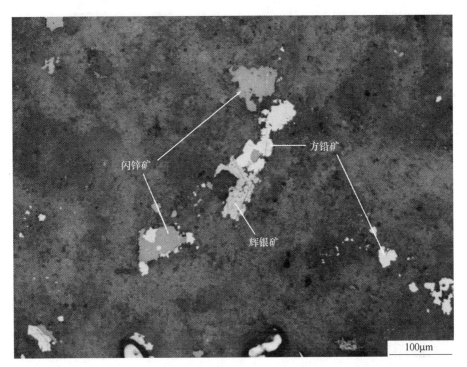

图 11-39 不规则粒状辉银矿与方铅矿嵌布在一起（光学显微镜，反光）

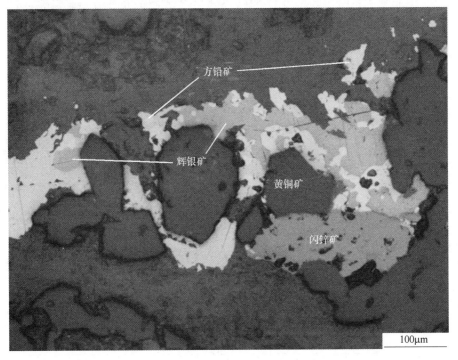

图 11-40 辉银矿与黄铜矿、方铅矿、闪锌矿等嵌布在一起（光学显微镜，反光）

11.3.3.2 银黝铜矿

银黝铜矿是矿石中含量较多的银矿物。银黝铜矿的 X 射线能谱分析数据见表 11-25。银

图 11-41　辉银矿呈不规则粒状嵌布在脉石矿物中（光学显微镜，反光）

黝铜矿与方铅矿嵌布关系密切（见图 11-42），常呈不规则状嵌布在方铅矿与脉石矿物之间，具有局部富集的特点；有时可见其与黄铜矿、闪锌矿、黄铁矿等嵌布在一起（见图 11-43）。

表 11-25　银黝铜矿的 X 射线能谱分析

序号	元素含量（质量分数）/%					
	Ag	Sb	Cu	Zn	Fe	S
1	40.06	19.17	14.53	5.65	2.94	17.65
2	34.52	25.13	14.06	2.28	4.51	19.50
3	34.43	26.21	15.19	—	4.23	19.94
4	34.15	24.74	14.51	3.75	3.71	19.14
5	33.87	25.34	14.04	2.40	4.47	19.88
6	33.75	25.56	16.82	—	3.18	20.69
7	33.69	25.68	14.16	2.61	4.23	19.63
8	33.48	25.76	13.92	3.43	4.00	19.42
9	33.19	25.18	15.11	2.40	4.68	19.44
10	32.91	26.06	14.88	2.86	4.11	19.18
11	32.53	25.59	15.37	2.88	4.09	19.54
12	32.29	25.01	15.46	2.83	4.52	19.89
13	31.85	25.62	15.84	3.27	3.98	19.44
14	31.78	26.28	15.48	2.69	3.94	19.83
15	30.60	24.26	13.86	7.52	4.34	19.42
16	30.54	24.36	16.06	5.58	4.71	18.75
17	30.04	27.04	14.27	4.79	4.70	19.16
18	26.85	24.88	18.26	6.18	4.13	19.70
19	25.01	22.49	18.13	5.42	7.21	21.74

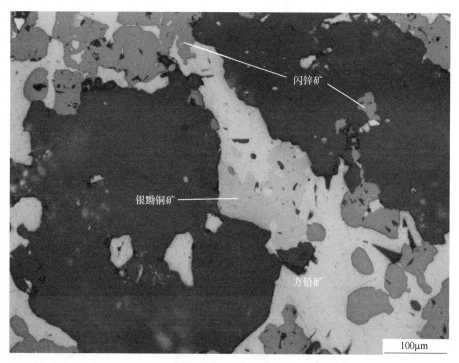

图 11-42 银黝铜矿与方铅矿紧密嵌布在一起（光学显微镜，反光）

图 11-43 银黝铜矿与方铅矿、黄铁矿、闪锌矿等嵌布在一起（光学显微镜，反光）

11.3.3.3 深红银矿

深红银矿也是矿石中常见的银矿物之一，具有局部富集的特点。深红银矿 X 射线能谱分析结果见表 11-26。深红银矿与方铅矿的嵌布关系密切，常见深红银矿呈不规则状嵌布在方铅矿与脉石粒间（见图 11-44），部分包裹在方铅矿中（见图 11-45）；少量的深红银矿嵌布在闪锌矿、黄铜矿及银黝铜矿等矿物的粒间。

表 11-26 深红银矿的 X 射线能谱分析

序号	元素含量（质量分数）/%		
	Ag	Sb	S
1	60.43	22.55	17.02
2	61.17	21.81	17.02
3	60.33	22.98	16.69
4	60.51	22.41	17.08
5	62.74	20.83	16.43
6	61.23	21.61	17.16

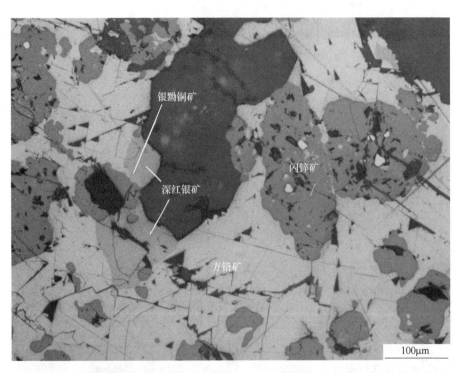

图 11-44 深红银矿嵌布在方铅矿与闪锌矿、脉石的粒间（光学显微镜，反光）

11.3.3.4 自然银

自然银在矿石中的含量相对较少，主要以微细粒状包裹在脉石矿物中（见图 11-46），有时可见与辉银矿、闪锌矿、方铅矿等嵌布在一起（见图 11-47）。

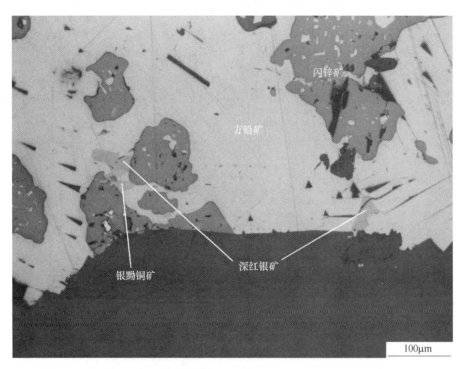

图 11-45　细粒的深红银以包裹体形式嵌布在方铅矿中（光学显微镜，反光）

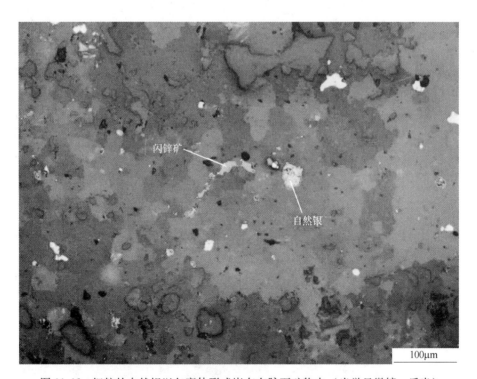

图 11-46　细粒的自然银以包裹体形式嵌布在脉石矿物中（光学显微镜，反光）

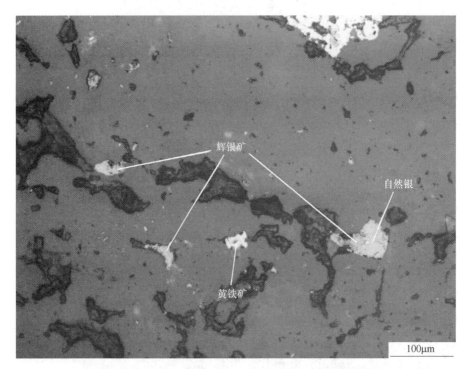

图 11-47　细粒的自然银被包裹在辉银矿中（光学显微镜，反光）

11.3.3.5　含银闪锌矿

含银闪锌矿在反光偏光显微镜下与闪锌矿的光性特征差异明显。通过扫描电子显微镜及 X 射线能谱分析可知（见表 11-27），该矿物的主要成分与闪锌矿相同，只是其中含有不等量的银。该矿物以包裹体的形式嵌布在闪锌矿中（见图 11-48）。

表 11-27　含银闪锌矿的 X 射线能谱分析

序号	元素含量（质量分数）/%			
	Zn	Ag	Fe	S
1	54.04	6.45	9.81	29.70
2	54.59	4.72	10.15	30.54
3	43.01	26.33	4.81	25.85
4	61.59	2.16	7.98	28.27
5	47.94	20.12	7.14	24.80
6	60.13	2.93	7.81	29.13
7	65.01	2.84	2.56	29.59
8	52.31	20.77	2.49	24.43
9	55.19	17.01	2.23	25.57
10	59.83	9.87	2.62	27.68
11	57.55	2.67	9.24	30.54

序号	元素含量（质量分数）/%			
	Zn	Ag	Fe	S
12	53.63	4.44	8.30	33.63
13	60.21	3.93	7.54	28.32
14	59.93	9.79	2.85	27.43
15	54.52	18.08	2.73	24.67

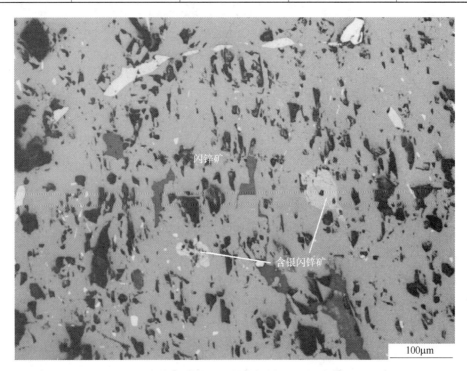

图 11-48　含银闪锌矿被包裹在粗粒闪锌矿中（光学显微镜，反光）

11.3.3.6　金银矿和银金矿

金银矿和银金矿的 X 射线能谱分析结果见表 11-28。它们主要以微细包裹体形式嵌布在黄铁矿颗粒中（见图 11-49）。

表 11-28　金银矿与银金矿的 X 射线能谱分析

序号	元素含量（质量分数）/%		矿物名称
	Au	Ag	
1	51.69	48.31	银金矿
2	39.41	60.59	金银矿
3	33.51	66.49	金银矿
4	32.21	67.79	金银矿
5	55.32	44.68	银金矿
6	48.26	51.74	金银矿

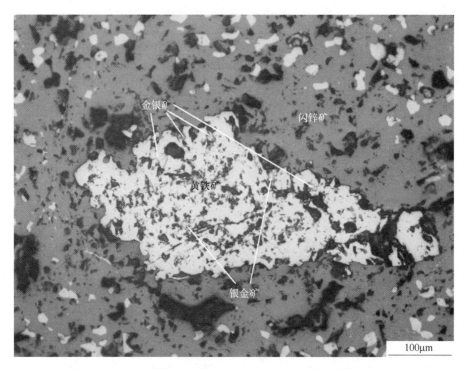

图 11-49 金银矿及银金矿嵌布在黄铁矿中（光学显微镜，反光）

利用矿物自动分析仪 AMICS 对矿石中不同种类银矿物的产出特征进行统计分析，结合不同种类银矿物中的含银量，计算出银的分布率。由表 11-29 可知，矿石中的辉银矿中银占矿石中总银的 63.98%，主要嵌布在矿物粒间；其次以包裹的形式产出，其中脉石包裹的辉银矿中的银占有率为 16.98%。银黝铜矿、深红银矿中银的占有率分别为 22.20% 和 10.33%，主要嵌布在矿物粒间；其他银矿物中银的占有率都比较低。

表 11-29 不同银矿物在矿石中的产出特征

矿物名称	类型	相关矿物	银元素占有率/%
辉银矿	粒间	闪锌矿与脉石	2.47
		脉石	2.35
		黄铜矿与闪锌矿	2.17
		黄铜矿与脉石	9.49
		黄铜矿与黄铁矿	0.12
		黄铁矿与脉石	4.96
		方铅矿与闪锌矿	8.30
		方铅矿与脉石	4.17
		方铅矿与黄铜矿	1.04
	裂隙	闪锌矿	4.10
		脉石	1.09
	包裹	脉石	16.98
		方铅矿、黄铜矿、黄铁矿	1.68
		闪锌矿	5.06

矿物名称	类型	相关矿物	银元素占有率/%
银黝铜矿	粒间	闪锌矿、黄铜矿、脉石粒间	0.58
		方铅矿与脉石	18.66
		方铅矿与闪锌矿	1.44
		方铅矿与深红银矿	0.20
		方铅矿与其他硫化物	0.56
	裂隙	方铅矿	0.01
	包裹	方铅矿、闪锌矿、脉石	0.75
深红银矿	粒间	银黝铜矿、方铅矿、闪锌矿	0.92
		方铅矿与脉石	7.13
	包裹	方铅矿	2.22
	裂隙	方铅矿	0.06
自然银	粒间	辉银矿与脉石	0.08
		黄铁矿与辉银矿	0.07
		方铅矿与脉石	0.19
	包裹	闪锌矿	0.04
		脉石	2.19
	裂隙	脉石	0.14
含银闪锌矿	粒间	闪锌矿与黄铁矿	0.01
	包裹	闪锌矿	0.29
硫铜银矿	粒间	方铅矿与脉石	0.05
	包裹	脉石	0.01
硫铜锑银矿	粒间	方铅矿与闪锌矿	0.02
金银矿、银金矿	包裹	黄铁矿	0.40

11.3.3.7 闪锌矿

闪锌矿是矿石中最主要的锌矿物。通过 X 射线能谱对矿石中的闪锌矿的成分进行了分析（见表 11-30），闪锌矿中铁的含量总体较低，普遍含有少量的金属镉。

表 11-30 闪锌矿的 X 射线能谱分析

序号	元素含量（质量分数）/%			
	Zn	Fe	Cd	S
1	63.84	1.62	0.97	33.56
2	62.63	2.98	1.38	33.01
3	61.82	4.26	0.47	33.45
4	64.51	1.53	0.76	33.20
5	63.87	2.17	0.44	33.52
6	62.88	2.90	1.02	33.20

序号	元素含量（质量分数）/%			
	Zn	Fe	Cd	S
7	64.59	1.37	1.31	32.74
8	64.30	2.32	0.42	32.96
9	64.70	1.58	0.35	33.38
10	63.07	2.08	0.81	34.03
11	65.10	0.78	1.29	32.84
12	62.94	2.51	0.88	33.67
13	64.57	1.50	0.69	33.23
14	63.81	2.18	0.88	33.13
15	64.81	1.62	0.97	32.61
16	61.67	4.62	0.58	33.14
17	63.15	1.82	1.23	33.80
18	62.74	2.58	0.86	33.82
19	64.69	1.35	1.15	32.81
20	62.97	1.71	1.14	34.18
21	64.21	1.96	0.85	32.97
22	63.53	2.73	1.08	32.66

闪锌矿主要以粒状或者不规则状分布于脉石矿物中（见图 11-50）。闪锌矿与黄铁矿、

图 11-50　闪锌矿呈不规则粒状嵌布在脉石矿物中（光学显微镜，反光）

方铅矿的嵌布关系比较密切（见图 11-51 和图 11-52），部分粗粒的闪锌矿中包裹粒度不等的黄铁矿、方铅矿等；另有部分闪锌矿内分布有乳滴状、叶片状的黄铜矿（见图 11-53）。闪锌矿也是与银矿物共生关系密切的硫化物矿物之一，部分闪锌矿中可见粒度不等的银矿物分布。

图 11-51　闪锌矿与黄铁矿嵌布在一起（光学显微镜，反光）

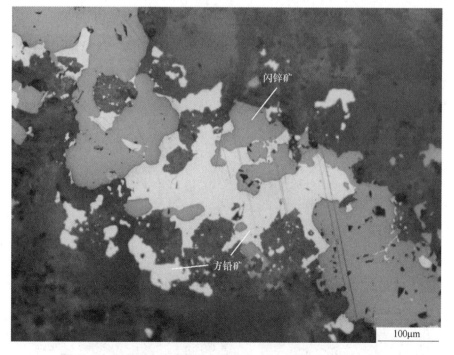

图 11-52　闪锌矿与方铅矿紧密嵌布在一起（光学显微镜，反光）

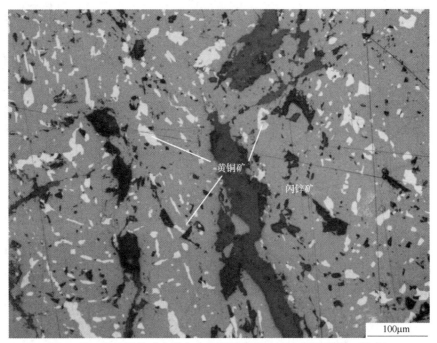

图 11-53 粗粒闪锌矿中嵌布有乳滴状黄铜矿（光学显微镜，反光）

11.3.3.8 方铅矿

方铅矿是矿石中最主要的铅矿物。方铅矿主要呈粒状或者不规则状分布于脉石矿物中（见图 11-54）；部分方铅矿与黄铁矿、闪锌矿的嵌布关系密切（见图 11-55），有些黄铁矿被方铅矿交代呈交代残余结构（见图 11-56）；在部分粗粒的方铅矿中亦可见到粒度不等的闪锌矿、黄铁矿包裹体。方铅矿是矿石中与银矿物关系最密切的矿物。

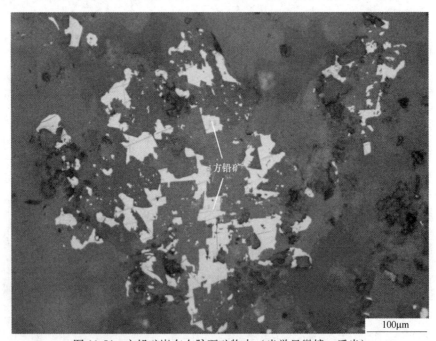

图 11-54 方铅矿嵌布在脉石矿物中（光学显微镜，反光）

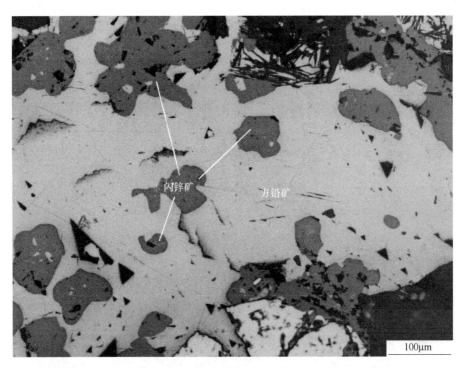

图 11-55　方铅矿与闪锌矿、黄铁矿嵌布在一起（光学显微镜，反光）

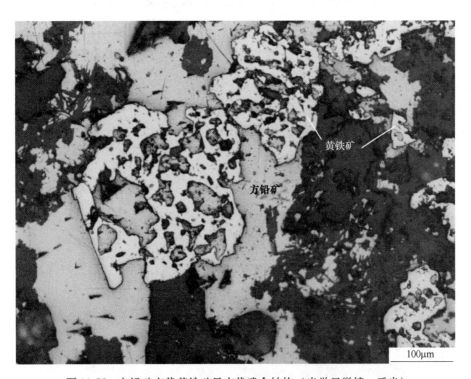

图 11-56　方铅矿交代黄铁矿呈交代残余结构（光学显微镜，反光）

11.3.3.9 黄铁矿

黄铁矿主要呈粒状或者不规则状分布于脉石矿物中（见图 11-57）；黄铁矿与闪锌矿、方铅矿的嵌布关系比较密切（见图 11-58），部分黄铁矿呈微细粒包体分布于闪锌矿内。

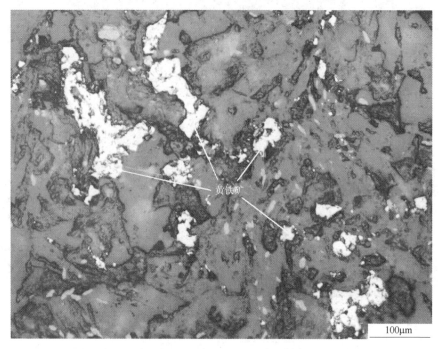

图 11-57　黄铁矿呈不规则状嵌布在脉石矿物中（光学显微镜，反光）

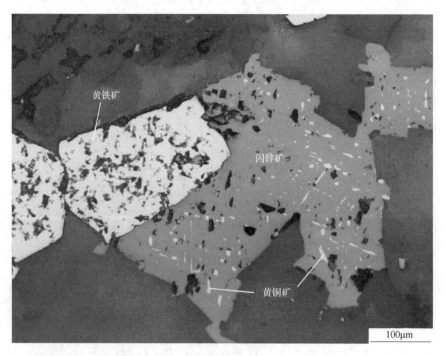

图 11-58　黄铁矿与闪锌矿、黄铜矿嵌布在一起（光学显微镜，反光）

11.3.3.10 黄铜矿

矿石中的黄铜矿主要以不规则状分布在脉石矿物中（见图 11-59），也常呈乳滴状或叶片状分布在闪锌矿中（见图 11-60）。

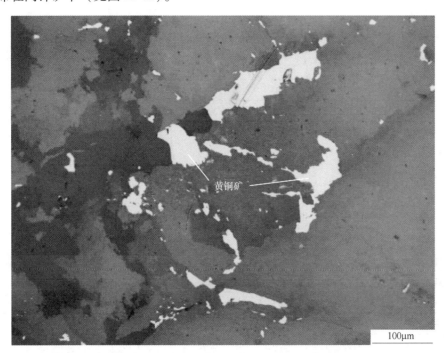

图 11-59 黄铜矿呈不规则状嵌布在脉石矿物中（光学显微镜，反光）

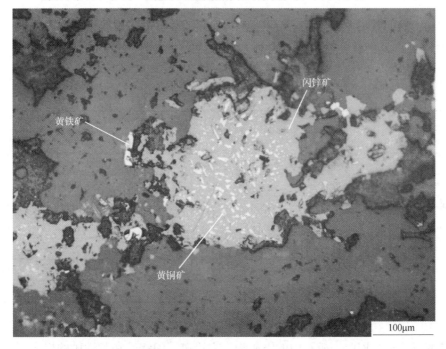

图 11-60 黄铜矿呈乳滴状嵌布在闪锌矿中（光学显微镜，反光）

11.3.4 矿石中重要矿物嵌布粒度

由表 11-31 可知,矿石中的闪锌矿和黄铁矿的粒度稍粗,而方铅矿的粒度总体偏细。

表 11-31 矿石中主要硫化物矿物的粒度组成

粒级/mm	闪锌矿		方铅矿		黄铁矿	
	分布率/%	累计/%	分布率/%	累计/%	分布率/%	累计/%
-1.651+1.168	1.45	1.45	—	—	1.93	1.93
-1.168+0.833	2.05	3.5	3.07	3.07	2.74	4.67
-0.833+0.589	5.11	8.61	4.37	7.44	2.92	7.59
-0.589+0.417	7.75	16.36	3.09	10.53	5.51	13.10
-0.417+0.295	10.23	26.59	7.66	18.19	11.70	24.80
-0.295+0.208	10.07	36.66	6.95	25.14	12.41	37.21
-0.208+0.147	12.57	49.23	8.73	33.87	13.62	50.83
-0.147+0.104	9.54	58.77	7.33	41.20	12.03	62.86
-0.104+0.074	9.96	68.73	7.38	48.58	10.85	73.71
-0.074+0.043	13.69	82.42	10.79	59.37	13.62	87.33
-0.043+0.020	12.48	94.9	23.62	82.99	9.58	96.91
-0.020+0.015	2.73	97.63	7.26	90.25	1.97	98.88
-0.015+0.010	1.99	99.62	6.45	96.70	0.81	99.69
-0.010	0.38	100.00	3.30	100.00	0.31	100.00

矿中银矿物的粒度组成见表 11-32,结果显示矿石中银矿物的粒度总体偏细,主要集中在 0.038mm 以下,且 0.010mm 以下部分占 13.68%。银黝铜矿和深红银矿的粒度相对较粗;辉银矿次之;自然银的粒度最细,绝大部分在 0.020mm 以下。

表 11-32 银矿物的粒度分布特征

粒级/mm	分布率/%				
	银矿物	辉银矿	银黝铜矿	深红银矿	自然银
-0.104+0.074	5.67	1.84	9.31	18.81	—
-0.074+0.038	17.26	12.83	27.96	14.91	—
-0.038+0.020	30.64	25.31	38.54	32.45	6.25
-0.020+0.015	14.34	14.84	11.24	19.84	19.64
-0.015+0.010	18.41	25.46	7.45	12.27	32.14
-0.010+0.005	12.21	17.43	4.91	1.03	40.18
-0.005	1.47	2.29	0.59	0.69	1.79

矿石中的银矿物与硫化物矿物关系紧密,尤其与方铅矿的嵌布关系最为密切,有利于通过浮选的方法进行回收。矿石中的银矿物、方铅矿、闪锌矿和黄铁矿的嵌布粒度都比较细,为了获得理想的选矿回收指标,矿石必须细磨。矿石中含有较多的白云母、绿泥石等

层状硅酸盐矿物，在磨矿过程中易产生泥化现象，因此为了防止泥化对浮选的影响应该采取合理的磨矿方式。矿石中有29.62%的银矿物呈包裹体的形式存在，且0.010mm粒级以下的包裹体占8.62%，其中脉石包裹占6.77%，硫化物包裹占1.85%，脉石包裹的细粒银矿物容易损失到尾矿中。

11.4 铜矿

11.4.1 矿石的化学组成

矿石的多组分化学分析结果见表11-33。矿石中Cu品位为0.61%，Pb、Zn、Au、Ag的含量分别为0.45%、1.80%、1.25g/t和43.72g/t，应考虑综合回收。

表 11-33 矿石的多组分化学分析

元素	Cu	Pb	Zn	TFe	S	SiO$_2$	Al$_2$O$_3$	MgO	CaF$_2$
含量（质量分数）/%	0.61	0.45	1.80	12.61	11.38	24.05	3.64	1.54	0.52
元素	CaO	Na$_2$O	K$_2$O	As	Sn	Mn	Ag	Au	C
含量（质量分数）/%	21.01	0.21	1.26	0.058	<0.005	0.29	43.72g/t	1.25g/t	5.05

11.4.2 矿石的矿物组成

矿石中铜矿物主要为黄铜矿，少量斑铜矿和黝铜矿；铅矿物绝大部分为方铅矿；锌矿物主要为闪锌矿，另有少量菱锌矿和异极矿；铁矿物主要为菱铁矿，其次为赤铁矿，还有少量的褐铁矿、磁铁矿等。其他金属矿物主要为黄铁矿、白铁矿及少量的金红石、辉铋矿、毒砂、辉钼矿、碲铋矿等。矿石中的金矿物主要为银金矿，其次为自然金，另有少量碲金银矿；银矿物主要为碲银矿，其次为银黝铜矿，另有少量辉银矿、硫银铋矿、辉铜银矿、硫碲银矿、硫锑铜银矿、硫铋铜银矿、硫铜银矿、辉硒银矿、硫铋铅银矿、深红银矿。

脉石矿物主要有方解石，其次为石英、白云石、正长石，少量钙铁榴石、高岭石、绢云母和钠长石，另有微量的钙铝榴石、萤石、绿帘石、磷灰石、硅灰石、金红石、锆石等。矿物的相对含量见表11-34。

表 11-34 矿石中矿物的相对含量

矿物名称	黄铜矿	斑铜矿	黝铜矿	方铅矿	闪锌矿	菱锌矿	黄铁矿	毒砂
含量（质量分数）/%	1.55	0.11	0.04	0.47	2.75	0.10	18.41	0.13
矿物名称	菱铁矿	赤、褐铁矿	异极矿	白铅矿	方解石	石英	白云石	正长石
含量（质量分数）/%	4.23	0.81	0.10	0.05	30.55	14.22	7.20	6.71
矿物名称	钙铁榴石	高岭石	绢云母	钠长石	萤石	其他		
含量（质量分数）/%	4.78	3.86	1.24	1.78	0.52	0.39		

11.4.3　矿石中主要金属硫化物矿物的嵌布特征

11.4.3.1　黄铜矿

黄铜矿是矿石中最主要的硫化铜矿物，也是铜选矿回收的主要目的矿物。黄铜矿多呈粗细不均的他形粒状及粒状集合体分布在脉石矿物中（见图 11-61）；此外，黄铜矿与闪锌矿、黄铁矿、方铅矿等硫化物矿物嵌布关系密切（见图 11-62），有的甚至相互包裹；部分黄铜矿呈不规则粒状嵌布在闪锌矿中，少量黄铜矿在闪锌矿中呈乳滴状产出；部分黄铜矿沿黄铁矿周边或裂隙充填交代（见图 11-63 和图 11-64）；有时可见粗粒黄铜矿中包裹有细粒黝铜矿和斑铜矿。黄铜矿还是自然金、银金矿、碲银矿等金银矿物重要的载体矿物。

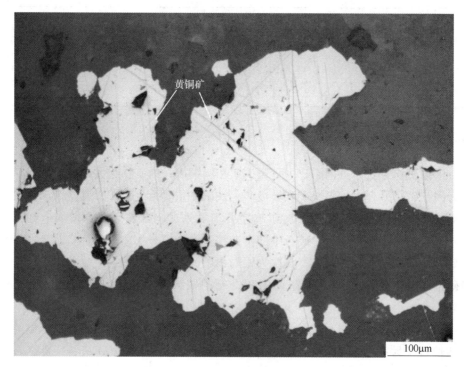

图 11-61　黄铜矿以粗细不均的他形粒状嵌布在脉石矿物中（光学显微镜，反光）

11.4.3.2　斑铜矿

斑铜矿多呈他形粒状分布在脉石矿物中（见图 11-65）；有时可见斑铜矿与黄铜矿、闪锌矿和黄铁矿嵌布在一起（见图 11-66）。

11.4.3.3　方铅矿

方铅矿主要呈他形粒状分布在脉石矿物中（见图 11-67），少量呈脉状嵌布在脉石矿物裂隙中（见图 11-68）；有时可见方铅矿与闪锌矿、黄铁矿、黄铜矿、黝铜矿等嵌布在一起（见图 11-69）。方铅矿是银矿物最主要的载体矿物，常包裹有碲银矿、辉银矿、硫银铋矿等。

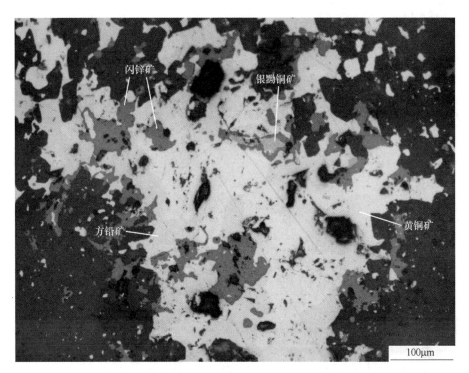

图 11-62　黄铜矿与方铅矿、闪锌矿密切嵌布在一起（光学显微镜，反光）

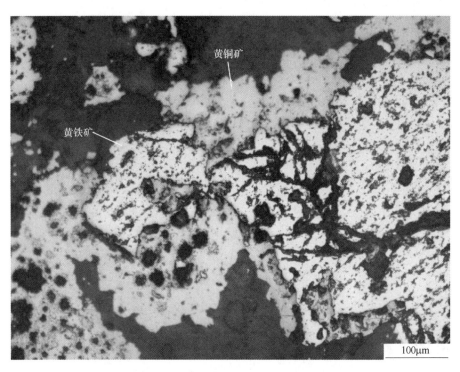

图 11-63　黄铜矿沿黄铁矿周边交代（光学显微镜，反光）

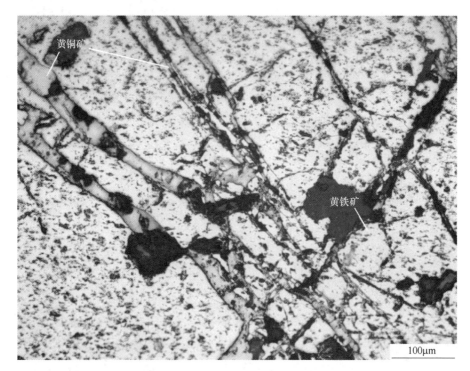

图 11-64　黄铜矿呈黄铁矿裂隙充填交代（光学显微镜，反光）

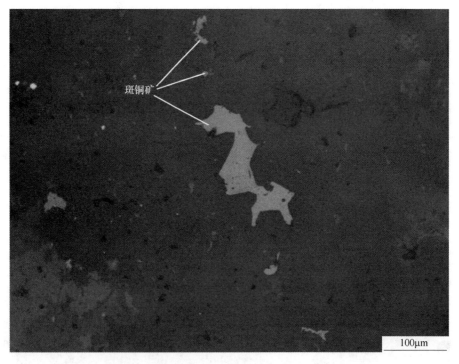

图 11-65　斑铜矿呈不规则状分布在脉石矿物中（光学显微镜，反光）

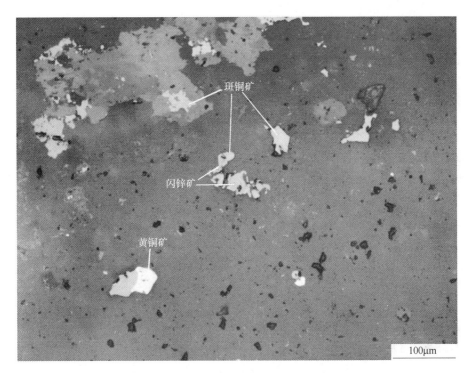

图 11-66 斑铜矿与闪锌矿、黄铜矿嵌布在一起（光学显微镜，反光）

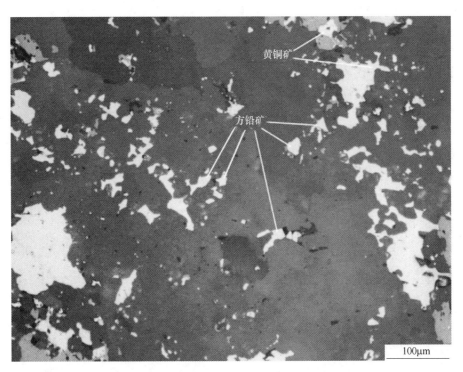

图 11-67 方铅矿呈他形粒状分布在脉石矿物中（光学显微镜，反光）

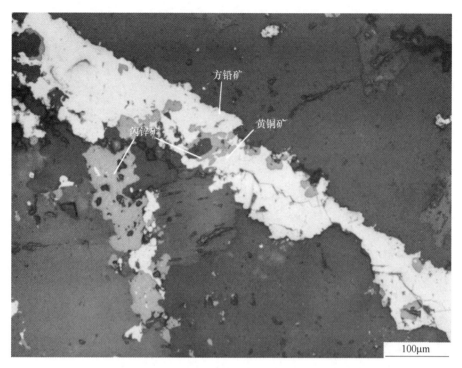

图 11-68 方铅矿呈脉状分布在脉石矿物中（光学显微镜，反光）

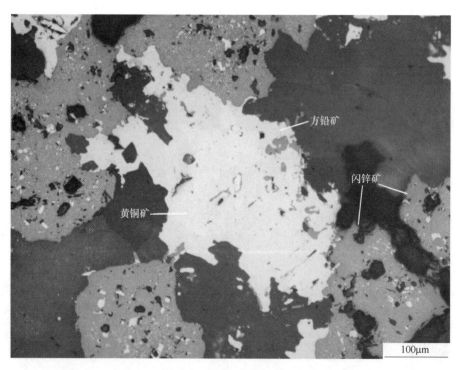

图 11-69 方铅矿与黄铜矿、闪锌矿嵌布在一起（光学显微镜，反光）

11.4.3.4 闪锌矿

闪锌矿多呈不规则状嵌布于脉石矿物中。闪锌矿与黄铜矿、方铅矿共生关系密切（见图 11-70），有时沿黄铁矿裂隙充填交代（见图 11-71）。

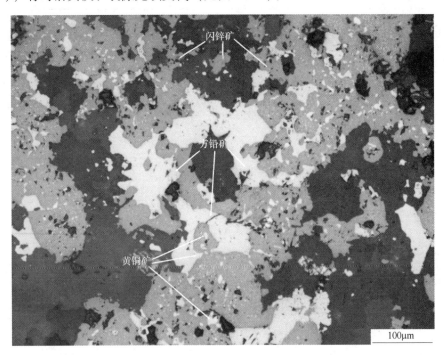

图 11-70 闪锌矿与方铅矿、黄铜矿紧密嵌布在一起（光学显微镜，反光）

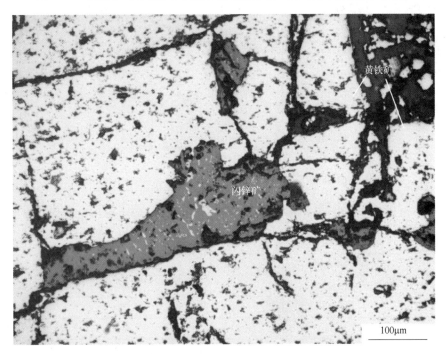

图 11-71 闪锌矿沿黄铁矿裂隙充填交代（光学显微镜，反光）

闪锌矿的 X 射线能谱分析结果见表 11-35。结果显示，该矿石中的闪锌矿普遍含 Fe，部分含 Mn。

表 11-35 闪锌矿的 X 射线能谱分析

序号	元素含量（质量分数）/%			
	Zn	Fe	Mn	S
1	65.34	1.81	—	32.85
2	60.15	5.21	—	34.64
3	58.69	6.88	—	34.43
4	62.55	3.74	—	33.71
5	65.25	1.00	—	33.76
6	64.35	2.21	—	33.44
7	62.84	2.85	—	34.31
8	63.25	3.24	—	33.51
9	54.20	8.93	2.76	34.11
10	63.45	2.19	0.59	33.76
11	63.97	2.27	—	33.75
12	55.08	8.54	2.27	34.11
13	61.22	4.45	—	34.34
14	61.57	2.94	0.80	34.69
15	52.10	11.67	2.42	33.81
16	59.86	6.47	—	33.67
17	65.34	2.08	—	32.59
18	64.89	1.36	—	33.75
19	60.79	4.08	1.27	33.86
20	64.13	3.02	—	32.85
21	62.69	2.86	—	34.46
22	62.17	3.82	—	34.02
23	58.66	6.79	1.55	33.00
24	62.48	3.62	—	33.90
25	60.98	4.77	—	34.25
26	56.70	8.74	—	34.56
27	65.82	1.23	—	32.95
28	63.81	2.82	—	33.38
29	63.29	2.38	—	34.33
30	63.53	2.48	0.77	33.22
31	57.06	8.58	—	34.36
32	65.70	1.79	—	32.51

序号	元素含量（质量分数)/%			
	Zn	Fe	Mn	S
33	61.67	5.31	—	33.02
34	64.74	1.98	—	33.28
35	55.15	8.45	1.87	34.53
36	63.89	3.22	—	32.89
37	54.13	10.26	2.14	33.47
38	59.02	5.30	1.00	34.69
39	60.25	6.35	—	33.39
40	63.40	3.02	—	33.58

11.4.3.5 黄铁矿

黄铁矿主要呈他形-半自形粒状及集合体产出；有时可见黄铁矿与黄铜矿、方铅矿、闪锌矿等硫化物矿物嵌布在一起（见图 11-72 和图 11-73）。

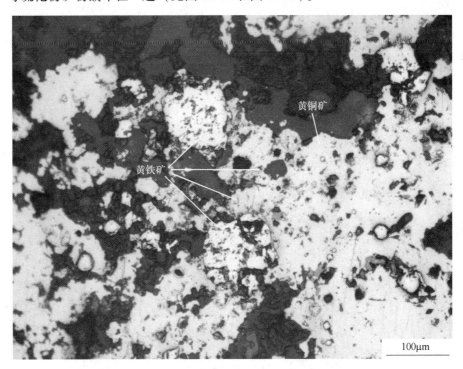

图 11-72 黄铁矿与黄铜矿嵌布在一起（光学显微镜，反光）

11.4.4 矿石中金、银矿物的嵌布特征

11.4.4.1 银金矿

银金矿主要被包裹在黄铁矿、黄铜矿及菱铁矿中（见图 11-74 和图 11-75），其次在黄铁矿裂隙中嵌布，少量分布在黄铜矿与黄铁矿、方铅矿与菱铁矿粒间。银金矿的 X 射线能谱分析数据见表 11-36。

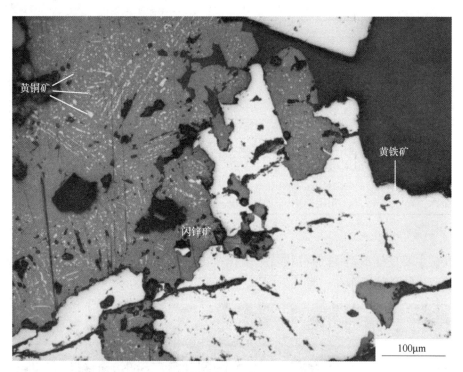

图 11-73 黄铁矿与闪锌矿嵌布在一起（光学显微镜，反光）

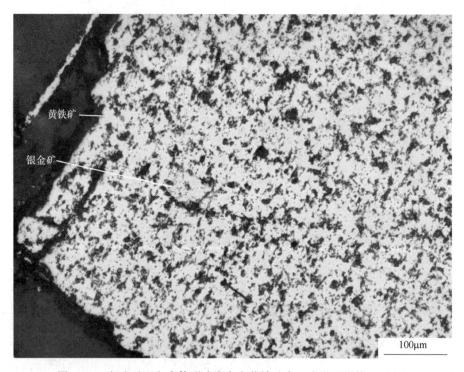

图 11-74 银金矿以包裹体形式嵌布在黄铁矿中（光学显微镜，反光）

图 11-75 银金矿以包裹体形式嵌布在菱铁矿中（光学显微镜，反光）

表 11-36 矿石中银金矿的 X 射线能谱分析

序号	元素含量（质量分数)/%		
	Au	Ag	Fe
1	79. 69	20. 31	—
2	78. 64	21. 36	—
3	78. 44	21. 56	—
4	76. 55	23. 45	—
5	76. 55	23. 45	—
6	75. 89	24. 11	—
7	73. 69	26. 31	—
8	73. 03	26. 97	—
9	71. 86	28. 14	—
10	71. 82	28. 18	—
11	71. 72	28. 28	—
12	71. 20	28. 80	—
13	70. 62	29. 38	—
14	69. 82	30. 18	—
15	68. 60	31. 40	—
16	67. 68	32. 32	—
17	66. 02	33. 98	—
18	65. 54	34. 46	—

序号	元素含量（质量分数)/%		
	Au	Ag	Fe
19	63.32	36.68	—
20	63.32	36.68	—
21	60.72	39.28	—
22	78.26	21.74	—
23	75.22	24.78	—
24	73.37	26.63	—
25	72.64	23.11	4.25
26	77.31	22.69	—
27	76.55	23.45	—
28	66.02	33.98	—
29	75.95	24.05	—
30	66.74	33.26	—
31	68.37	27.19	4.44

11.4.4.2 自然金

自然金主要以包裹体形式嵌布在黄铜矿、脉石矿物及黄铁矿中（见图 11-76 和图 11-77），少量分布在黄铁矿裂隙中（见图 11-78）。自然金的 X 射线能谱分析数据见表 11-37。

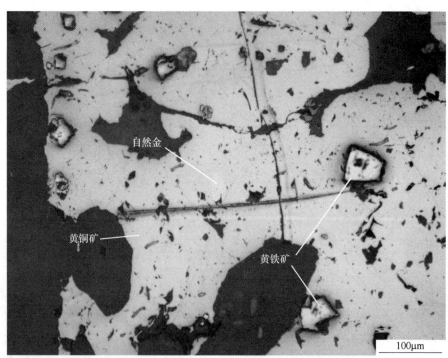

图 11-76 自然金以包裹体形式嵌布在黄铜矿中（光学显微镜，反光）

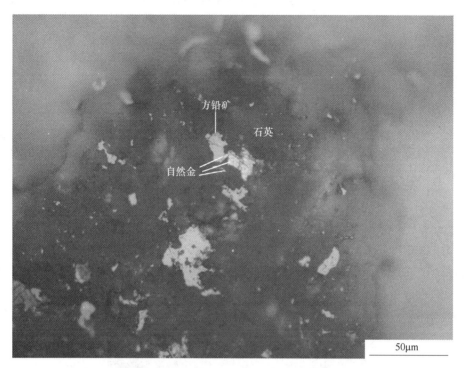

图 11-77　自然金以包裹体形式嵌布在石英中（光学显微镜，反光）

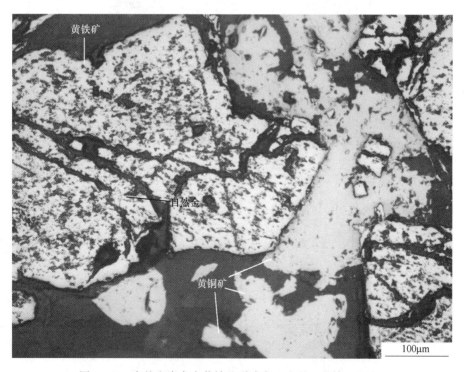

图 11-78　自然金嵌布在黄铁矿裂隙中（光学显微镜，反光）

表 11-37 自然金的 X 射线能谱分析

序号	元素含量（质量分数）/%	
	Au	Ag
1	91.09	8.91
2	92.03	7.97
3	85.18	14.82
4	80.32	19.68
5	83.68	16.32
6	82.91	17.09
7	85.40	14.60
8	82.57	17.43
9	87.98	12.02

11.4.4.3 碲金银矿

碲金银矿主要嵌布在黄铁矿裂隙中（见图 11-79）。碲金银矿的 X 射线能谱分析数据见表 11-38。

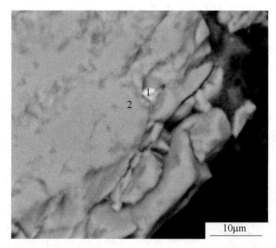

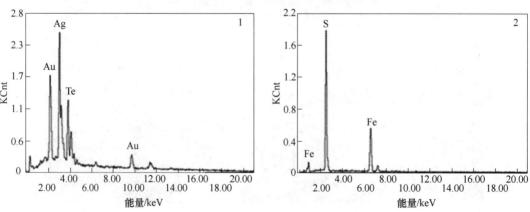

图 11-79 碲金银矿嵌布在黄铁矿裂隙中
1—碲金银矿；2—黄铁矿

表 11-38 碲金银矿的 X 射线能谱分析

序号	元素含量（质量分数）/%		
	Ag	Te	Au
1	41.50	31.15	27.35
2	54.26	34.62	11.12

利用 AMICS 对矿石中金矿物的产出特征进行统计分析，结合不同种类金矿物中的含金量，计算出金的分布率，结果见表 11-39。

表 11-39 金矿物的分布特征

矿物名称	嵌布特征	占矿石中总金矿物量的比率/%	占矿石中总金的比率/%	与载体或相关矿物的关系
自然金	裂隙金	7.89	8.61	全部分布在黄铁矿裂隙中
	粒间金	0.20	0.21	主要分布在硫铋铜矿和脉石粒间
	包裹金	13.34	14.54	78.81%包裹在黄铜矿中，21.13%包裹在脉石中，少量包裹在黄铁矿中
银金矿	裂隙金	2.25	1.94	全部分布在黄铁矿裂隙中
	粒间金	8.26	7.85	66.94%分布在黄铜矿与黄铁矿粒间，21.89%分布在方铅矿与脉石粒间，8.82%分布在黄铜矿、黄铁矿和方铅矿粒间，另有少量分布在针硫铋铅矿与脉石粒间
	包裹金	67.75	66.74	65.20%包裹在黄铁矿中，18.06%包裹在黄铜矿中，15.87%包裹在菱铁矿中，另有少量包裹在针硫铋铅矿、闪锌矿和脉石中
碲金银矿	裂隙金	0.32	0.11	全部分布在黄铁矿裂隙中

11.4.4.4 碲银矿

碲银矿主要呈粒状、长条状以包裹银的形式存在，其次以粒间银的形式存在，少量以裂隙银的形式产出。包裹银主要是在方铅矿中（见图 11-80），其次包裹于黄铁矿和黄铜矿中（见图 11-81），另有少量包裹于脉石矿物、针硫铋铅矿、碲铋矿、闪锌矿（见图 11-82）等矿物中。粒间银主要分布在黄铜矿与黄铁矿、黄铜矿与脉石、闪锌矿与脉石粒间。此外，还有少量碲银矿以黄铜矿和脉石裂隙银的形式存在。

11.4.4.5 银黝铜矿

银黝铜矿主要呈他形粒状嵌布在脉石矿物中，也常见银黝铜矿与黄铜矿、方铅矿、闪锌矿、黄铁矿等密切嵌布在一起（见图 11-83），少量被包裹在闪锌矿、方铅矿中（见图 11-84 和图 11-85）。黝铜矿的 X 射线能谱分析结果见表 11-40。

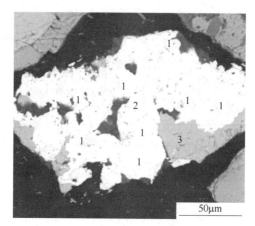

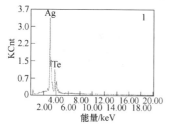 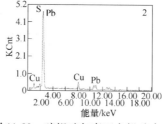 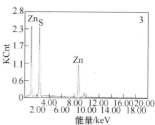

图 11-80　碲银矿包裹于方铅矿中

1—碲银矿；2—方铅矿；3—闪锌矿

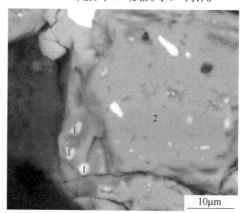

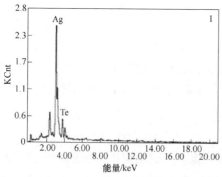 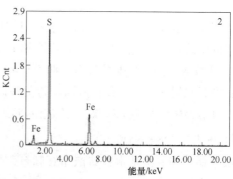

图 11-81　碲银矿包裹于黄铁矿中

1—碲银矿；2—黄铁矿

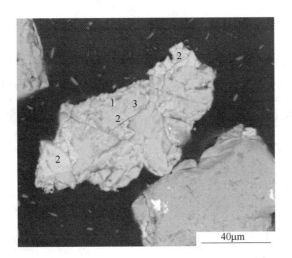

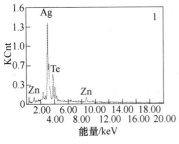
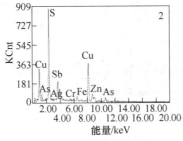
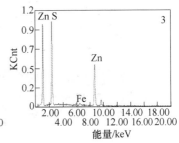

图 11-82 碲银矿被闪锌矿包裹
1—碲银矿；2—银黝铜矿；3—闪锌矿

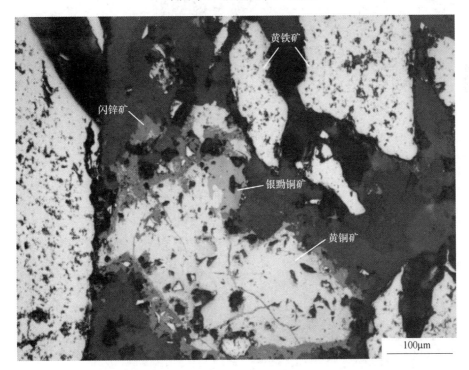

图 11-83 银黝铜矿与黄铜矿、闪锌矿嵌布在一起（光学显微镜，反光）

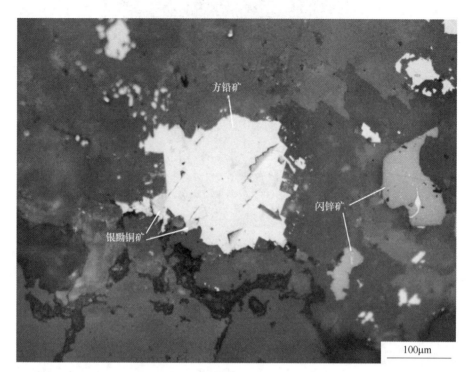

图 11-84 银黝铜矿被包裹在方铅矿中（光学显微镜，反光）

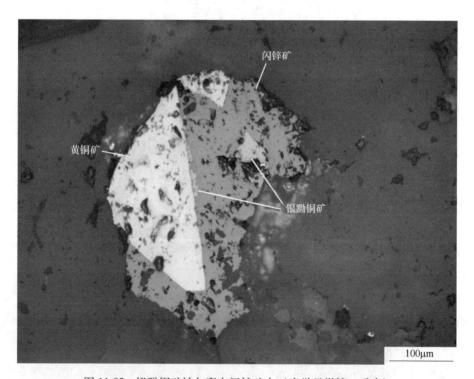

图 11-85 银黝铜矿被包裹在闪锌矿中（光学显微镜，反光）

表 11-40　黝铜矿的 X 射线能谱分析

序号	元素含量（质量分数)/%							矿物名称
	Cu	Sb	Zn	As	Fe	Ag	S	
1	35.61	23.57	7.81	3.04	0.83	0.16	24.25	
2	33.74	27.84	6.59	1.41	1.66	0.20	25.41	
3	38.03	14.74	6.98	10.41	1.37	0.29	27.50	
4	41.32	2.56	7.45	16.32	1.44	0.47	29.14	
5	39.71	12.58	8.15	8.17	1.07	0.96	27.94	
6	39.65	—	12.18	13.64	1.48	1.17	31.24	
7	35.32	25.89	7.94	2.87	—	1.42	26.01	
8	37.66	20.67	7.76	5.69	1.33	1.70	25.71	
9	33.28	28.55	7.64	—	—	1.77	24.55	
10	35.02	28.80	7.87	—	—	1.81	24.19	银黝铜矿
11	35.64	25.77	7.43	2.64	1.18	1.95	25.93	
12	37.29	8.68	7.87	12.05	4.68	1.97	29.43	
13	37.87	9.48	7.87	11.35	3.60	2.19	29.84	
14	35.74	25.53	7.22	3.09	1.98	2.38	26.45	
15	34.43	7.91	4.57	5.49	12.72	3.16	34.88	
16	37.71	24.15	7.12	3.06	1.68	3.36	26.28	
17	40.64	—	8.50	20.71	—	4.12	30.16	
18	41.77	—	9.97	16.73	4.05	4.89	27.48	
19	42.07	25.74	5.31	—	2.16	5.98	24.72	
20	36.57	26.19	9.97	2.16	—	—	25.56	
21	36.48	23.81	10.03	3.90	—	—	25.78	
22	37.18	24.36	8.79	3.84	—	—	25.83	
23	35.73	24.05	8.31	4.57	—	—	27.34	
24	38.55	14.46	6.25	11.76	—	—	28.98	
25	39.15	—	8.70	21.32	—	—	30.83	
26	35.85	22.72	7.98	4.48	—	—	28.96	
27	34.00	—	8.01	12.01	10.77	—	35.21	
28	37.53	—	7.12	22.36	1.52	—	31.47	
29	35.82	15.53	6.07	12.79	—	—	29.79	
30	38.19	18.47	8.29	8.13	—	—	26.92	黝铜矿
31	38.37	15.85	9.90	7.58	—	—	28.29	
32	40.09	—	10.32	19.75	—	—	29.84	
33	40.29	—	8.87	20.74	—	—	30.10	
34	40.53	—	8.50	20.65	1.03	—	29.29	
35	39.51	15.04	10.19	7.58	—	—	27.68	
36	42.06	13.22	6.95	8.27	—	—	29.50	
37	42.71	7.60	7.90	12.41	—	—	29.38	
38	43.55	8.11	5.02	12.39	—	—	30.93	
39	41.26	8.18	8.09	11.84	—	—	30.63	

序号	元素含量（质量分数）/%							矿物名称
	Cu	Sb	Zn	As	Fe	Ag	S	
40	43.66	3.37	7.96	16.36	—	—	28.65	
41	39.47	21.86	7.64	3.71	—	—	27.33	
42	37.00	21.13	9.77	5.98	—	—	26.11	
43	37.03	24.22	9.24	3.71	—	—	25.80	
44	40.47	4.99	8.79	16.55	—	—	29.20	
45	39.05	21.43	7.17	4.95	—	—	27.25	
46	38.72	1.49	6.14	20.74	1.44	—	31.27	黝铜矿
47	37.66	20.66	10.13	5.17	—	—	26.10	
48	32.71	20.60	10.94	4.00	1.10	—	30.18	
49	40.56	17.77	8.76	5.66	1.40	—	24.16	
50	39.43	18.64	7.94	4.80	3.37	—	23.87	
51	40.03	21.64	8.42	3.41	0.82	—	23.50	
52	40.22	16.92	9.26	5.45	1.08	—	23.90	

11.4.4.6 其他银矿物

矿石中还含有辉银矿、硫银铋矿、辉铜银矿、硫碲银矿、硫锑铜银矿、硫铋铜银矿、硫铜银矿、辉硒银矿、硫铋铅银矿、深红银矿等其他银矿物。这些银矿物主要包裹于方铅矿、黄铜矿和黄铁矿中（见图 11-86~图 11-89）；此外，还有一部分银矿物分布在方铅矿与闪锌矿、方铅矿与铜矿物、闪锌矿与脉石、黄铁矿与脉石粒间。

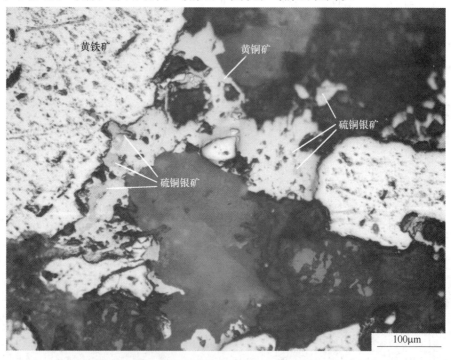

图 11-86 硫铜银矿被包裹在黄铜矿中（光学显微镜，反光）

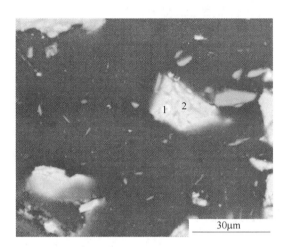

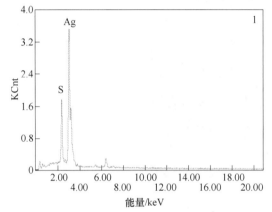
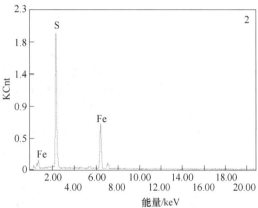

图 11-87 辉银矿包裹于黄铁矿中

1—辉银矿；2—黄铁矿

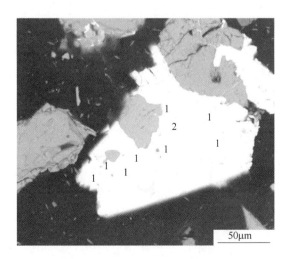

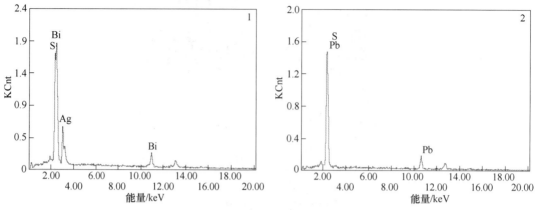

图 11-88 硫银铋矿被方铅矿包裹

1—硫银铋矿；2—方铅矿

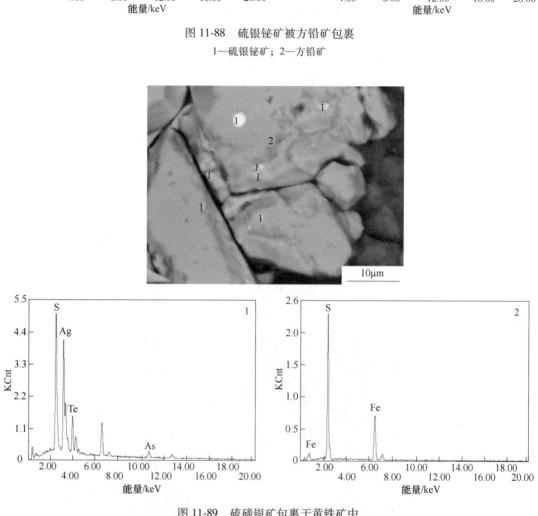

图 11-89 硫碲银矿包裹于黄铁矿中

1—硫碲银矿；2—黄铁矿

利用 AMICS 对矿石中不同种类银矿物的产出特征进行统计分析，结合不同种类银矿物中的含银量，计算出银的分布率，结果见表 11-41。

表 11-41 银矿物的分布特征

矿物名称	嵌布特征	占矿石中总银矿物量的比率/%	占矿石中总银的比率/%	与载体或相关矿物的关系
碲银矿	裂隙银	2.35	2.47	36.61%分布在脉石裂隙中
	粒间银	9.46	9.93	38.73%分布在黄铜矿、硫铋铜矿与脉石粒间，25.55%分布在针硫铋铅矿与碲镍矿粒间，25.11%分布在闪锌矿与脉石粒间，少量分布在方铅矿与黄铜矿、方铅矿与闪锌矿、黄铁矿与针硫铋铅矿粒间
	包裹银	60.14	63.14	19.37%包裹在黄铜矿、硫铋铜矿中，少量包裹在脉石、针硫铋铅矿中
辉铜银矿	包裹银	1.98	2.37	主要包裹在方铅矿中
辉硒银矿	包裹银	0.02	0.03	主要包裹在黄铜矿中
辉银矿	裂隙银	0.06	0.08	主要分布在脉石裂隙中
	粒间银	0.97	1.41	主要分布在方铅矿与黝铜矿、方铅矿与闪锌矿粒间，少量分布在闪锌矿与脉石、黝铜矿与脉石粒间
	包裹银	1.65	2.40	主要包裹在黄铁矿中
硫铋铅银矿	包裹银	0.18	0.03	主要包裹在黄铁矿中
硫铋铜银矿	包裹银	0.14	0.16	主要包裹在方铅矿中
硫碲银矿	粒间银	0.11	0.11	主要分布在方铅矿与闪锌矿、闪锌矿与脉石粒间
	包裹银	1.08	1.06	78.19%包裹在黄铁矿中，15.79%包裹在黄铜矿中，少量包裹在闪锌矿和脉石中
硫锑铜银矿	包裹银	0.72	0.76	主要包裹在黄铁矿中
硫铜银矿	粒间银	6.86	6.51	主要分布在黄铜矿与黄铁矿粒间
	包裹银	6.01	5.70	主要包裹在黄铜矿中
硫银铋矿	粒间银	0.54	0.25	主要分布在方铅矿与黄铜矿、硫铜铋矿与脉石粒间
	包裹银	7.69	3.56	主要包裹在方铅矿和黄铁矿中
深红银矿	包裹银	0.04	0.04	主要包裹在黄铁矿中

11.4.5 矿石中重要矿物的嵌布粒度

矿石中金属硫化物矿物粒度分布不均，闪锌矿和黄铁矿的粒度最粗，其次为硫化铜矿物，方铅矿的粒度最细（见表 11-42）。

表 11-42 矿石中金属硫化物矿物的粒度组成

粒级/mm	硫化铜矿物		方铅矿		闪锌矿		黄铁矿	
	分布率/%	累计/%	分布率/%	累计/%	分布率/%	累计/%	分布率/%	累计/%
+2	—	—	—	—	6.04	6.04	1.53	1.53
−2+1.651	—	—	—	—	5.73	11.77	1.71	3.24
−1.651+1.168	1.16	1.16	—	—	6.32	18.09	3.52	6.76
−1.168+0.833	2.46	3.62	—	—	4.93	23.02	8.12	14.88
−0.833+0.589	3.51	7.13	1.23	1.23	6.69	29.71	9.99	24.87
−0.587+0.417	5.58	12.71	1.74	2.97	8.57	38.28	11.69	36.56
−0.417+0.295	7.75	20.46	3.69	6.66	8.62	46.90	13.72	50.28
−0.295+0.208	12.19	32.65	7.83	14.49	8.91	55.81	13.23	63.51
−0.208+0.147	13.79	46.44	12.89	27.38	9.07	64.88	10.36	73.87
−0.147+0.104	10.52	56.96	11.93	39.31	8.78	73.66	7.38	81.25
−0.104+0.074	10.42	67.38	12.77	52.08	8.22	81.88	5.92	87.17
−0.074+0.043	15.24	82.62	22.85	74.93	10.23	92.11	6.32	93.49
−0.043+0.020	10.61	93.23	14.76	89.69	4.98	97.09	3.80	97.29
−0.020+0.015	3.13	96.36	5.14	94.83	1.55	98.64	1.21	98.50
−0.015+0.010	2.29	98.65	3.55	98.38	0.95	99.59	0.96	99.46
−0.010	1.35	100.00	1.62	100.00	0.41	100.00	0.54	100.00

从表 11-43 可知，金矿物的粒度相对银矿物较粗。银矿物的粒度较细，0.020mm 以下占 83.65%。

表 11-43 矿石中金银矿物的粒度组成

粒级/mm	金矿物		银矿物		银黝铜矿	
	分布率/%	累计/%	分布率/%	累计/%	分布率/%	累计/%
−0.100+0.040	43.13	43.13	—	—	13.49	13.49
−0.040+0.020	10.33	53.46	16.35	16.35	46.07	59.56
−0.020+0.010	35.81	89.27	29.42	45.78	25.76	85.33
−0.010+0.005	7.48	96.75	34.23	80.01	11.46	96.79
−0.005	3.25	100.00	19.99	100.00	3.21	100.00

11.4.6 磨矿产品中重要矿物的解离度

金属硫化物矿物解离特征分析（见表 11-44～表 11-47）结果显示，当磨矿细度在 −0.074mm 占 60% 时，黄铜矿、方铅矿的解离度分别为 44.96%、55.28%，解离情况较差；闪锌矿的解离程度稍高，为 60.41%，不过解离不充分；黄铁矿的解离度最高，为 76.27%。

随着磨矿细度的增加，当磨矿细度提高到-0.074mm 占 70%时，各矿物的单体解离度均有明显提升，硫化铜矿物、方铅矿、闪锌矿的解离度分别达到 69.10%、67.35%、75.48%，解离仍然不够充分，黄铁矿的解离度达到 87.99%，解离较充分。其中，连生体部分，硫化铜主要与脉石、黄铁矿连生；方铅矿主要与脉石、闪锌矿连生；闪锌矿主要与脉石连生。

当磨矿细度达到-0.074mm 占 80%时，方铅矿的解离度为 74.63%，解离不够充分，连生体主要与脉石、闪锌矿连生，其次为与黄铁矿、硫化铜矿物连生；硫化铜矿物、闪锌矿的解离度分别为 80.73%、83.70%，解离较充分，连生体部分均主要与脉石矿物连生；黄铁矿的单体解离度可达 92.62%，解离充分。

表 11-44 硫化铜矿物的解离特征

磨矿细度 -0.074mm 占比/%	单体/%	连生体/%			
		方铅矿	闪锌矿	黄铁矿	脉石
60	44.96	2.39	6.91	16.78	28.96
65	55.32	2.06	5.64	13.34	23.64
70	69.10	1.89	4.29	10.81	13.91
75	73.64	1.33	4.24	9.25	11.54
80	80.73	0.47	3.97	4.62	10.21

表 11-45 方铅矿的解离特征

磨矿细度 -0.074mm 占比/%	单体/%	连生体/%			
		硫化铜	闪锌矿	黄铁矿	脉石
60	55.28	3.96	15.85	9.33	15.58
65	63.84	3.64	12.85	6.45	13.22
70	67.35	3.11	10.82	6.21	12.51
75	69.57	2.88	10.43	5.09	12.03
80	74.63	2.61	8.69	4.73	9.34

表 11-46 闪锌矿的解离特征

磨矿细度 -0.074mm 占比/%	单体/%	连生体/%			
		方铅矿	硫化铜	黄铁矿	脉石
60	60.41	4.99	6.50	6.85	21.25
65	69.60	4.45	4.22	4.82	16.91
70	75.48	4.02	4.05	3.93	12.52
75	80.33	3.22	3.14	3.10	10.21
80	83.70	2.07	2.76	2.16	9.31

表 11-47　黄铁矿的解离特征

磨矿细度 -0.074mm 占比/%	单体/%	连生体/%			
		方铅矿	闪锌矿	硫化铜	脉石
60	76.27	1.17	2.01	3.57	16.98
65	84.31	0.79	1.83	3.11	9.96
70	87.99	0.61	1.56	2.88	6.96
75	91.17	0.50	1.39	1.12	5.82
80	92.62	0.27	1.19	1.08	4.84

11.4.7　矿石中金、银的赋存状态

　　矿石中的金主要分布在银金矿中，金的分布率为 76.53%，其次分布在自然金中，另有少量分布在碲金银矿中。金在不同矿物中的分布情况见表 11-48。

表 11-48　金在不同矿物中的分布

矿物名称	金矿物相对含量/%	分布率/%
自然金	21.42	23.36
银金矿	78.26	76.53
碲金银矿	0.32	0.21

　　矿石中的银主要分布在碲银矿中，其分布率为 70.46%；其次为硫铜银矿，其银分布率为 11.39%；银黝铜矿中银的分布率为 6.75%；另有少量银分布在辉银矿、硫银铋矿、辉铜银矿、硫锑铜银矿、硫碲银矿、硫铋铜银矿、深红银矿等银矿物中。银在不同矿物中的分布情况见表 11-49。

表 11-49　银在不同矿物中的分布

矿物名称	银矿物相对含量/%	分布率/%
碲银矿	12.43	70.46
辉铜银矿	0.34	2.22
辉硒银矿	0.00	0.03
辉银矿	0.46	3.60
硫铋铅银矿	0.03	0.03
硫铋铜银矿	0.02	0.14
硫碲银矿	0.21	1.09
硫锑铜银矿	0.12	0.71
硫铜银矿	2.22	11.39
硫银铋矿	1.42	3.55
深红银矿	0.01	0.04
银黝铜矿	82.72	6.75

　　黄铜矿、闪锌矿与黄铁矿关系密切是影响铜、锌浮选分离的主要因素。此外，闪锌矿本身普遍含有少量的铁，对锌精矿的品位会造成一定的影响。影响铅回收的因素主要是方铅矿不仅含量低，而且嵌布粒度细，有 10.31% 方铅矿的粒度小于 20μm，这部分微细粒方

铅矿易损失到尾矿中。

矿石中有43.52%的金以黄铁矿包裹金形式存在，还有10.59%的金被包裹在菱铁矿中，而且菱铁矿又和黄铁矿关系较为密切，只有细磨矿才有利于这部分金的回收。矿石中的银矿物种类多样且粒度细，0.020mm以下占83.65%。碲银矿是主要的回收银矿物，其次为银黝铜矿，另有少量辉银矿、硫铜银矿、硫银铋矿、辉银矿、硫碲银矿、硫铜银矿等银矿物。由于银矿物种类多样，浮游性能也不一致。此外，有19.32%和6.39%的银分别被包裹在黄铁矿和脉石中，由于矿石粒度细，细磨矿也较难完全单体解离，主要随着载体矿物的走向而分布。

矿石中脉石矿物有绢云母、高岭石等矿物，这些层状硅酸盐矿物易浮、易泥化，在浮选时易进入精矿而影响精矿品位的提高，所以在选矿过程中要注意抑制这部分脉石矿物。

11.5 铂钯矿

11.5.1 矿石的化学组成

矿石的多组分化学分析结果见表11-50。

表 11-50 矿石的多组分化学分析

化学成分	Pt	Pd	Au	Cu	Ni	Fe	S
含量（质量分数）/%	1.42g/t	1.49g/t	0.44g/t	0.16	0.25	8.60	0.66
化学成分	TiO_2	SiO_2	CaO	MgO	Al_2O_3	K_2O	Na_2O
含量（质量分数）/%	0.28	50.29	4.76	20.73	5.63	0.26	0.60

11.5.2 矿石的矿物组成

矿石中铂族矿物的种类较多，共有17种。它们主要为铋碲铂矿、硫镍钯铂矿、碲铋钯矿、铋碲钯铂矿，其次为硫铂矿、铋碲铂钯矿、硫砷铂矿、铋钯矿及砷铂矿、锡铂钯矿、自然铂、自然钯、自然铑、硫钌矿、碲银钯矿、砷铂铱矿和砷二钯矿等。

矿石中金属矿物主要为镍黄铁矿、钛铁矿、磁黄铁矿和黄铜矿，其次为黄铁矿及少量的紫硫镍矿、磁铁矿等。非金属矿物主要为古铜辉石，其次为斜长石，另有少量的透辉石、滑石及微量的绿泥石、黑云母等。矿物的相对含量见表11-51。

表 11-51 矿石中矿物的相对含量

矿物名称	磁黄铁矿	黄铜矿	镍黄铁矿	钛铁矿	黄铁矿	古铜辉石	透辉石	斜长石	滑石	其他
含量（质量分数）/%	0.51	0.46	0.68	0.55	0.13	68.73	7.30	16.06	4.69	0.89

11.5.3 矿石中主要铂钯矿物的嵌布特征

11.5.3.1 碲铋钯矿

碲铋钯矿主要与硫化物矿物嵌布在一起（见图11-90），其次嵌布于脉石矿物中（见

图 11-91）。碲铋钯矿的粒度主要分布在−20+10μm。矿石中碲铋钯矿的 X 射线能谱分析结果见表 11-52。

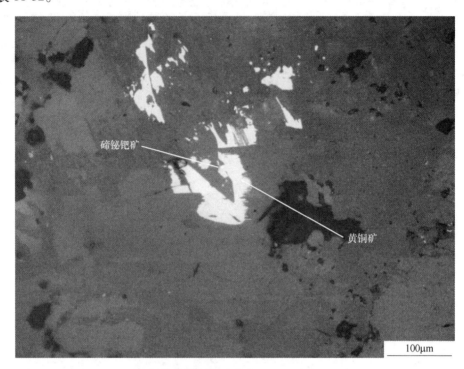

图 11-90　碲铋钯矿与黄铜矿嵌布在一起（光学显微镜，反光）

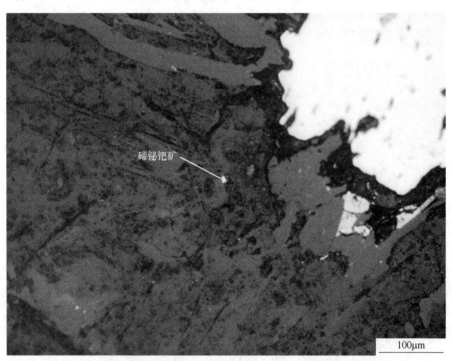

图 11-91　碲铋钯矿嵌布于脉石矿物中（光学显微镜，反光）

表 11-52 碲铋钯矿的 X 射线能谱分析

序号	元素含量（质量分数）/%					
	Pd	Te	Bi	Fe	Ni	Ag
1	22.22	24.66	46.30	6.82	—	—
2	22.02	30.77	42.56	4.65	—	—
3	22.79	54.04	20.00	—	3.17	—
4	24.29	29.06	46.65	—	—	—
5	34.28	35.47	30.25	—	—	—
6	39.16	13.63	47.21	—	—	—
7	38.98	12.12	48.9	—	—	—
8	31.18	10.69	58.13	—	—	—
9	28.05	13.99	57.96	—	—	—
10	23.66	28.26	48.08	—	—	—
11	18.98	49.06	23.02	2.08	5.02	1.84
12	39.84	32.24	27.05	0.87	—	—
13	29.11	20.68	33.75	7.59	6.85	2.02
14	24.04	30.45	43.71	1.80	—	—
15	23.25	29.26	46.69	0.80	—	—
16	39.25	34.08	24.53	2.14	—	—
17	33.23	25.32	38.28	3.17	—	—
18	23.59	29.59	45.28	1.54	—	—
19	36.99	19.42	42.66	0.93	—	—
20	36.88	21.78	41.34	—	—	—
21	22.02	50.53	26.00	—	1.45	—
22	38.20	28.11	33.69	—	—	—
23	37.21	26.91	35.88	—	—	—
24	37.31	22.44	40.25	—	—	—
25	34.84	19.41	45.75	—	—	—
26	38.65	31.44	29.91	—	—	—
27	39.20	23.11	37.69	—	—	—
28	28.11	34.93	36.96	—	—	—
29	23.88	29.98	46.14	—	—	—
30	34.92	13.64	51.44	—	—	—

11.5.3.2 铋碲铂矿

铋碲铂矿大部分与硫化物矿物嵌布在一起（见图 11-92），其次以包裹体形式嵌布于脉石矿物中（见图 11-93），另有少量铋碲铂矿沿脉石矿物的裂隙充填。铋碲铂矿粒度分布在 $-40+2\mu m$。矿石中铋碲铂矿的 X 射线能谱分析结果见表 11-53。

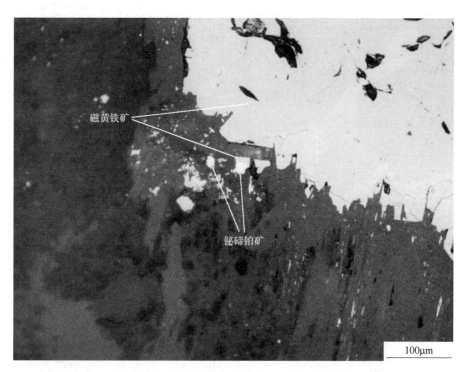

图 11-92 铋碲铂矿与磁黄铁矿嵌布在一起（光学显微镜，反光）

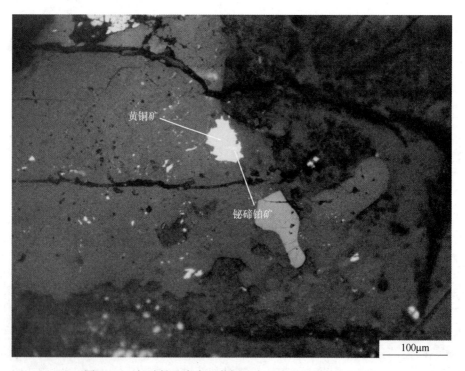

图 11-93 铋碲铂矿嵌布于黄铜矿中（光学显微镜，反光）

表 11-53 铋碲铂矿的 X 射线能谱分析

序号	元素含量（质量分数）/%				
	Pt	Te	Bi	Fe	Ni
1	39.99	35.11	24.08	0.82	—
2	36.40	40.62	21.81	1.17	—
3	35.83	44.44	18.57	1.16	—
4	37.64	31.60	28.64	2.12	—
5	39.04	36.50	24.46	—	—
6	36.69	30.81	25.98	4.50	2.02
7	45.62	37.42	16.96	—	—
8	40.80	28.94	30.26	—	—
9	39.50	37.50	21.89	1.11	—
10	41.85	41.46	15.09	1.60	—
11	37.12	26.75	33.82	2.31	—
12	35.79	22.79	40.17	1.25	—
13	37.18	32.58	27.06	3.18	—
14	38.69	33.06	26.84	1.41	—
15	39.28	36.86	22.34	1.52	—
16	37.62	35.75	26.63	—	—
17	38.38	37.52	20.97	2.32	0.81
18	43.18	32.57	24.25	—	—
19	43.19	34.77	22.04	—	—
20	42.81	26.83	30.36	—	—
21	43.04	32.82	24.14	—	—
22	43.27	34.87	21.86	—	—
23	34.52	47.26	18.22	—	—

11.5.3.3 砷铂矿

砷铂矿主要以包裹体形式嵌布于脉石矿物中或沿脉石的裂隙充填（见图 11-94），其次与硫化物矿物嵌布在一起（见图 11-95）。砷铂矿粒度分布在 $-30+1\mu m$。砷铂矿的 X 射线能谱分析结果见表 11-54。

图 11-94   砷铂矿嵌布于脉石矿物中（光学显微镜，反光）

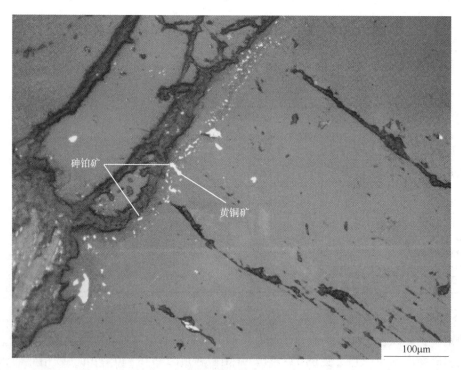

图 11-95   砷铂矿与黄铜矿嵌布在一起（光学显微镜，反光）

表 11-54 砷铂矿的 X 射线能谱分析

序号	元素含量（质量分数）/%			
	Pt	As	Fe	Ni
1	56.70	41.72	1.58	—
2	53.70	37.27	9.03	—
3	57.63	41.48	0.89	—
4	55.69	38.24	3.83	2.24
5	57.49	42.51	—	—
6	57.55	41.29	1.16	—
7	56.82	40.67	2.51	—
8	56.27	41.54	2.19	—
9	54.96	42.61	1.97	0.46
10	56.51	41.47	2.02	—
11	56.45	42.34	1.21	—
12	57.11	41.67	1.22	—
13	57.81	40.75	1.44	—
14	56.11	41.88	2.01	—
15	57.82	42.18	—	—
16	57.45	41.02	1.53	—
17	58.69	41.31	—	—
18	58.04	41.96	—	—
19	58.09	41.91	—	—
20	59.85	40.15	—	—
21	59.79	40.21	—	—
22	56.37	43.63	—	—
23	57.99	42.01	—	—
24	56.81	43.19	—	—
25	56.94	41.37	1.69	—
26	57.02	40.72	2.26	—

11.5.3.4 铋碲钯铂矿

铋碲钯铂矿常与硫化物矿物嵌布在一起（见图 11-96），其次以包裹体形式嵌布于脉石矿物中（见图 11-97）。铋碲钯铂矿粒度小于 30μm。铋碲钯铂矿的 X 射线能谱分析结果见表 11-55。

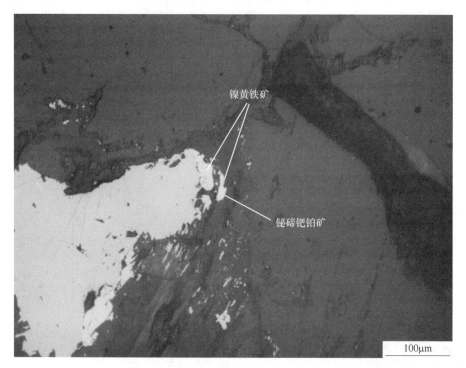

图 11-96 铋碲钯铂矿与镍黄铁矿嵌布在一起（光学显微镜，反光）

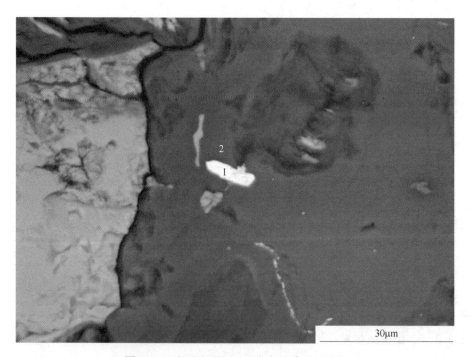

图 11-97 铋碲钯铂矿（1）嵌布于脉石（2）中

表 11-55 铋碲钯铂矿的 X 射线能谱分析

序号	元素含量（质量分数）/%					
	Pt	Pd	Te	Bi	Fe	Ni
1	19. 32	11. 49	44. 28	23. 45	1. 46	—
2	28. 44	4. 17	41. 52	23. 57	2. 30	—
3	35. 24	3. 35	40. 38	19. 66	1. 37	
4	33. 69	2. 97	34. 56	24. 49	3. 53	0. 76
5	27. 24	9. 31	38. 41	21. 81	3. 23	
6	34. 62	4. 18	40. 38	19. 84	0. 98	
7	12. 63	10. 38	50. 58	19. 99	0. 75	5. 67
8	27. 10	5. 57	42. 03	25. 30	—	—
9	32. 90	4. 41	35. 41	27. 28	—	—
10	34. 28	3. 24	42. 22	16. 87	3. 39	—
11	22. 49	3. 83	47. 14	23. 86	0. 95	1. 73
12	22. 13	11. 85	44. 66	18. 30	1. 40	1. 66

11.5.3.5 硫镍钯铂矿

硫镍钯铂矿主要以包裹体形式嵌布于脉石矿物中或沿脉石的裂隙充填（见图 11-98），其次与硫化物矿物嵌布在一起（见图 11-99）。硫镍钯铂矿粒度小于 30μm。硫镍钯铂矿的 X 射线能谱分析结果见表 11-56。

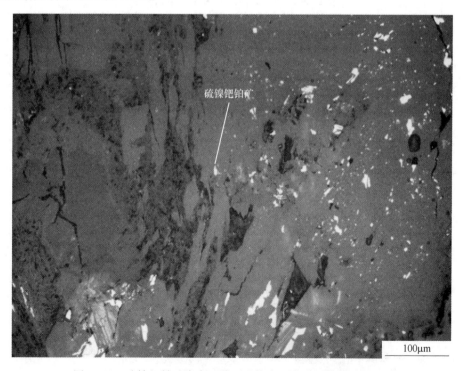

图 11-98 硫镍钯铂矿嵌布于脉石矿物中（光学显微镜，反光）

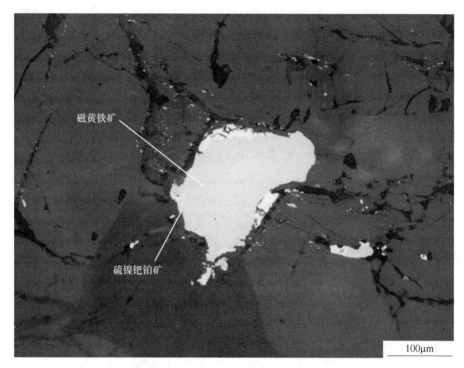

图 11-99 硫镍钯铂矿与磁黄铁矿嵌布在一起（光学显微镜，反光）

表 11-56 硫镍钯铂矿的 X 射线能谱分析

序号	元素含量（质量分数）/%				
	Pt	Pd	Fe	Ni	S
1	46.46	26.37	1.96	7.63	17.58
2	55.28	23.44	—	—	21.28
3	35.43	34.71	1.25	6.16	22.45
4	44.65	28.40	—	6.37	20.58
5	49.10	25.72	—	4.17	21.01
6	60.23	15.47	1.06	5.70	17.54
7	62.04	13.56	2.02	2.83	19.55
8	38.53	30.48	1.65	8.51	20.83
9	50.95	24.21	0.96	4.27	19.61
10	45.74	29.16	—	4.75	20.35
11	48.41	26.08	1.07	4.55	19.89
12	49.16	30.26	—	—	20.58
13	55.15	20.67	—	4.99	19.19

11.5.3.6 硫砷铂矿

硫砷铂矿大多与硫化物矿物嵌布在一起（见图 11-100），少量以包裹体形式嵌布于脉石矿物中（见图 11-101），其粒度主要分布在−20+2μm。硫砷铂矿的 X 射线能谱分析结果见表 11-57。

图 11-100　硫砷铂矿与黄铜矿嵌布在一起（光学显微镜，反光）

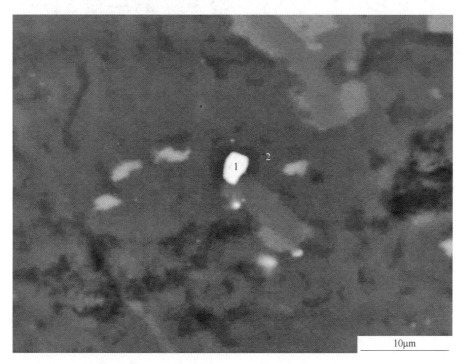

图 11-101　硫砷铂矿(1)嵌布于脉石(2)中

表 11-57 硫砷铂矿的 X 射线能谱分析

序号	元素含量（质量分数）/%						
	Pt	Fe	Ni	S	As	Rh	Ru
1	24.87	1.10	—	16.64	32.65	24.74	—
2	46.88	3.78	2.22	5.34	36.87	4.91	—
3	16.85	1.45	1.08	18.90	32.56	29.16	—
4	32.60	1.13	—	14.02	30.72	9.74	11.79
5	30.96	2.13	—	20.79	26.58	—	19.54
6	21.30	1.72	—	12.86	33.23	30.89	—

11.5.3.7 铋碲铂钯矿

铋碲铂钯矿主要与硫化物矿物嵌布在一起（见图 11-102），其次以包裹体嵌布于脉石矿物中。铋碲铂钯矿粒度小于 10μm，X 射线能谱分析结果见表 11-58。

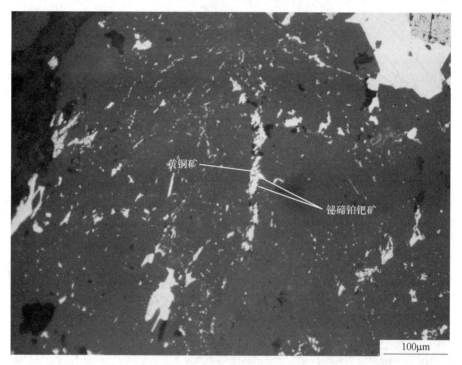

图 11-102 铋碲铂钯矿与黄铜矿嵌布在一起（光学显微镜，反光）

表 11-58 铋碲铂钯矿的 X 射线能谱分析

序号	元素含量（质量分数）/%			
	Pt	Pd	Te	Bi
1	15.15	16.60	49.36	18.89
2	16.31	22.68	30.67	30.34
3	3.38	35.99	24.07	36.56

序号	元素含量（质量分数）/%			
	Pt	Pd	Te	Bi
4	7.60	31.57	36.50	24.33
5	6.70	19.87	26.74	46.69
6	4.53	22.22	28.09	45.16
7	7.59	19.46	27.81	45.14
8	8.94	17.59	25.95	47.52
9	6.68	19.71	31.13	42.48
10	6.39	22.70	46.70	24.21

11.5.3.8 硫铂矿

硫铂矿主要以细粒包裹体形式嵌布于脉石矿物中，其次与硫化物矿物嵌布在一起。硫铂矿的粒度小于 10μm，X 射线能谱分析结果见表 11-59。

表 11-59 硫铂矿的 X 射线能谱分析

序号	元素含量（质量分数）/%		
	Pt	Fe	S
1	82.45	2.30	15.25
2	84.19	—	15.81
3	82.39	2.03	15.58
4	84.37	—	15.63
5	87.45	—	12.55

11.5.3.9 铋钯矿

铋钯矿主要以细粒包裹体形式嵌布于脉石矿物中（见图 11-103），其次与硫化物矿物嵌布在一起。铋钯矿的粒度小于 10μm，X 射线能谱分析结果见表 11-60。

表 11-60 铋钯矿的 X 射线能谱分析

序号	元素含量（质量分数）/%	
	Pd	Bi
1	50.31	49.69
2	40.42	59.58
3	37.70	62.30
4	41.75	58.25

11.5.3.10 硫铂矿

硫铂矿主要以细粒包裹体形式嵌布于脉石矿物中（见图 11-104），其次与硫化物矿物嵌布在一起。硫铂矿的粒度小于 10μm，X 射线能谱分析结果见表 11-61。

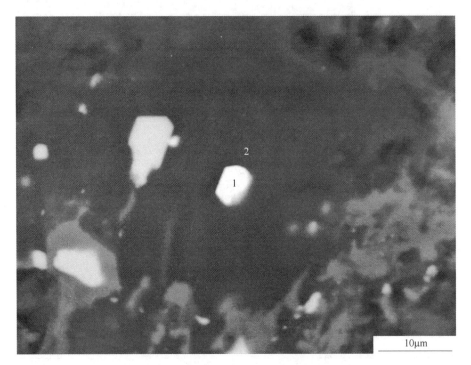

图 11-103 铋钯矿（1）嵌布于脉石（2）中

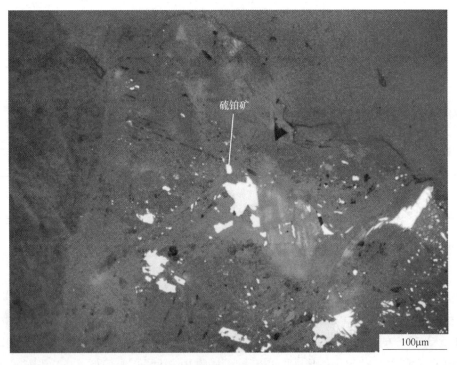

图 11-104 硫铂矿嵌布于脉石矿物中（光学显微镜，反光）

表 11-61 硫铂矿的 X 射线能谱分析

序号	元素含量（质量分数）/%		
	Pt	Fe	S
1	82.45	2.30	15.25
2	84.19	—	15.81
3	82.39	2.03	15.58
4	84.37	—	15.63
5	87.45	—	12.55

利用 MLA 对矿石中铂钯矿物的分布特征进行统计分析，结果见表 11-62。矿石中的铂钯矿物主要分布在硫化物矿物与脉石之间，占有率为 69.72%；其次以包裹体形式分布于脉石矿物中，占有率为 23.68%；另有 6.42% 的铂钯矿物分布于磁黄铁矿等硫化物矿物中；分布于脉石矿物裂隙中的铂钯矿物占有率较低，仅为 0.18%。可见，矿石中的铂钯矿物与硫化物矿物的关系比较密切。

表 11-62 矿石中的铂钯矿物的分布特征

类型	特征	分布率/%	合计/%
裂隙	脉石裂隙	0.18	0.18
包裹	脉石中	23.68	30.10
	黄铜矿中	1.28	
	镍黄铁矿中	0.68	
	磁黄铁矿中	4.45	
	黄铁矿中	0.01	
粒间	镍黄铁矿与脉石间	7.08	69.72
	磁黄铁矿与脉石间	37.29	
	黄铁矿与脉石间	0.31	
	黄铜矿与脉石间	25.04	

11.5.4 矿石中铂钯矿物的嵌布粒度

矿石中铂钯矿物的嵌布粒度特征见表 11-63。从表 11-63 中可以看出铂钯矿物的嵌布粒度很细，主要集中分布在 -20+5μm，有 17.90% 分布在 5μm 以下。

表 11-63 矿石中铂钯矿物的粒度组成

粒级/mm	分布率/%	累计/%
-0.040+0.030	14.22	14.22
-0.030+0.025	2.67	16.89
-0.025+0.020	2.85	19.74
-0.020+0.015	12.15	31.89
-0.015+0.010	16.17	48.06
-0.010+0.005	34.04	82.10
-0.005	17.90	100.00

11.5.5 矿石中主要金属硫化物矿物的嵌布特征

11.5.5.1 镍黄铁矿

镍黄铁矿是矿石中最主要的含镍矿物，其主要与磁黄铁矿、黄铜矿嵌布在一起（见图11-105），有时可见镍黄铁矿与黄铁矿及钛铁矿嵌布在一起，另有少量镍黄铁矿以不规则状嵌布于脉石矿物中（见图11-106）。镍黄铁矿的X射线能谱分析见表11-64。

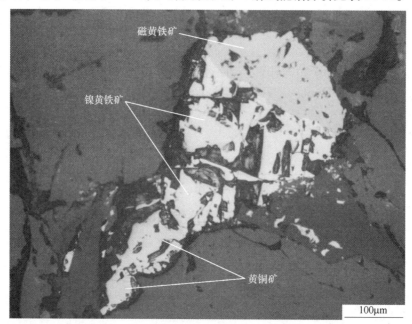

图 11-105 镍黄铁矿与磁黄铁矿、黄铜矿嵌布在一起（光学显微镜，反光）

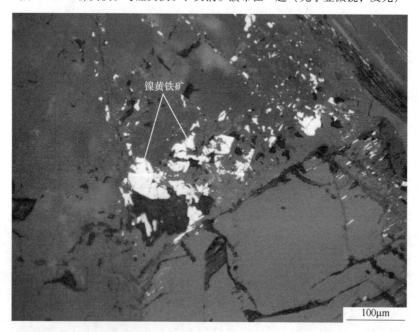

图 11-106 镍黄铁矿以不规则状嵌布于脉石矿物中（光学显微镜，反光）

表 11-64 镍黄铁矿的 X 射线能谱分析

序号	元素含量（质量分数）/%			
	S	Fe	Co	Ni
1	33.90	28.80	—	37.30
2	33.74	30.88	—	35.38
3	34.03	28.87	—	37.10
4	34.33	28.91	—	36.76
5	33.84	28.79	—	37.37
6	34.34	29.36	—	36.30
7	33.67	29.93	—	36.40
8	33.68	30.16	—	36.16
9	33.70	29.41	—	36.89
10	33.75	27.02	—	39.23
11	33.20	29.62	—	37.18
12	33.73	29.59	—	36.68
13	34.43	29.74	1.58	34.25
14	33.69	30.92	—	35.39
15	33.42	30.06	—	36.52
16	34.53	28.67	—	36.80
17	32.38	35.12	—	32.50
18	33.32	29.10	—	37.58
19	33.48	28.43	—	38.09
20	33.64	27.32	—	39.04

11.5.5.2 磁黄铁矿

磁黄铁矿多呈不规则状与镍黄铁矿、黄铜矿嵌布在一起（见图 11-107），另有少量不规则状磁黄铁矿嵌布于脉石矿物中（见图 11-108），偶尔可见其与磁铁矿、钛铁矿及黄铁矿等嵌布在一起。磁黄铁矿的 X 射线能谱分析见表 11-65。

11.5.5.3 黄铜矿

黄铜矿主要呈不规则状与磁黄铁矿、镍黄铁矿及黄铁矿嵌布在一起（见图 11-109），其次以不规则状嵌布于脉石矿物（见图 11-110），有时可见其与钛铁矿及磁铁矿嵌布在一起，偶尔可见其中包裹有细粒的磁黄铁矿、镍黄铁矿及黄铁矿等矿物。

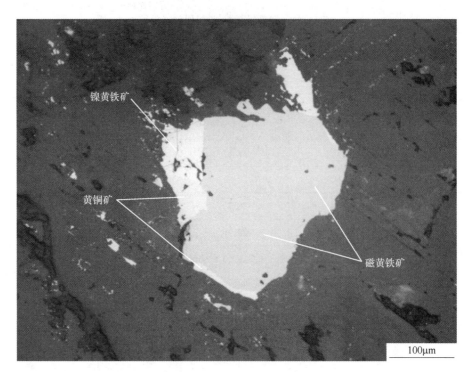

图 11-107 磁黄铁矿与黄铜矿、镍黄铁矿嵌布在一起（光学显微镜，反光）

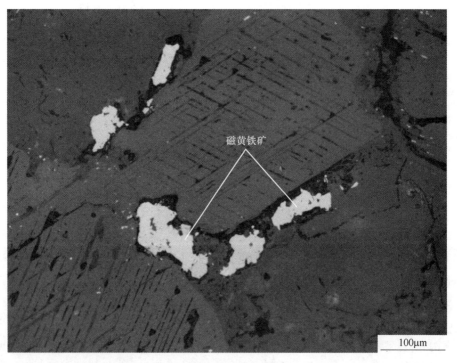

图 11-108 不规则状磁黄铁矿嵌布于脉石矿物中（光学显微镜，反光）

表 11-65 磁黄铁矿的 X 射线能谱分析

序号	元素含量（质量分数)/%		
	S	Fe	Ni
1	38.88	60.44	0.68
2	38.36	60.94	0.70
3	38.41	60.81	0.78
4	38.81	60.67	0.52
5	39.04	60.35	0.61
6	39.26	60.19	0.55
7	39.40	60.60	—
8	39.09	60.19	0.72
9	38.95	60.12	0.93
10	39.32	60.09	0.59
11	39.30	60.09	0.61
12	38.24	61.76	—
13	38.69	60.50	0.81
14	39.08	60.41	0.51
15	40.09	59.91	—
16	39.40	60.00	0.60
17	39.21	60.79	—
18	38.88	60.35	0.77
19	39.47	59.84	0.69
20	38.97	60.56	0.47

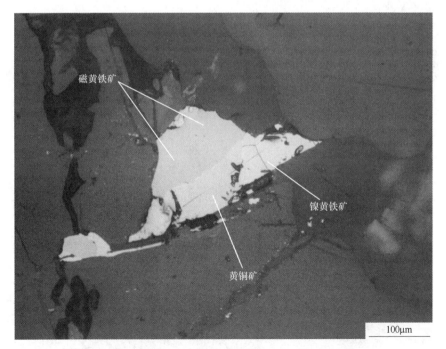

图 11-109 黄铜矿与磁黄铁矿、镍黄铁矿嵌布在一起（光学显微镜，反光）

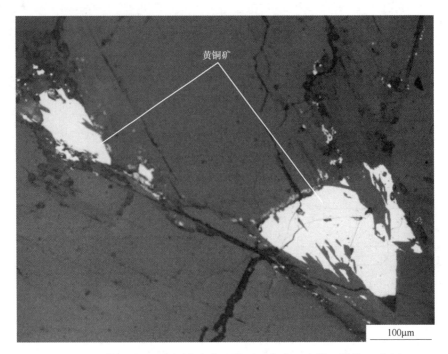

图 11-110 黄铜矿呈不规则状嵌布于脉石矿物中（光学显微镜，反光）

11.5.5.4 黄铁矿

黄铁矿主要以不规则状或细脉状嵌布于脉石矿物中（见图 11-111 和图 11-112），经常可见其与黄铜矿、磁黄铁矿及镍黄铁矿嵌布在一起，有时可见其以细粒包裹体形式嵌布于磁黄铁矿、镍黄铁矿及黄铜矿中。

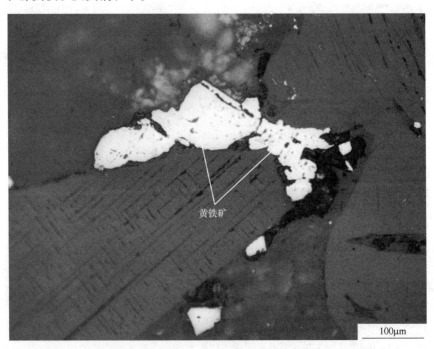

图 11-111 黄铁矿以不规则状嵌布于脉石矿物中（光学显微镜，反光）

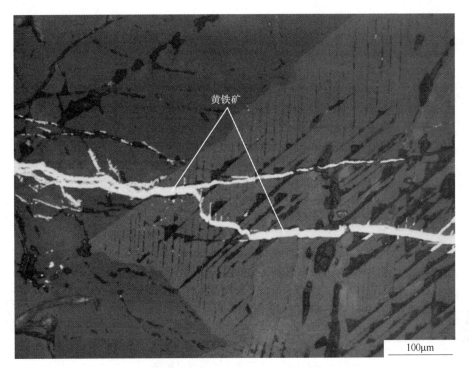

图 11-112　黄铁矿以细脉状嵌布于脉石矿物中（光学显微镜，反光）

11.5.6　矿石中主要金属硫化物矿物的嵌布粒度

由表 11-66 可知，矿石中各种金属矿物的粒度分布不均，磁黄铁矿以中粗粒为主，而黄铜矿和镍黄铁矿及黄铁矿的嵌布粒度相对稍细，主要以中细粒嵌布。硫化物集合体主要以中粗粒嵌布，在+0.074mm 粒级中，达到 75.00%。

表 11-66　矿石中主要金属硫化物矿物粒度组成

粒级/mm	分布率/%			
	镍黄铁矿、黄铁矿	黄铜矿	磁黄铁矿	硫化物集合体
−1.651+1.168	—	—	0.29	0.78
−1.168+0.833	—	—	2.67	8.00
−0.833+0.589	4.21	1.80	8.30	10.12
−0.589+0.417	8.08	4.36	15.38	14.14
−0.417+0.295	11.88	6.35	16.42	11.68
−0.295+0.208	10.56	10.83	15.36	11.67
−0.208+0.147	13.10	9.28	11.99	7.35
−0.147+0.104	8.19	7.80	5.78	5.08
−0.104+0.074	10.81	10.88	6.65	6.18

粒级/mm	分布率/%			
	镍黄铁矿、黄铁矿	黄铜矿	磁黄铁矿	硫化物集合体
−0.074+0.043	10.00	10.37	6.45	5.94
−0.043+0.020	12.53	15.63	5.42	7.99
−0.020+0.015	2.88	5.19	1.31	2.51
−0.015+0.010	3.42	6.37	1.54	3.25
−0.010	4.34	11.14	2.44	5.31

11.5.7 矿石中铂、钯的赋存状态

矿石中最主要的有价元素为铂和钯，它们以独立矿物的形式存在。矿石中的铂矿物主要为铋碲铂矿和硫镍钯铂矿，其次为砷铂矿及铋碲钯铂矿，少量的铋碲铂钯矿、硫砷铂矿、硫铂矿、自然铂、砷铂铱矿和锡铂钯矿等。矿石中的钯矿物主要为硫镍钯铂矿，其次为碲铋钯矿和铋碲钯铂矿，少量的铋碲铂钯矿、铋钯矿、砷二钯矿、碲银钯矿、锡铂钯矿和自然钯等。铂、钯元素的平衡计算见表 11-67 和表 11-68。

表 11-67 矿石中铂的平衡分配表

矿物名称	铂矿物相对比例/%	分布率/%
铋碲铂矿	38.21	37.51
硫镍钯铂矿	27.91	29.91
砷铂矿	13.69	17.69
铋碲钯铂矿	10.23	5.72
铋碲铂钯矿	3.23	0.44
硫砷铂矿	2.64	1.66
硫铂矿	1.94	3.57
自然铂	1.42	3.12
砷铂铱矿	0.59	0.27
锡铂钯矿	0.07	0.06
自然铑	0.04	0.04
自然钯	0.03	0.01

表 11-68 矿石中钯的平衡分配表

矿物名称	钯矿物相对比例/%	分布率/%
硫镍钯铂矿	45.55	52.46
碲铋钯矿	25.87	30.91

矿物名称	钯矿物相对比例/%	分布率/%
铋碲钯铂矿	21.43	7.34
铋碲铂钯矿	4.06	3.16
铋钯矿	1.77	2.65
砷二钯矿	0.96	2.83
碲银钯矿	0.20	0.38
锡铂钯矿	0.12	0.14
自然钯	0.04	0.13

11.5.8 磨矿产品中重要矿物的解离特征

为了解磨矿产品中铂钯矿物及硫化物矿物的解离特征，对不同磨矿细度产品中的铂钯矿物及硫化物矿物的单体解离度进行了系统的测定，结果见表 11-69。

表 11-69 铂钯矿物及硫化物矿物的解离特征

磨矿细度 -0.074mm 占比/%	硫化物		铂钯矿物		
	单体/%	连生体/%	单体/%	连生体/%	
				与硫化物连生	与脉石连生
75	81.5	18.5	77.4	6.2	16.4
80	86.3	13.7	80.0	5.6	14.4
85	90.4	9.6	83.5	4.9	11.6
90	91.9	8.1	86.4	2.8	10.8

当磨矿细度为-0.074mm 占 80% 时，单体铂钯矿物及与硫化物矿物连生的铂钯矿物占总量的 85.6%，硫化物矿物的单体解离度为 86.3%。在此磨矿条件下，铂钯矿物和硫化物矿物都解离得比较充分。

铂钯矿石中 Pt、Pd 的品位分别为 1.42g/t 和 1.49g/t。矿石中的金属矿物含量很低，仅为 2.33%，主要为镍黄铁矿、磁黄铁矿、黄铜矿、钛铁矿和黄铁矿等；非金属矿物绝大部分为古铜辉石，另有少量的斜长石、透辉石、滑石、绿泥石等。通过矿物自动分析仪 MLA 分析，发现矿石中铂钯矿物种类多，主要为铋碲铂矿、硫镍钯铂矿、碲铋钯矿、铋碲钯铂矿，其次为硫铂矿、铋碲铂钯矿、硫砷铂矿、铋钯矿及砷铂矿、锡铂钯矿、自然铂、自然钯、自然铑、硫钌矿、碲银钯矿、砷铂铱矿、砷二钯矿。铂钯矿物嵌布粒度均较细，大多小于 0.020mm，因此不宜采用重选或磁选方法回收。铂钯矿物与硫化物的嵌布关系比较密切，而且硫化物整体的嵌布粒度较粗，+0.295mm 粒级的占有率为 44.72%，

+0.074mm 粒级的占有率达到 75.00%，可以通过采用全硫化物浮选的方法回收矿石中的铂、钯。

11.6　稀土磷块岩

11.6.1　矿石的化学组成

矿石的多组分化学分析和稀土的化学分析结果分别见表 11-70 和表 11-71。

表 11-70　矿石的多组分化学分析

化学成分	P_2O_5	CaO	MgO	SiO_2
含量（质量分数）/%	22.63	43.48	7.61	3.71
化学成分	Al_2O_3	K_2O	Na_2O	TFe_2O_3
含量（质量分数）/%	0.50	0.10	0.07	0.99
化学成分	F	Cl	酸不溶物	烧失量
含量（质量分数）/%	2.07	0.03	4.23	18.74

表 11-71　矿石中稀土的化学分析结果

稀土元素	Ce	Dy	Er	Eu
含量（质量分数）/$\times 10^{-4}$%	137	24.76	13.9	5.21
稀土元素	Gd	Ho	La	Lu
含量（质量分数）/$\times 10^{-4}$%	28.1	4.86	218	1.11
稀土元素	Nd	Pr	Sm	Tb
含量（质量分数）/$\times 10^{-4}$%	171	33.10	30.9	4.88
稀土元素	Tm	Y	Yb	稀土合计
含量（质量分数）/$\times 10^{-4}$%	1.7	368	7.4	1050

矿石中稀土的总含量达到 1050×10^{-6}，以 Y、La、Ce、Nd 这 4 种稀土元素为主，这 4 种稀土元素占矿石中总稀土的 85.14%。

11.6.2　矿石中稀土化学物相分析

矿石中稀土的化学物相分析结果见表 11-72。矿石中无论哪种稀土元素都与磷酸盐相的关系最为紧密，主要以分散的形式分布于磷酸盐相（胶磷矿）中。

表 11-72 稀土的化学物相分析

稀土元素		Ce	Dy	Er	Eu	Gd	Ho	La	Lu	Nd	Pr	Sm	Tb	Tm	Y	Yb
各矿相中稀土元素的含量（质量分数）/×10⁻⁴%	离子吸附	1.333	1.067	0.467	0.533	1.800	1.667	0.400	0.667	0.933	6.433	2.567	—	ND	2.967	—
	磷酸盐相	115.00	16.87	9.57	3.10	18.53	4.07	187.03	1.27	151.27	20.27	18.07	2.80	1.57	330.33	4.33
	碳酸盐相	3.667	1.100	0.633	0.267	2.967	—	9.133	0.300	3.700	3.867	—	0.433	1.033	6.033	0.467
	独居石相	4.823	0.342	0.137	0.399	1.641	0.072	6.593	0.038	1.363	0.847	0.134	0.076	0.143	3.742	0.037
	其他①	7.191	7.666	2.967	2.370	9.675	—	10.035	0.574	8.745	12.260	9.714	0.000	0.603	8.247	2.275
	合计	130.68	25.97	13.30	6.14	32.82	4.14	212.79	2.18	165.07	37.24	27.91	3.31	3.35	348.36	7.11
各矿相稀土元素占总稀土含量比率/%	离子吸附	1.02	4.11	3.51	8.69	5.49	40.27	0.19	30.60	0.57	17.28	9.19	0.00	0.00	0.85	0.00
	磷酸盐相	88.00	64.94	71.91	50.53	56.48	98.25	87.89	58.14	91.64	54.42	64.72	84.62	46.82	94.83	60.93
	碳酸盐相	2.81	4.24	4.76	4.35	9.04	0.00	4.29	13.77	2.24	10.38	0.00	13.10	30.88	1.73	6.56
	独居石相	3.69	1.32	1.03	6.50	5.00	1.75	3.10	1.72	0.83	2.27	0.48	2.28	4.26	1.07	0.52
	其他	5.50	29.51	22.30	38.63	29.48	0.00	4.72	26.37	5.30	32.92	34.80	0.00	18.03	2.37	31.99
	合计	100.00	100.00	100.00	100.00	100.00	100.00	100.00	100.00	100.00	100.00	100.00	100.00	100.00	100.00	100.00

①其中包括：褐帘石、磷钇矿中所含稀土，分散于褐铁矿中的稀土，石英和硅酸盐中包裹的微细粒稀土矿物。

11.6.3 矿石的矿物组成

矿石中除胶磷矿外，主要为白云石，其次是石英、方解石，另有少量的黏土矿物（绝大部分为伊利石，少量的高岭石，微量的蒙脱石、绢云母等）、钠长石、褐铁矿和黄铁矿等。矿石中的稀土矿物主要为氟碳铈矿、独居石和磷钇矿，另外有少量的褐帘石。矿石中各主要矿物的相对含量见表 11-73。

表 11-73 矿石中矿物的相对含量

矿　　物	胶磷矿	白云石	方解石	褐铁矿	黄铁矿
含量（质量分数）/%	55.20	34.81	3.64	1.16	0.11
矿　　物	石　英	伊利石	钠长石	高岭石	其他矿物
含量（质量分数）/%	2.67	1.00	0.42	0.46	0.53

11.6.4 矿石中重要矿物的嵌布特征

11.6.4.1 胶磷矿

胶磷矿是由沉积作用形成的细晶磷灰石的胶状集合体，该矿石中的胶磷矿主要由细晶的氟磷灰石胶结而成，另外还有少量的氟碳磷灰石。

矿石中胶磷矿绝大部分以生物碎屑结构嵌布。由于存在多种生物，导致生物碎屑也呈现出多样性，其形态主要表现为肾状、椭球状、鲕状、不规则状、胶状等，其主要嵌布形式为：（1）胶磷矿主要呈生物碎屑结构均匀嵌布于白云石中（见图 11-113），此种嵌布形

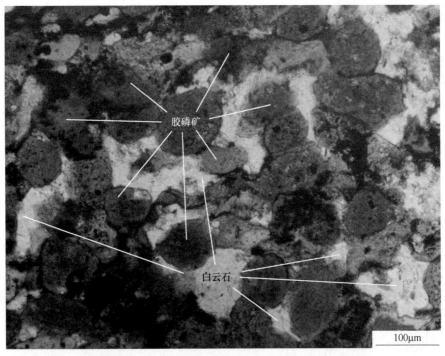

图 11-113 矿石中胶磷矿呈球状、椭球状嵌布于白云石中（光学显微镜，透光）

式的胶磷矿嵌布粒度较均匀，一般为-0.35+0.05mm；（2）胶磷矿呈生物碎屑结构紧密堆积嵌布，这种胶磷矿间致密的嵌布关系使得整个胶磷矿嵌布粒度较粗，有时甚至是几厘米，但这种嵌布特征的胶磷矿集合体中有少量的细粒白云石、石英、黏土矿物的包裹体（见图11-114）；（3）少量的胶磷矿呈分散的椭球状稀疏嵌布于粗粒白云石中（见图11-115），这种嵌布特征的胶磷矿嵌布粒度一般为-0.15+0.02mm。

图 11-114 矿石中呈致密状嵌布的胶磷矿（光学显微镜，透光）

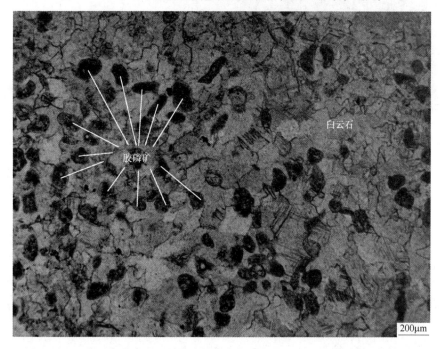

图 11-115 矿石中胶磷矿呈稀疏球粒状嵌布于白云石中（光学显微镜，透光）

11.6.4.2　氟碳铈矿

氟碳铈矿主要呈微细粒状嵌布，其与胶磷矿和白云石的嵌布关系紧密（见图 11-116 和图 11-117）。氟碳铈矿的嵌布粒度较细，为 -0.015+0.001mm。

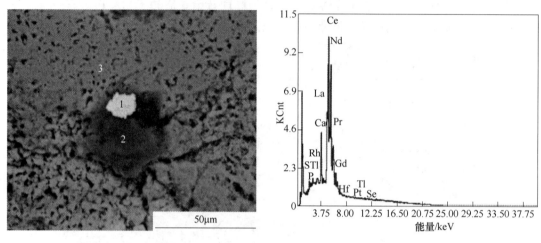

图 11-116　氟碳铈矿（1）嵌布于胶磷矿（2）和白云石（3）颗粒间隙中

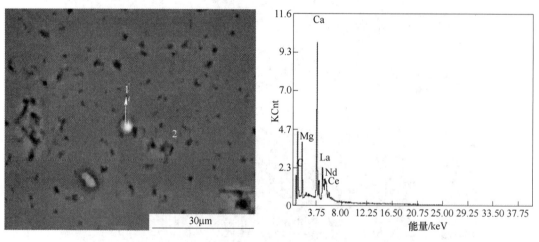

图 11-117　氟碳铈矿（1）嵌布于白云石（2）中

11.6.4.3　独居石

独居石与石英的嵌布关系最为紧密，常呈包裹体嵌布于石英颗粒中或颗粒间隙中（见图 11-118 和图 11-119），少量以包裹体形式嵌布于胶磷矿和白云石中（见图 11-120 和图 11-121）。独居石的嵌布粒度细且不均匀，粒径范围为 -0.025+0.001mm，较集中于 -0.01+0.001mm。

11.6.4.4　磷钇矿

磷钇矿与胶磷矿的嵌布关系最为紧密（见图 11-122 和图 11-123），其次是与白云石、方解石、石英等嵌布在一起（见图 11-124 和图 11-125）。磷钇矿的嵌布粒度较细，粒径均小于 0.010mm。

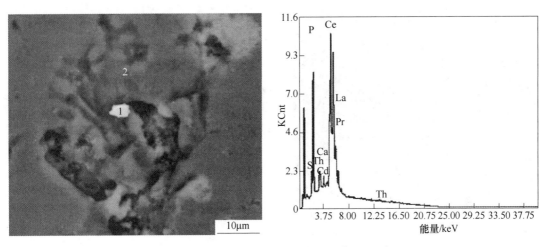

图 11-118　独居石（1）被包裹在石英（2）中

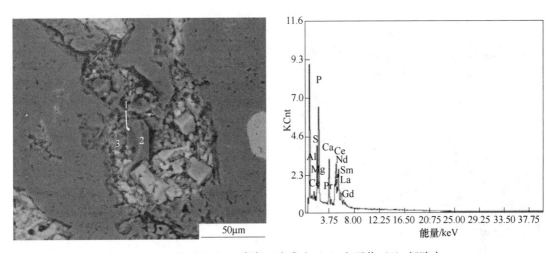

图 11-119　独居石（1）嵌布于胶磷矿（3）和石英（2）间隙中

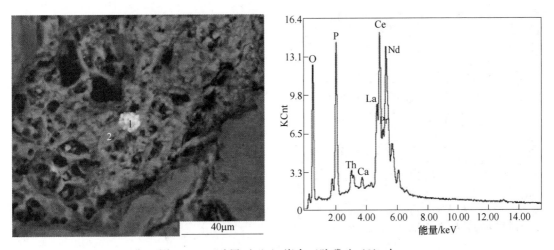

图 11-120　独居石（1）嵌布于胶磷矿（2）中

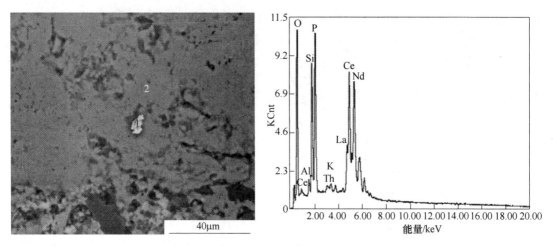

图 11-121 独居石（1）嵌布于白云石（2）中

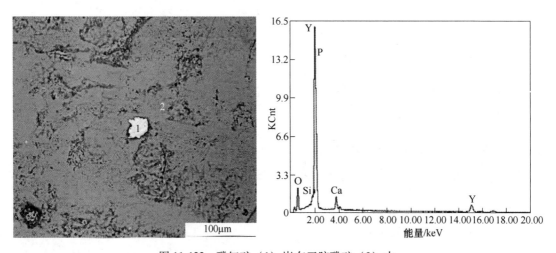

图 11-122 磷钇矿（1）嵌布于胶磷矿（2）中

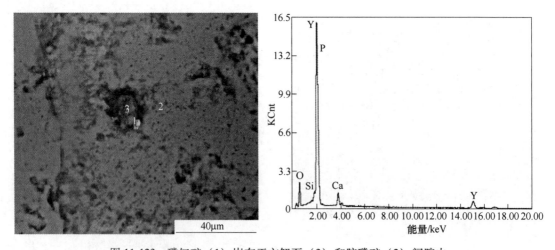

图 11-123 磷钇矿（1）嵌布于方解石（3）和胶磷矿（2）间隙中

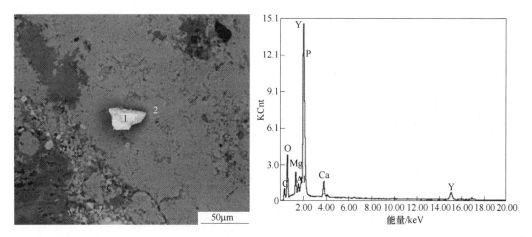

图 11-124 磷钇矿（1）嵌布于白云石（2）中

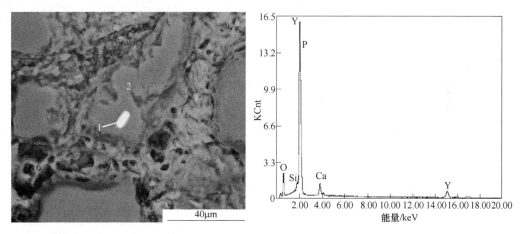

图 11-125 磷钇矿（1）嵌布于方解石（2）中

11.6.4.5 褐帘石

褐帘石主要以粒状嵌布于胶磷矿和石英颗粒间隙中（见图 11-126），还有部分嵌布于

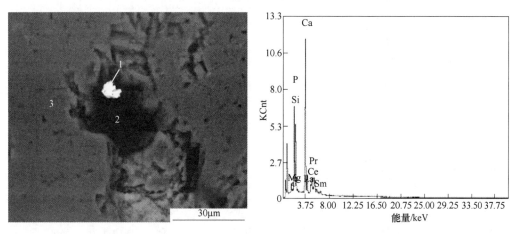

图 11-126 褐帘石（1）嵌布于石英（2）和胶磷矿（3）间隙中

胶磷矿和方解石颗粒间隙中（见图 11-127）。褐帘石的嵌布粒度较细，粒径一般为
-0.020+0.010mm。

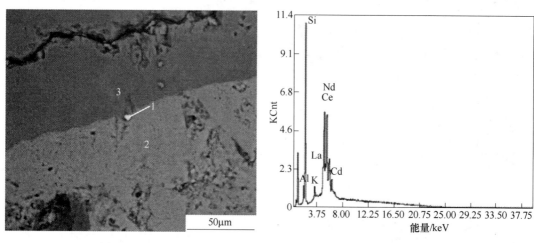

图 11-127 褐帘石（1）嵌布于方解石（3）和胶磷矿（2）间隙中

11.6.5 矿石中重要矿物的嵌布粒度

胶磷矿、白云石和石英的嵌布粒度见表 11-74。矿石中胶磷矿和白云石的嵌布粒度以
粗、中粒嵌布为主，石英以中、细粒嵌布为主。

表 11-74 矿石中胶磷矿、白云石和石英的粒度组成

粒度范围/mm	胶磷矿		白云石		石英	
	占有率/%	累计/%	占有率/%	累计/%	占有率/%	累计/%
+2	4.06	4.06	8.24	8.24	—	—
-2+1.651	4.78	8.85	4.37	12.61	—	—
-1.651+1.168	4.97	13.82	7.56	20.17	—	—
-1.168+0.833	5.90	19.71	9.30	29.47	—	—
-0.833+0.589	8.54	28.25	12.10	41.57	2.64	2.64
-0.589+0.417	8.13	36.38	10.83	52.40	4.97	7.61
-0.417+0.295	7.78	44.16	9.27	61.67	7.04	14.64
-0.295+0.208	6.65	50.81	8.91	70.58	9.17	23.82
-0.208+0.147	8.48	59.29	7.10	77.68	9.24	33.05
-0.147+0.104	9.41	68.70	5.19	82.87	10.27	43.33
-0.104+0.074	10.36	79.06	4.45	87.32	13.86	57.18
-0.074+0.043	8.97	88.03	3.98	91.30	14.69	71.87
-0.043+0.020	8.72	96.75	5.01	96.31	14.06	85.93
-0.020+0.015	1.37	98.12	0.99	97.30	5.17	91.10
-0.015+0.010	0.55	98.67	0.58	97.89	1.78	92.88
-0.010	1.33	100.00	2.11	100.00	7.12	100.00

11.6.6 矿石中稀土的赋存状态

矿石中的稀土主要分散在胶磷矿中，另有少量的稀土以独立矿物的形式存在。

Y 为矿石中含量最高的稀土元素，主要呈分散的形式赋存于胶磷矿中，有少量的 Y 以独立矿物磷钇矿的形式存在。

La、Ce、Nd 是矿石中含量仅次于 Y 的稀土元素，主要以分散的形式赋存于胶磷矿中，少量的 La、Ce、Nd 以独立矿物氟碳铈矿、独居石、褐帘石的形式存在。

其他稀土元素的含量都很低，它们大部分均以分散的形式赋存于胶磷矿中，少量赋存于氟碳铈矿、独居石、褐帘石独立矿物中。

矿石中三种主要矿物胶磷矿、白云石和方解石均是含钙矿物，使得彼此间在浮选过程中的浮游性能相近，这给胶磷矿的选别分离造成困难。胶磷矿和白云石嵌布粒度粗但是不均匀，石英和黏土矿物的嵌布粒度细，想要获得好的选矿指标，磨矿细度的选择很重要。

矿石中稀土的总含量为 1050×10^{-6}，其中 Y 的含量较高，达到 368×10^{-6}。虽然存在部分稀土的独立矿物，但稀土元素与胶磷矿的关系最为紧密，都主要以分散的形式存在于胶磷矿中，它们在选矿流程中会以胶磷矿的走向而定，而后通过冶金方法处理选矿富集的胶磷矿精矿回收矿石中的稀土元素。

11.7 铬铁矿尾矿

11.7.1 尾矿的化学组成

铬铁矿尾矿的多组分化学分析结果见表 11-75。

表 11-75 尾矿的多组分化学分析

化学成分	Au[①]	Pt[①]	Pd[①]	Fe	Cr_2O_3	Cu	Ni	S
含量（质量分数）/%	0.05	0.91	0.40	6.95	7.66	0.01	0.03	0.02
化学成分	SiO_2	CaO	MgO	Al_2O_3	K_2O	Na_2O	C	
含量（质量分数）/%	43.92	8.17	10.08	15.42	0.18	1.59	0.095	

①单位为 g/t。

化学分析结果表明，尾矿中最主要的有价元素为 Pt、Pd，其品位分别为 0.91g/t 和 0.40g/t。

11.7.2 尾矿的矿物组成

铬铁矿尾矿中的铂族矿物主要为硫铂矿、砷铂矿和铂-硫铜钴矿，其次为硫镍铂钯矿，另有少量铂-硫镍钯矿、硫砷铂矿、汞钯矿、六方砷钯矿、砷锑钯矿、硫钌矿等。其他金属矿物主要是铬铁矿，另有微量磁黄铁矿、黄铁矿、黄铜矿、方铅矿、硫铋铅银矿、碲铋矿、辉钼矿、硫铁镍矿、针镍矿、硫镍矿、辉铅铋矿、银金矿、碲银矿等。

非金属矿物主要为钙长石和顽火辉石，其次为透辉石，少量的透闪石-铁阳起石、石英、黑云母和钠长石，微量的方解石、滑石、钠长石、榍石和镁铝榴石等。尾矿中矿物的相对含量见表 11-76。

表 11-76　尾矿中矿物的相对含量

矿物名称	铬铁矿	黄铜矿	钙长石	钠长石	顽火辉石	透辉石
含量（质量分数）/%	17.2	0.03	27.77	4.54	23.56	9.91
矿物名称	透闪石-铁阳起石	石英	黑云母	方解石	其他矿物	
含量（质量分数）/%	5.16	6.55	3.52	0.79	0.97	

11.7.3　尾矿中铂、钯元素的赋存状态

通过矿物自动分析系统 MLA 鉴定出铂钯矿物的种类并统计出面积，结合不同铂钯矿物的密度及其中铂、钯的含量进行铂、钯元素的平衡计算，结果分别见表 11-77 和表 11-78。

尾矿中的铂矿物以硫化物的形式存在为主，主要是硫铂矿、铂-硫铜钴矿、硫镍钯铂矿和少量铂-硫镍钯矿，铂的分布率共占 69.63%；其次以砷化物的形式存在，主要为砷铂矿，微量的砷锑钯矿，其分布率分别为 29.77% 和 0.60%；另有少量以硫砷化物的形式存在，主要为硫砷铂矿。

尾矿中的含钯矿物为砷化物、硫化物和汞钯合金。砷化物主要以砷铂矿为主，少量的砷锑钯矿和六方砷钯矿，砷化物中钯的分布率为 35.02%；硫化物主要以硫镍钯铂矿为主，少量硫铂矿，微量的铂-硫镍钯矿，硫化物中钯的分布率为 33.39%；汞钯矿中钯的分布率为 31.59%。

表 11-77　尾矿中铂的平衡分配表

矿物名称	铂矿物相对比例/%	铂元素分布率/%
硫铂矿	31.08	33.09
砷铂矿	28.64	29.77
铂-硫铜钴矿	23.24	19.05
硫镍钯铂矿	12.44	15.69
铂-硫镍钯矿	2.37	1.09
砷锑钯矿	1.13	0.60
硫砷铂矿	1.10	0.71

表 11-78　尾矿中钯的平衡分配表

矿物名称	钯矿物相对比例/%	钯元素分布率/%
硫镍钯铂矿	30.50	14.55
硫铂矿	22.80	10.48
砷铂矿	20.22	11.99
砷锑钯矿	5.84	18.93
铂-硫镍钯矿	3.05	8.36
汞钯矿	16.44	31.59
六方砷钯矿	1.15	4.10

11.7.4 尾矿中重要铂钯矿物的嵌布特征

11.7.4.1 硫铂矿

硫铂矿是尾矿中主要的铂矿物，也是重要的含钯矿物之一。硫铂矿主要呈粒状分布在钙长石与顽火辉石粒间（见图 11-128）；其次以包裹体形式分布在钙长石、顽火辉石中（见图 11-129）；另有一部分硫铂矿分布在透闪石裂隙中或与钙长石连生（见图 11-130）。硫铂矿的 X 射线能谱分析数据见表 11-79。

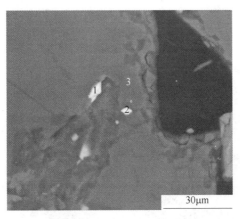

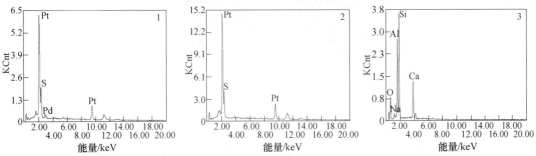

图 11-128　硫铂矿分布在钙长石与顽火辉石粒间
1，2—硫铂矿；3—钙长石

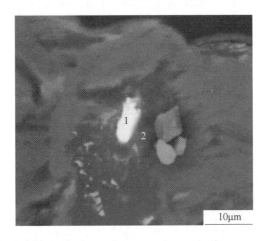

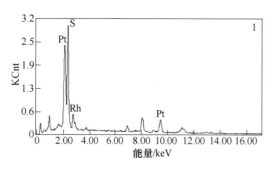 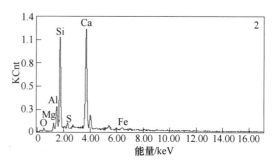

图 11-129 硫铂矿被包裹在钙长石中

1—硫铂矿；2—钙长石

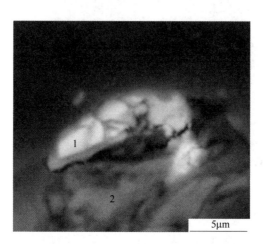

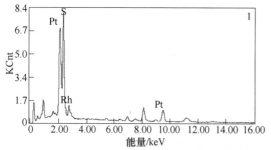 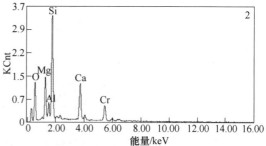

图 11-130 硫铂矿分布在透闪石裂隙中

1—硫铂矿；2—透闪石

表 11-79 硫铂矿的 X 射线能谱分析

序号	元素含量（质量分数）/%							
	Pt	Rh	Pd	Cu	Fe	Lu	Ag	S
1	68.87	—	7.04	—	—	2.78	—	21.31
2	41.42	19.38	—	—	5.17	—	—	34.03
3	76.88	—	5.56	—	—	—	—	17.56
4	52.98	—	6.90	—	—	—	—	40.12

序号	元素含量（质量分数）/%							
	Pt	Rh	Pd	Cu	Fe	Lu	Ag	S
5	76.46	—	—	—	1.78	—	—	21.76
6	49.30	8.02	—	13.51	—	—	—	29.18
7	83.22	—	—	—	—	—	—	16.78
8	74.87	—	5.95	—	—	—	—	19.18
9	82.51	—	—	—	—	—	—	17.49
10	58.16	—	21.49	—	—	—	—	20.35
11	48.63	12.81	—	—	—	—	—	38.56
12	43.94	9.08	—	—	—	—	—	46.98
13	72.69	—	7.06	—	—	—	2.73	17.52
14	48.42	15.81	—	—	—	—	—	35.76
15	69.35	—	10.51	—	—	—	—	20.14
16	82.94	—	—	—	—	—	—	17.06
17	75.95	—	3.79	—	—	—	—	20.26

11.7.4.2 砷铂矿

砷铂矿既是尾矿中主要的铂矿物之一，也是重要的含钯矿物之一。砷铂矿主要呈粒状与顽火辉石裸露连生（见图11-131）；少量以粒状包裹体形式分布在顽火辉石中（见图11-132）；偶尔可见砷铂矿分布在钠长石裂隙中。砷铂矿的X射线能谱分析数据见表11-80。

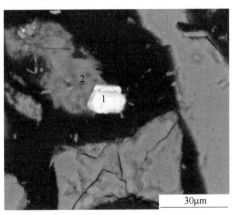

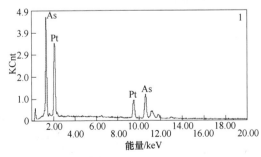 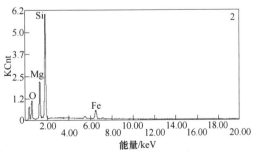

图 11-131 砷铂矿与顽火辉石连生

1—砷铂矿；2—顽火辉石

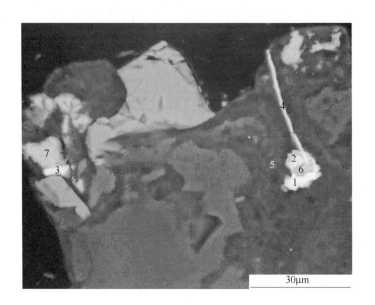

图 11-132 砷铂矿被包裹在顽火辉石中

1—砷铂矿；2，3—铂硫铜钴矿；4—硫铂矿；5，6—顽火辉石；7—黄铜矿

表 11-80 砷铂矿的 X 射线能谱分析

序号	元素含量（质量分数)/%					
	Pt	As	Pd	Fe	Co	S
1	46.27	37.92	14.65	1.16	—	—
2	53.95	40.45	4.36	1.24	—	—
3	39.56	31.89	25.76	—	—	2.79
4	52.17	41.38	3.10	—	—	3.35
5	49.67	37.87	9.85	—	—	2.61
6	58.98	41.02	—	—	—	—
7	53.59	39.17	—	4.28	—	—
8	57.92	37.49	—	3.00	0.16	1.43

11.7.4.3 铂-硫铜钴矿

铂-硫铜钴矿是尾矿中重要的铂矿物之一，主要呈粒状分布在铬铁矿与顽火辉石、石英与方解石、钙长石与钠长石、钙长石与石英、铬铁矿与黄铜矿粒间（见图 11-133）；另有少量以包裹体形式分布在钙长石、顽火辉石中（见图 11-134）；偶尔可见与钠长石连生。铂-硫铜钴矿的 X 射线能谱分析数据见表 11-81。

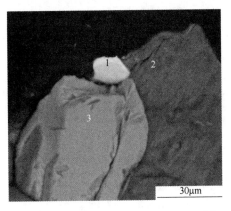

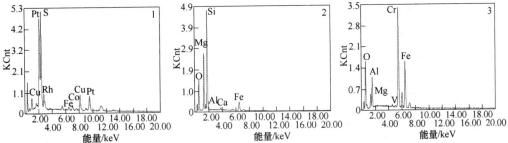

图 11-133 铂-硫铜钴矿分布在铬铁矿与顽火辉石粒间

1—铂-硫铜钴矿；2—顽火辉石；3—铬铁矿

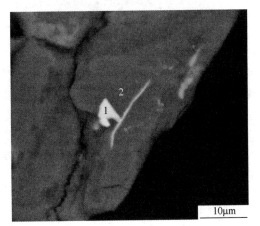

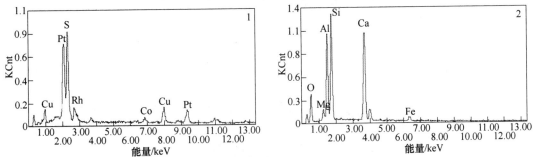

图 11-134 铂-硫铜钴矿被包裹在钙长石中

1—铂-硫铜钴矿；2—钙长石

表 11-81 铂-硫铜钴矿的 X 射线能谱分析

序号	元素含量（质量分数）/%						
	Pt	Cu	Rh	Co	Fe	Ni	S
1	45.94	11.59	4.04	4.00	—	2.05	32.38
2	40.64	11.19	4.08	5.07	4.22	2.24	32.55
3	47.50	11.62	—	5.55	2.42	—	32.91
4	43.52	12.90	—	11.25	1.93	—	30.40
5	41.55	13.38	13.47	2.25	2.35	—	27.00
6	42.16	11.35	12.68	3.19	—	—	30.62
7	42.16	11.35	12.68	3.19	—	—	30.62
8	46.57	12.70	6.30	4.69	—	—	29.74
9	41.94	11.81	5.47	2.50	2.11	1.83	34.34

11.7.4.4 硫镍钯铂矿

硫镍钯铂矿主要呈粒状分布在钙长石、石英和钠长石裂隙中（见图 11-135）；少量以细粒包裹体形式分布在石英中（见图 11-136）。硫镍钯铂矿的 X 射线能谱分析数据见表 11-82。

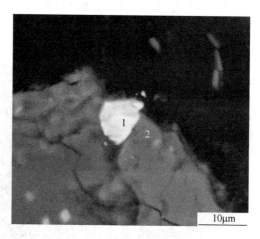

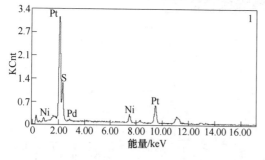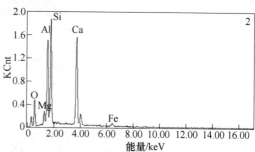

图 11-135 硫镍钯铂矿分布在钙长石裂隙中

1—硫镍钯铂矿；2—钙长石

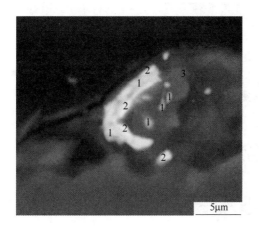

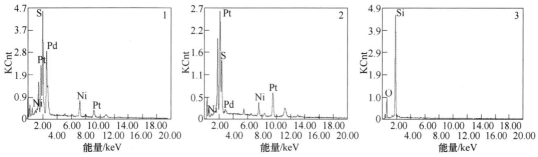

图 11-136 硫镍钯铂矿被包裹在石英中

1—铂-硫镍钯矿；2—硫镍钯铂矿；3—石英

表 11-82 硫镍钯铂矿的 X 射线能谱分析

序号	元素含量（质量分数）/%				
	Pt	Ni	Pd	Fe	S
1	71.47	7.17	3.30	—	18.06
2	62.82	7.00	11.02	—	19.16
3	70.98	7.45	2.16	—	19.41
4	71.47	7.17	3.30	—	18.06
5	53.57	2.83	19.13	4.79	19.68
6	71.47	7.17	3.30	—	18.06
7	71.76	7.11	2.74	—	18.39

11.7.4.5 硫砷铂矿

硫砷铂矿主要呈细小粒状分布在铬铁矿裂隙中（见图 11-137），有一部分分布在钙长石与钠长石粒间。硫砷铂矿的 X 射线能谱分析数据见表 11-83。

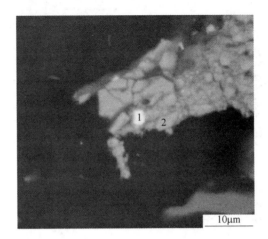

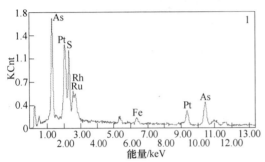
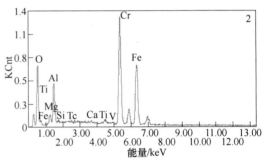

图 11-137 硫砷铂矿分布在铬铁矿裂隙中

1—硫砷铂矿；2—铬铁矿

表 11-83 硫砷铂矿的 X 射线能谱分析

序号	元素含量（质量分数）/%										
	Pt	As	Ru	Rh	Cu	Th	Fe	Pm	Co	Ni	S
1	30.49	28.8	15.64	8.03	—	—	2.11	—	—	—	14.93
2	40.37	7.97	—	1.96	9.77	4.58	1.54	3.01	2.61	1.79	26.40

11.7.4.6 铂-硫镍钯矿

铂-硫镍钯矿主要分布在石英裂隙中（见图 11-138）；有时分布在钙长石与透辉石粒间；还可见铂-硫镍钯矿被包裹在石英中。铂-硫镍钯矿的 X 射线能谱分析数据见表 11-84。

表 11-84 铂-硫镍钯矿的 X 射线能谱分析

序号	元素含量（质量分数）/%				
	Pd	Pt	Ni	Fe	S
1	39.09	32.17	5.61	2.10	21.03
2	42.07	24.41	10.74	—	22.78
3	59.16	13.73	—	—	27.11

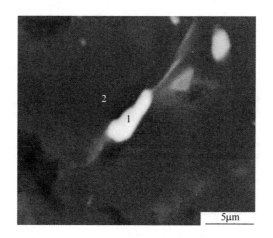

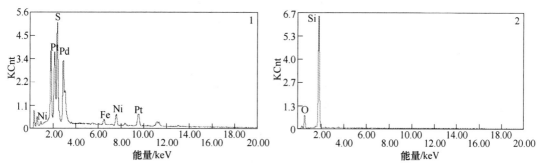

图 11-138　铂-硫镍钯矿分布在石英裂隙中

1—铂-硫镍钯矿；2—石英

11.7.4.7　汞钯矿

汞钯矿主要呈粒状包裹体的形式分布在钙长石中（见图 11-139）。

尾矿中铂钯矿物的分布情况见表 11-85。由表 11-85 可知，尾矿中有 33.08%的铂钯矿物分布在脉石矿物、铬铁矿与脉石矿物、黄铜矿与脉石矿物、黄铁矿与脉石矿物粒间；25.74%与顽火辉石、钙长石、钠长石连生；24.72%分布在脉石矿物、铬铁矿裂隙中；16.46%的铂钯矿物包裹在脉石矿物中。

表 11-85　不同嵌布特征铂钯矿物的分布率

嵌布特征	共生关系	铂钯矿物量的相对比例/%
粒间	脉石矿物	16.38
	铬铁矿与脉石矿物	11.23
	黄铜矿与脉石矿物	4.15
	黄铁矿与脉石矿物	1.32
连生	脉石矿物	25.74
裂隙	脉石矿物	24.16
	铬铁矿	0.56
包裹	脉石矿物	16.46

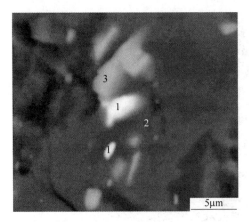

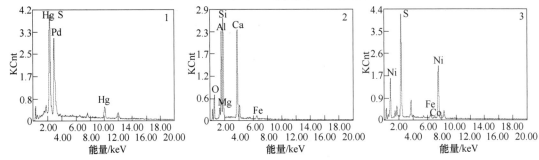

图 11-139 汞钯矿被包裹在钙长石中

1—汞钯矿；2—钙长石；3—针镍矿

11.7.5 尾矿中铂、钯矿物的嵌布粒度

尾矿中铂钯矿物的嵌布粒度特征见表 11-86。铂钯矿物的粒度非常细，主要集中分布在 5μm 以下，其占有率高达 53.17%。

表 11-86 尾矿中铂钯矿物的粒度组成

粒级/mm	铂钯矿物	
	分布率/%	累计/%
−0.015+0.010	28.19	28.19
−0.010+0.005	18.64	46.83
−0.005	53.17	100.00

11.7.6 尾矿中铂、钯矿物的解离特征

不同磨矿细度下铂钯矿物的解离度分析结果见表 11-87。当磨矿细度为 −0.043mm 占 83% 时，铂钯矿物的解离度仅为 53.59%；当磨矿细度提高到 −0.043mm 占 89% 时，铂钯矿物的解离度为 59.72%；继续增加磨矿细度，铂钯矿物的解离度变化不大。

表 11-87 铂钯矿物的解离特征

磨矿细度 (-0.043mm 占比)/%	单体/%	与脉石/%	
		连生	包裹
83	53.59	6.86	39.55
89	59.72	3.25	37.03
94	62.42	2.56	35.02
98	63.16	2.08	34.76

尾矿中的铂钯矿物嵌布粒度非常细，均在 $15\mu m$ 以下。其中，53.17%的铂钯矿物分布在 $5\mu m$ 以下。当磨矿细度为-0.043mm 占 89%时，铂钯矿物的解离度仅为 59.72%。而且尾矿中铂钯矿物的载体矿物绝大部分为钙长石、顽火辉石等硅酸盐脉石矿物。因此，不管采用重选方法还是采用浮选方法，都很难有效回收尾矿中的铂钯矿物。

11.8 稀土尾矿

11.8.1 尾矿的化学组成

尾矿的多组分化学分析结果见表 11-88。该尾矿中还含有较高的稀土和萤石，应考虑进一步综合回收。

表 11-88 尾矿的多组分化学分析

组分	Ce	La	Nd	Pr	Y	Sm	Eu	Gd
含量（质量分数）/%	2.3371	1.3134	0.9349	0.2683	0.0254	0.0774	0.0146	0.066

组分	Tb	Dy	Ho	Er	Tm	Yb	Lu	Sc
含量（质量分数）/%	0.0052	0.0136	0.0012	0.0053	0.0002	0.0011	0.0001	0.012

组分	∑REE	Nb	Ta	Fe	Mn	Zr	Th	Ba
含量（质量分数）/%	5.0639	0.11	0.00005	16.71	0.60	0.0016	0.0381	3.45

组分	TiO_2	P_2O_5	S	CaF_2	SiO_2	Al_2O_3	CaO	MgO
含量（质量分数）/%	0.53	1.00	2.25	21.31	17.37	1.34	22.39	2.26

组分	K_2O	Na_2O	F	C				
含量（质量分数）/%	0.48	1.89	11.03	1.78				

11.8.2 尾矿的矿物组成

通过 MLA 分析，尾矿中稀土矿物主要为氟碳铈矿及独居石，另有少量的氟碳钙铈矿、氟碳钡铈矿、氟碳钙钕矿、氟碳铈钡矿及氟碳钕钡矿等；含铌矿物主要为铌铁金红石、易解石，另有少量的铌铁矿、铌锰矿、烧绿石等；铁矿物主要为赤铁矿，其次为磁铁矿，另有少量的褐铁矿；尾矿中萤石的含量较高；此外，尾矿中还含有少量的黄铁矿及微量的磁黄铁矿、闪锌矿、方铅矿、黄铜矿及毒砂等硫化矿物。

非金属矿物种类复杂，主要为霓石、石英及白云石、方解石等碳酸盐矿物；其次为镁钠铁闪石、磷灰石、重晶石；另有少量的斜长石、钾长石、透辉石、透闪石、黑云母、金云母及微量的石榴子石、绿泥石、蛇纹石、高岭石、石膏、榍石等。

尾矿中矿物的相对含量见表 11-89。

表 11-89 尾矿中矿物的相对含量

矿物名称	含量（质量分数）/%	矿物名称	含量（质量分数）/%	矿物名称	含量（质量分数）/%
磁铁矿	3.97	透辉石	1.87	滑石	0.01
赤铁矿	11.30	镁钠铁闪石	4.90	白云石	4.63
褐铁矿	0.82	透闪石	1.43	方解石	3.12
独居石	2.08	镁铁闪石	0.24	菱铁矿	1.47
氟碳铈矿	4.37	铁铝榴石	0.18	菱锰矿	0.75
氟碳钙铈矿	0.84	钙铝榴石	0.53	毒重石	0.22
氟碳钡铈矿	0.37	钙铁榴石	0.08	重晶石	4.56
氟碳铈钡矿	0.17	榍石	0.09	石膏	0.21
氟碳钙钕矿	0.03	斜长石	2.30	钛铁矿	0.08
铌铁金红石	0.29	钾长石	1.82	金红石	0.06
易解石、烧绿石	0.20	黑云母	1.79	水锰矿	0.04
铌铁（锰）矿	0.06	金云母	0.71	黄铁矿	2.60
萤石	21.31	白云母	0.14	磁黄铁矿	0.16
石英	6.44	绿泥石	0.42	闪锌矿	0.02
磷灰石	4.67	蛇纹石	0.04	方铅矿	0.01
霓石	8.30	高岭石	0.03	其他	0.27

11.8.3 尾矿中重要矿物的嵌布特征

11.8.3.1 氟碳铈矿

氟碳铈矿是尾矿中含量最高的稀土矿物，且主要以连生体的形式存在，少量为单体。常见氟碳铈矿与萤石交错嵌生或者呈微细粒包裹体分布于萤石中（见图 11-140）；其次有部分氟碳铈矿与磷灰石、霓石、石英、白云石等脉石矿物连生（见图 11-141）；还有少量氟碳铈矿与磁铁矿、赤铁矿紧密连生或者互相包裹。氟碳铈矿的 X 射线能谱分析见表 11-90。

图 11-140　氟碳铈矿与萤石镶嵌的连生体（光学显微镜，透光）

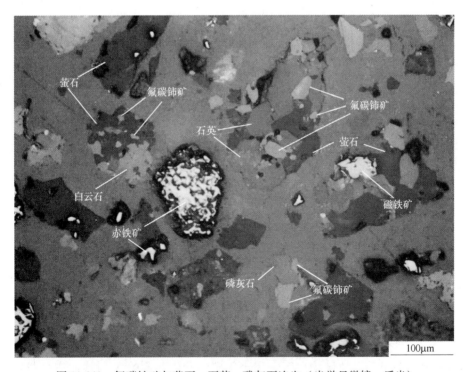

图 11-141　氟碳铈矿与萤石、石英、磷灰石连生（光学显微镜，反光）

表 11-90　氟碳铈矿的 X 射线能谱分析

序号	组分含量（质量分数）/%							
	CO_2	F	CaO	Fe_2O_3	La_2O_3	Ce_2O_3	Pr_2O_3	Nd_2O_3
1	19.23	8.27	0.36	—	21.49	33.57	4.06	13.02
2	17.68	8.44	—	—	20.17	36.59	3.19	13.93
3	16.00	7.78	—	—	18.70	39.90	3.52	14.10
4	17.05	7.84	—	—	20.20	38.07	2.72	14.12
5	17.57	7.70	—	—	19.28	39.61	0.41	15.43
6	15.83	8.47	—	—	25.63	33.93	2.84	13.30
7	16.06	9.32	0.15	—	26.38	32.90	3.13	12.06
8	19.69	9.86	0.77	—	25.72	32.95	0.00	11.01
9	17.36	7.65	—	—	26.44	35.78	0.66	12.11
10	17.59	6.71	—	—	20.49	37.33	3.55	14.33
11	19.17	8.20	—	0.11	30.15	32.91	0.46	9.00
12	16.96	7.69	0.10	0.61	22.89	35.60	2.85	13.30
13	18.73	7.84	0.51	—	26.02	34.29	2.33	10.28
14	16.90	8.19	—	—	26.95	35.06	2.17	10.73
15	17.87	8.27	—	0.12	18.81	40.52	0.00	14.41
16	17.11	8.07	—	0.79	31.90	32.55	0.35	9.23
17	16.65	7.50	—	0.88	26.80	35.87	2.43	9.87
18	15.75	7.51	—	—	27.04	34.88	3.56	11.26
19	15.61	8.31	—	—	23.75	35.77	3.47	13.09
20	16.27	7.75	—	—	26.40	35.45	3.14	10.99
21	16.39	7.55	—	0.17	31.13	33.74	2.25	8.77
22	14.59	6.80	—	0.96	28.22	35.87	3.07	10.49
23	19.05	6.59	—	—	23.36	36.61	3.34	11.05
24	16.15	8.01	—	0.16	26.32	35.68	2.53	11.15
25	14.61	6.90	—	0.88	23.28	37.60	2.29	14.44
26	19.12	8.20	—	—	14.08	35.64	0.35	22.61
27	14.20	7.71	0.01	0.03	24.09	39.05	2.30	12.61

11.8.3.2　氟碳钙铈矿、氟碳钙钕矿

氟碳钙铈矿与氟碳钙钕矿均属于钙稀土氟碳铈盐，两者的 X 射线能谱分析数据见表 11-91，前者钕大于铈，后者铈大于钕。

表 11-91 氟碳钙铈（钕）矿的 X 射线能谱分析

矿物	序号	组分含量（质量分数）/%								
		CO_2	F	CaO	Fe_2O_3	SrO	La_2O_3	Ce_2O_3	Pr_2O_3	Nd_2O_3
氟碳钙铈矿	1	23.58	6.76	9.47	—	—	15.69	33.07	—	11.43
	2	21.81	8.17	6.28	—	—	18.96	31.71	—	13.07
	3	19.00	7.51	12.28	—	1.09	22.93	27.44	—	9.75
	4	19.25	5.80	13.02	1.02	—	14.48	30.26	—	16.17
	5	18.70	6.47	12.01	—	—	18.70	30.21	2.75	11.16
	6	21.22	5.79	9.76	—	—	13.60	33.33	—	16.30
	7	20.43	7.09	10.36	—	—	15.32	31.12	—	15.68
	8	22.37	6.26	13.56	—	—	7.56	24.67	—	25.58
	9	16.06	6.75	10.58	—	—	18.78	32.36	2.88	12.59
氟碳钙钕矿	10	21.30	4.38	12.46	—	—	0.00	20.53	—	41.33
	11	22.96	3.92	10.75	—	—	5.48	23.93	—	32.96

氟碳钙铈矿绝大部分为连生体，少量为单体（见图 11-142）。其连生体主要与萤石及氟碳铈矿连生，另有少量与霓石、镁钠铁闪石、磷灰石、独居石及钛铁矿等连生（见图 11-143）。

氟碳钙钕矿绝大部分为连生体，其连生体主要与萤石连生（见图 11-144），其次与霓石、镁钠铁闪石、石英、磷灰石连生（见图 11-145），还有少量与氟碳铈矿、氟碳钙铈矿、独居石等稀土矿物呈复杂的嵌布关系。

图 11-142 氟碳钙铈矿单体（光学显微镜，反光）

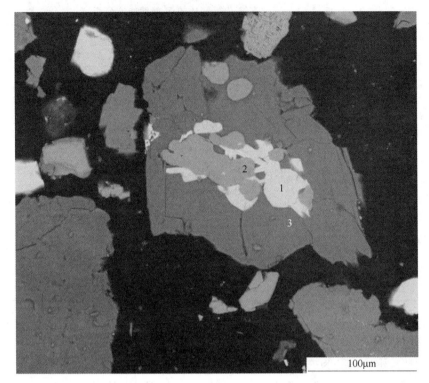

图 11-143　氟碳钙铈矿（1）与钛铁矿（2）包裹于萤石（3）中

图 11-144　氟碳钙钕矿（1）与萤石（2）及磷灰石（3）连生

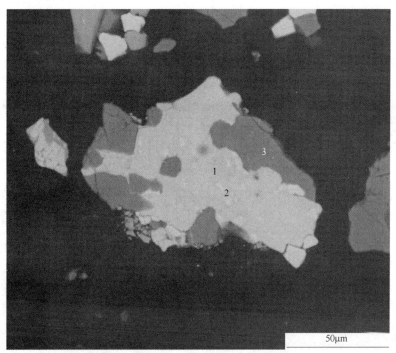

图 11-145　氟碳钙钕矿（1）与独居石（2）及磷灰石（3）连生

11.8.3.3　氟碳钡铈矿

氟碳钡铈矿绝大部分为连生体，主要与萤石连生，其次与霓石连生，还有少量与氟碳铈钡矿、氟碳铈矿、氟碳钙铈矿及磁铁矿等连生（见图 11-146）。

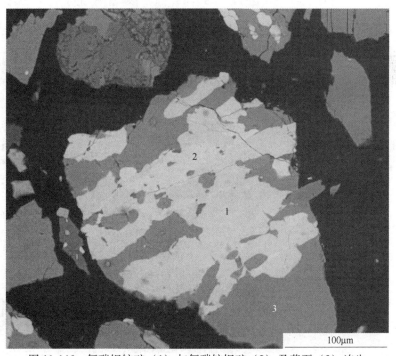

图 11-146　氟碳钡铈矿（1）与氟碳铈钡矿（2）及萤石（3）连生

11.8.3.4 氟碳铈钡矿

氟碳铈钡矿绝大部分为连生体，且主要与萤石、石英、霓石连生，少量与重晶石、磷灰石及氟碳铈矿、独居石、氟碳钡铈矿等稀土矿物紧密嵌布在一起（见图 11-147 和图 11-148）。氟碳铈钡矿的 X 射线能谱分析数据见表 11-92。

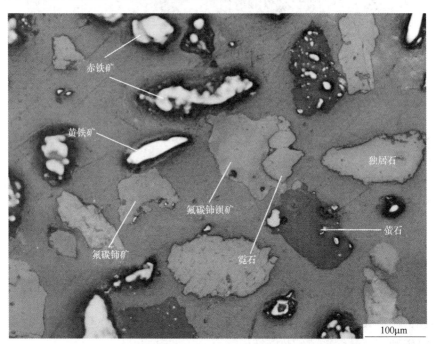

图 11-147　氟碳铈钡矿与霓石连生（光学显微镜，反光）

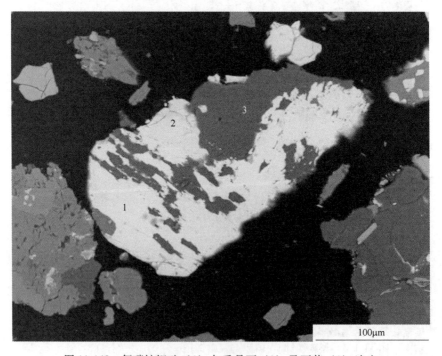

图 11-148　氟碳铈钡矿（1）与重晶石（2）及石英（3）连生

表 11-92　氟碳铈钡矿的 X 射线能谱分析

序号	组分含量（质量分数）/%								
	CO_2	F	SrO	BaO	La_2O_3	Ce_2O_3	Pr_2O_3	Nd_2O_3	ThO_2
1	20.76	4.10	—	37.03	4.73	22.70	—	10.68	—
2	20.27	2.70	1.91	43.15	5.35	15.07	—	11.37	0.18
3	20.35	3.42	—	37.45	4.35	22.85	0.61	10.97	—
4	19.76	4.00	—	37.00	4.87	21.06	—	13.31	—
5	16.96	1.87	—	48.33	4.87	16.41	—	11.56	—

11.8.3.5　独居石

独居石是重要的稀土矿物之一，且多以连生体的形式存在，少部分为单体（见图 11-149）。其连生体主要与萤石连生（见图 11-150），其次与霓石、镁钠铁闪石、石英、磷灰石连生（见图 11-151），还有少量与磁铁矿及氟碳铈矿等稀土矿物紧密连生，且独居石多以微细粒包裹体的形式嵌布于这些矿物中。独居石的 X 射线能谱分析结果见表 11-93。

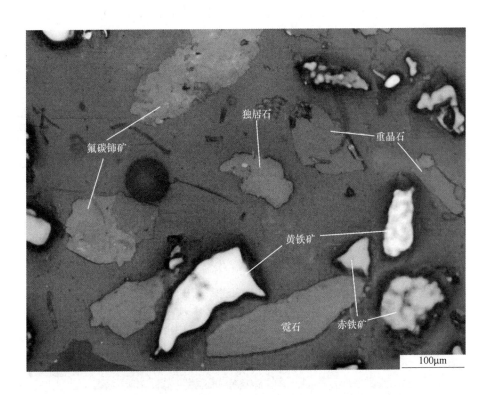

图 11-149　独居石单体（光学显微镜，反光）

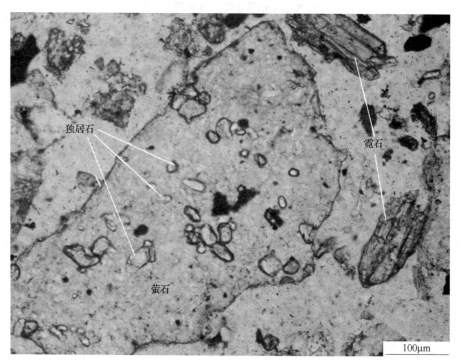

图 11-150 独居石呈微粒包含于萤石中（光学显微镜，透光）

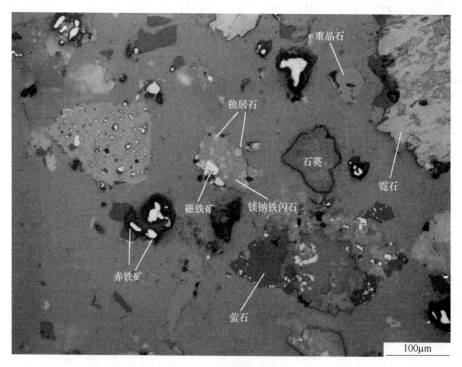

图 11-151 独居石呈微粒包含于镁钠铁闪石中（光学显微镜，反光）

表 11-93 独居石的 X 射线能谱分析

序号	组分含量（质量分数）/%							
	P_2O_5	Fe_2O_3	La_2O_3	Ce_2O_3	Pr_2O_3	Nd_2O_3	Sm_2O_3	ThO_2
1	28.35	0.69	25.71	33.60	1.86	9.79	—	—
2	28.31	0.86	21.06	33.77	2.70	13.30	—	—
3	28.10	—	27.34	33.47	—	9.95	—	1.14
4	29.51	—	19.95	32.34	2.92	15.28	—	—
5	28.30	—	5.56	13.43	—	41.89	4.82	6.00
6	26.99	—	21.64	36.53	3.24	11.60	—	—
7	28.26	—	24.88	33.39	2.08	11.39	—	—
8	31.73	—	7.52	24.78	—	33.47	2.50	—
9	29.75	—	13.59	34.85	—	20.01	—	1.80
10	28.27	—	21.36	34.23	2.64	13.50	—	—
11	29.86	—	13.49	32.34	—	23.04	—	1.27
12	30.01	—	16.03	39.88	—	13.04	—	1.04
13	27.66	—	19.89	35.85	3.44	13.16	—	—

11.8.3.6 易解石

易解石是尾矿中最重要的铌矿物之一，且种类较多，主要为普通易解石和钕易解石，铌易解石次之，铌钕易解石含量最少。易解石大部分以连生体的形式存在，少量为单体（见图 11-152）。其连生体主要与萤石连生（见图 11-153），其次与霓石、镁钠铁闪石、

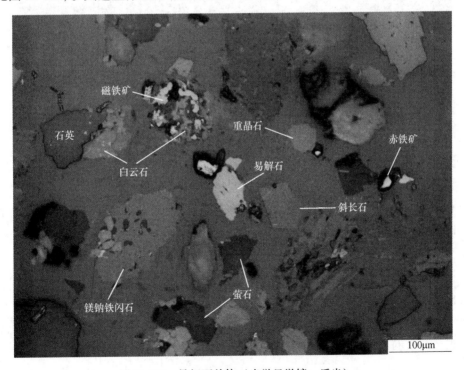

图 11-152 易解石单体（光学显微镜，反光）

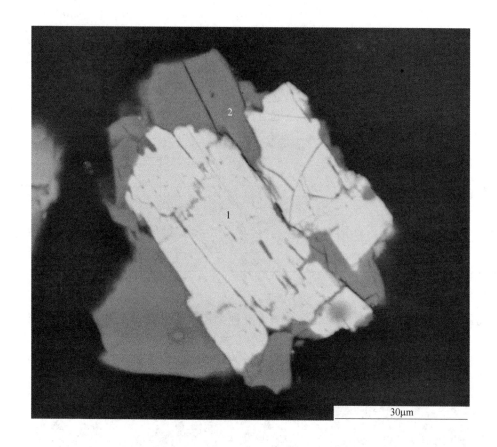

30μm

图 11-153 易解石 (1) 与萤石 (2) 连生

磷灰石、石英及磁铁矿连生，还有少量与氟碳铈矿及独居石等稀土矿物连生。

易解石族矿物的 X 射线能谱分析结果见表 11-94。从表 11-94 可以看出，铌易解石、铌钕易解石、普通易解石、钕易解石中的铌含量整体呈现由高到低依次排列的规律，且这些易解石都富含铈、钕轻稀土元素，多数易解石含 Th，且含量变化范围比较大，个别易解石含微量 U、Os 和 Sn。

11.8.3.7 铌铁金红石

铌铁金红石是尾矿中重要的铌矿物之一，且绝大部分为连生体，主要与萤石、霓石连生，其次与磁铁矿、镁钠铁闪石、磷灰石及重晶石等连生（见图 11-154），还有少量与氟碳铈矿等稀土矿物连生（见图 11-155）。

铌铁金红石的扫描电镜 X 射线能谱分析结果见表 11-95。

表 11-94 易解石的 X 射线能谱分析

矿物名称	序号	SiO₂	CaO	TiO₂	Fe₂O₃	Y₂O₃	组分含量（质量分数）/% Nb₂O₅	Ce₂O₃	Nd₂O₃	Sm₂O₃	Gd₂O₃	ThO₂	U₃O₈	Os₂O₃	SnO₂
易解石	1	—	1.31	33.34	—	—	27.34	17.98	15.50	—	—	2.99	—	1.54	—
	2	4.14	3.26	32.74	4.29	—	31.27	10.59	10.58	—	—	3.13	—	—	—
	3	—	1.75	27.43	1.12	—	33.15	15.76	13.70		—	6.11	—	—	0.98
	4	—	1.31	31.60	—	3.08	34.05	19.26	10.70	—	—	—	—	—	—
	5	—	1.93	26.30	—	—	35.94	17.33	15.93	—	—	2.57	—	—	—
	6	—	2.29	26.07	1.25	—	36.25	15.48	13.22	1.32	—	4.12	—	—	—
	7	1.42	2.25	29.79	5.40	3.26	36.60	11.29	11.64		—	1.61	—	—	—
	8	—	1.99	28.92	—	—	36.70	18.54	10.59	—	—	—	—	—	—
	9	—	1.97	26.08	1.46	—	36.70	18.77	14.51	—	—	0.63	—	1.34	—
	10	—	2.80	27.02	1.00	—	38.41	19.93	10.38	—	—	—	—	—	—
	11	—	1.97	24.76	—	—	39.30	16.47	14.04	—	—	2.46	—	—	—
	12	—	2.62	26.31	—	—	40.27	22.17	8.63	—	—	—	—	—	—
钛易解石	13	—	0.70	33.57	—	—	24.36	7.07	24.55	—	—	9.75	—	—	—
	14	—	0.84	33.53	—	—	24.59	9.91	19.15	1.96	—	8.62	—	1.40	—
	15	—	0.71	32.87	1.54	—	25.14	11.67	21.40	1.87	—	4.80	—	—	—
	16	—	—	31.79	—	—	25.22	—	26.72	8.84	—	7.43	—	—	—
	17	—	0.94	34.10	0.82	—	25.29	17.09	20.05	—	—	1.71	—	—	—
	18	—	1.17	27.56	1.71	—	27.07	8.24	24.00	2.95	—	7.09	0.21	—	—

续表 11-94

矿物名称	序号	组分含量（质量分数）/%														
		SiO_2	CaO	TiO_2	Fe_2O_3	Y_2O_3	Nb_2O_5	Ce_2O_3	Nd_2O_3	Sm_2O_3	Gd_2O_3	ThO_2	U_3O_8	Os_2O_3	SnO_2
	19	—	0.98	33.86	—	3.29	27.47	5.74	21.02	4.77	—	2.87	—	—	—
	20	—	1.83	26.32	1.31	—	29.55	13.01	20.21	2.33	—	5.44	—	—	—
	21	—	0.24	27.73	1.78	—	29.96	5.45	20.57	2.78	—	11.49	—	—	—
钕易解石	22	—	1.36	29.17	—	—	30.22	11.54	16.06	1.67	—	7.39	—	2.59	—
	23	—	1.13	27.90	1.37	—	30.96	8.66	23.15	2.58	—	4.25	—	—	—
	24	—	1.39	24.99	2.24	—	35.82	13.99	19.23	—	—	2.34	—	—	—
	25	—	1.42	24.21	—	—	39.29	8.15	24.16	—	—	2.77	—	—	—
	26	—	2.56	22.72	1.62	—	42.30	17.38	12.96	—	—	0.46	—	—	—
	27	—	2.75	22.06	1.36	—	42.75	15.02	11.54	2.09	1.35	1.08	—	—	—
	28	—	3.31	22.55	—	—	44.59	15.28	14.27	—	—	—	—	—	—
铌易解石	29	—	2.96	20.09	1.15	—	44.76	14.46	13.98	—	—	0.74	—	1.86	—
	30	—	4.11	23.59	—	—	45.82	22.02	4.46	—	—	—	—	—	—
	31	—	3.49	17.63	0.92	—	46.88	16.79	10.25	—	—	2.08	—	1.96	—
	32	—	2.87	19.75	—	—	48.03	17.09	12.26	—	—	—	—	—	—
铌钕易解石	33	1.81	3.19	26.79	4.49	—	41.15	10.09	10.71	—	—	1.77	—	—	—
	34	—	2.40	24.39	1.00	—	41.20	14.10	16.91	—	—	—	—	—	—
	35	—	2.51	23.59	—	—	42.10	13.89	16.26	—	—	1.65	—	—	—
	36	—	2.51	19.86	1.73	—	44.88	15.09	15.93	—	—	—	—	—	—

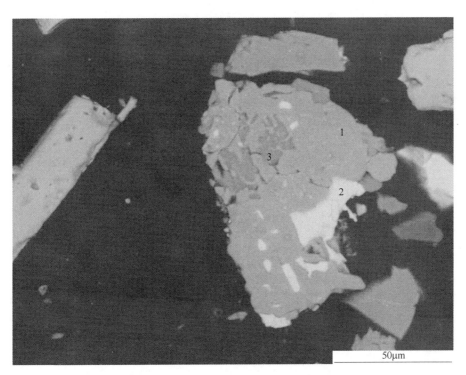

图 11-154　铌铁金红石（1）包含重晶石（2）及萤石（3）

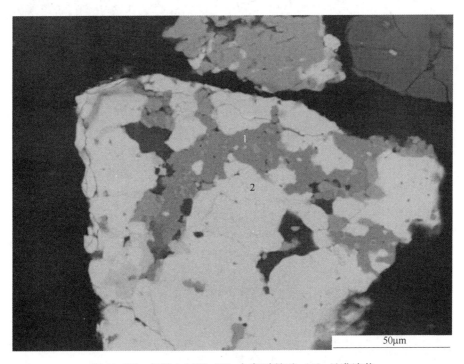

图 11-155　铌铁金红石（1）与氟碳铈矿（2）呈港湾状

表 11-95 铌铁金红石的 X 射线能谱分析

序号	组分含量（质量分数)/%				
	TiO$_2$	Fe$_2$O$_3$	Nb$_2$O$_5$	SnO$_2$	Sc$_2$O$_3$
1	78.85	8.25	12.90	—	—
2	73.07	9.02	16.08	1.83	—
3	79.56	7.31	13.13	—	—
4	71.01	9.35	16.92	1.41	1.31
5	73.67	9.80	16.53	—	—
6	78.32	8.43	13.25	—	—

11.8.3.8 铌铁矿-铌锰矿

铌铁矿和铌锰矿均属于铌铁矿族矿物，尾矿中以铌铁矿为主，少量为铌锰矿。它们主要以连生体方式产出，少量为单体。其连生体主要与萤石、镁钠铁闪石、霓石、石英连生（见图 11-156），其次与磁铁矿、重晶石及氟碳铈矿、独居石等稀土矿物连生（见图 11-157 和图 11-158）。铌铁矿、铌锰矿的 X 射线能谱分析数据见表 11-96。

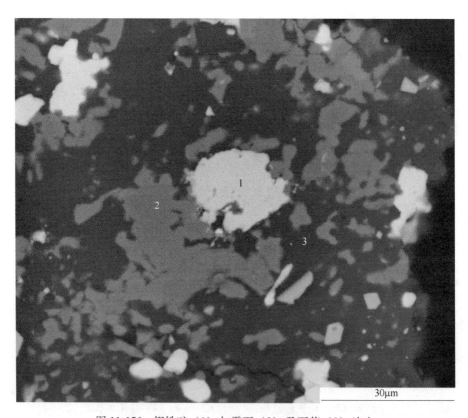

图 11-156 铌铁矿（1）与霓石（2）及石英（3）连生

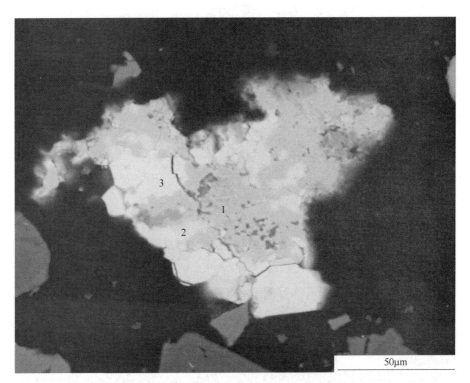

图 11-157　铌铁矿（1）与重晶石（2）及氟碳铈矿（3）嵌布在一起

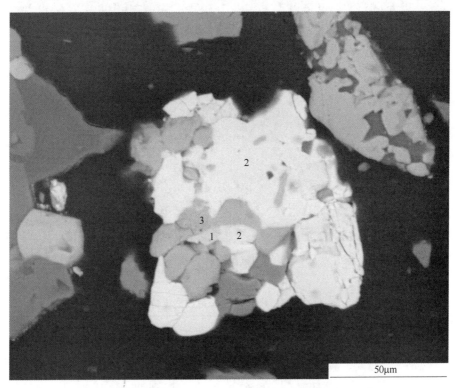

图 11-158　铌锰矿（1）与氟碳铈矿（2）及磁铁矿（3）连生

表 11-96　铌铁矿与铌锰矿的 X 射线能谱分析

矿物	序号	组分含量（质量分数）/%						
		TiO$_2$	FeO	MnO	Nb$_2$O$_5$	V$_2$O$_5$	CoO	Y$_2$O$_3$
铌铁矿	1	7.17	11.72	8.04	72.01	0.27	0.33	0.46
	2	0.00	18.30	3.86	77.84	—	—	—
	3	6.57	11.24	8.23	73.48	0.48	—	—
铌锰矿	4	—	10.33	15.40	74.27	—	—	—
	5	—	4.14	17.42	78.24	—	0.20	—

11.8.3.9　烧绿石

烧绿石主要与霓石、萤石连生（见图 11-159），其次与镁钠铁闪石、氟碳铈矿连生（见图 11-160），还有少量与磁铁矿、磷灰石、方解石、独居石、易解石、铌铁矿等连生。烧绿石的 X 射线能谱分析数据见表 11-97。

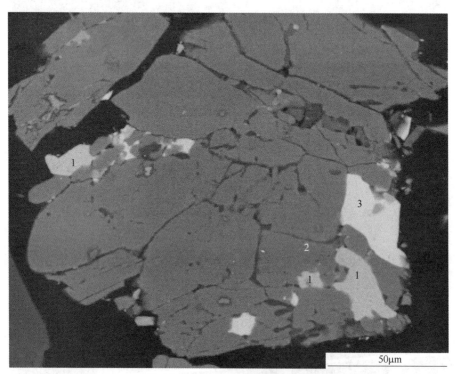

图 11-159　烧绿石（1）与氟碳铈矿（3）包裹于霓石（2）中

表 11-97　烧绿石的 X 射线能谱分析

序号	组分含量（质量分数）/%								
	F	Na$_2$O	CaO	TiO$_2$	Fe$_2$O$_3$	Nb$_2$O$_5$	SnO$_2$	Ce$_2$O$_3$	Nd$_2$O$_3$
1	5.09	5.03	16.82	5.70	0.82	64.38	0.95	1.21	—
2	4.95	5.14	17.42	6.35	—	66.14	—	—	—
3	3.42	4.60	15.79	8.25	1.47	60.85	1.27	2.49	1.86

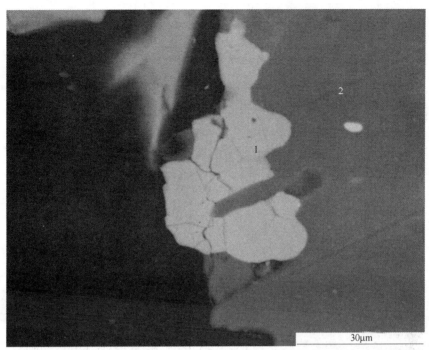

图 11-160　烧绿石（1）与镁钠铁闪石（2）连生

11.8.3.10　磁铁矿

磁铁矿主要以连生体形式存在，少量以单体方式产出（见图 11-161）。其连生体主要与脉石矿物连生（见图 11-162），有少量磁铁矿以微细粒包裹体分布于脉石矿物中。

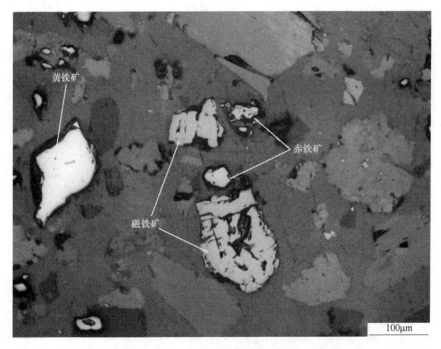

图 11-161　磁铁矿单体（光学显微镜，反光）

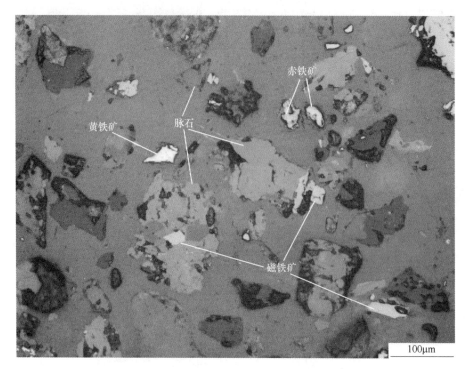

图 11-162 磁铁矿与脉石矿物连生（光学显微镜，反光）

11.8.3.11 赤铁矿

赤铁矿大部分已解离成单体（见图 11-163），少量的赤铁矿与脉石矿物连生。部分赤

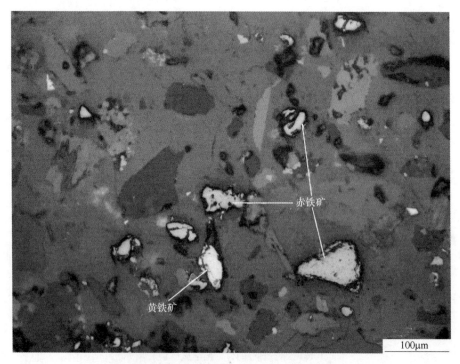

图 11-163 赤铁矿单体（光学显微镜，反光）

铁矿呈星点弥散状分布于脉石矿物中（见图 11-164）；有时可见赤铁矿沿磁铁矿边缘交代呈残余结构（见图 11-165）。

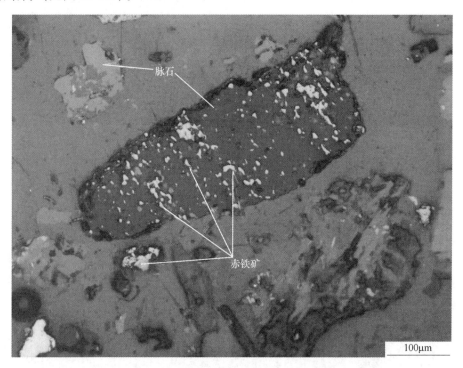

图 11-164　赤铁矿呈微细粒包裹于脉石中（光学显微镜，反光）

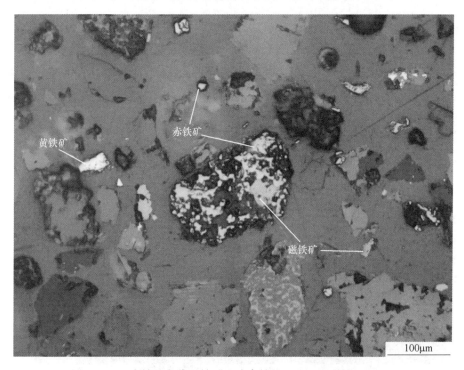

图 11-165　赤铁矿交代磁铁矿呈残余结构（光学显微镜，反光）

11.8.3.12 萤石

萤石是尾矿中含量最多的矿物，大部分为单体（见图 11-166）。其连生体主要与脉石矿物连生，有部分萤石与磁铁矿、赤铁矿连生，还有少量与氟碳铈矿、独居石等稀土矿物连生（见图 11-167）。

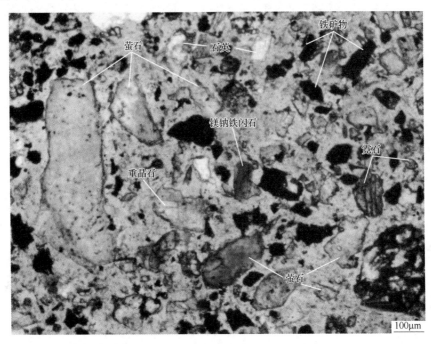

图 11-166 萤石单体（光学显微镜，透光）

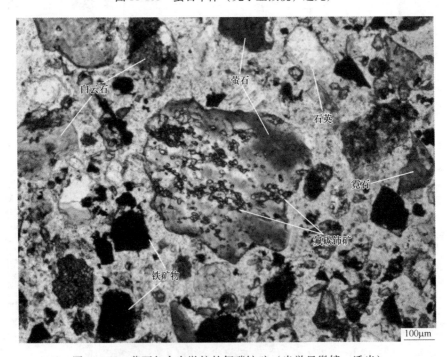

图 11-167 萤石包含有微粒的氟碳铈矿（光学显微镜，透光）

11.8.4 尾矿中重要矿物的解离特征

尾矿中稀土矿物的解离度及连生特征见表 11-98 和表 11-99。结果显示，稀土矿物集合体的解离度只有 30%左右，其连生体也以贫连生体居多。稀土矿物与萤石、磷灰石的嵌连关系很紧密，与萤石及磷灰石连生的稀土矿物分别高达 22.12%和 10.57%。在选别稀土过程中，无疑会给降氟降磷带来很大的难度；其次还有 7.28%的稀土矿物与铁矿物连生在一起，若不加细磨，在磁选过程中，这部分稀土矿物很容易进入到铁精矿中去；此外，还有部分稀土与硅酸盐、碳酸盐及其他脉石矿连生在一起。

表 11-98 尾矿中稀土矿物的解离特征

矿物种类	矿物名称	单体/%	连生体/%			
			3/4~1	1/2~3/4	1/4~1/2	0~1/4
氟碳铈矿类	氟碳铈矿	31.89	14.32	14.04	14.72	25.03
	氟碳钙铈矿	13.32	16.81	17.57	16.23	36.07
	氟碳钡铈矿	10.81	10.86	30.77	14.80	32.76
	氟碳铈钡矿	29.82	24.10	12.43	13.32	20.33
	氟碳钙钕矿	12.32	14.18	20.38	18.85	34.27
	稀土氟碳酸盐矿物集合体	28.46	18.04	16.53	14.85	22.12
独居石	独居石	30.45	10.48	10.60	17.78	30.69
稀土矿物集合体		30.27	16.47	16.13	16.07	21.06

表 11-99 尾矿中稀土矿物的连生特征

矿物名称	单体/%	连生体/%						
		与萤石	与磷灰石	与铁矿物	与铌矿物	与硅酸盐	与碳酸盐	与其他
稀土矿物	30.27	22.12	10.57	7.28	1.30	17.65	5.47	5.34

尾矿中铌矿物的解离度及连生特征见表 11-100 和表 11-101。铌矿物的解离效果很差，主要以贫连生体的方式存在，铌矿物集合体的解离度仅有 22.40%。铌矿物与萤石、稀土及铁矿物的嵌连关系较为密切，在磨矿过程中，要注意采用适当的磨矿细度，使它们彼此分离，提高各自的回收率及精矿品位。

表 11-100 尾矿中铌矿物的解离特征

矿物名称	单体/%	连生体/%			
		0~1/4	1/4~1/2	1/2~3/4	3/4~1
易解石	28.07	20.51	9.25	8.31	33.86
铌铁金红石	11.02	26.40	10.95	22.30	29.33
铌铁（锰）矿	28.76	2.67	10.45	12.23	45.89
烧绿石	12.50	8.30	15.58	7.16	56.46
铌矿物集合体	22.40	18.37	11.71	11.71	35.81

表 11-101 尾矿中铌矿物的连生特征

矿物名称	单体/%	连生体/%					
		与萤石	与铁矿物	与稀土	与硅酸盐	与碳酸盐	与其他
铌矿物	22.40	10.84	6.27	9.68	18.96	5.51	26.34

11.8.5 尾矿中重要矿物的粒度组成

尾矿中稀土矿物和铌矿物的粒度特征见表 11-102 和表 11-103。结果显示稀土矿物和铌矿物的粒度普遍偏细，为微细粒。

表 11-102 尾矿中稀土矿物及集合体的粒度组成

粒度范围 /mm	分布率/%					
	独居石	氟碳铈矿	氟碳钙铈矿	氟碳钡铈矿	氟碳铈钡矿	氟碳钙钕矿
-0.300+0.212	—	—	1.68	—	—	—
-0.212+0.150	0.23	0.52	2.13	4.91	3.52	0.00
-0.150+0.106	2.83	3.46	6.33	17.59	13.18	15.25
-0.106+0.075	7.95	6.72	13.92	11.83	14.00	7.58
-0.075+0.045	21.95	26.27	23.77	22.17	29.49	31.95
-0.045+0.019	41.04	43.17	28.63	26.12	28.64	23.95
-0.019+0.016	5.83	5.29	3.94	2.89	2.88	4.00
-0.016+0.010	12.33	9.92	8.85	7.63	5.71	9.17
-0.010+0.005	6.33	3.94	7.64	5.04	2.13	5.78
-0.005	1.51	0.71	3.12	1.81	0.46	2.31

表 11-103 尾矿中铌矿物的粒度组成

粒度范围 /mm	分布率/%				
	易解石	铌铁金红石	铌铁（锰）矿	烧绿石	铌矿物集合体
-0.150+0.106	4.19	8.67	—		4.46
-0.106+0.075	11.29	11.07	—	13.32	11.27
-0.075+0.045	25.45	25.15	24.53	11.56	23.65
-0.045+0.019	35.16	30.57	39.86	38.07	34.86
-0.019+0.016	4.13	4.72	5.09	7.56	4.74
-0.016+0.010	9.87	12.85	13.95	14.70	11.12
-0.010+0.005	7.07	5.60	11.55	10.09	7.13
-0.005	2.84	1.38	5.01	4.70	2.76

11.8.6 尾矿中稀土、铌的赋存状态

尾矿中稀土主要以独立矿物的形式存在，其中大部分稀土元素分布在以氟碳铈矿为主的氟碳酸盐矿物中，其次分布于独居石矿物中，还有少量的稀土分布于易解石中。稀土的元素平衡计算见表 11-104。

表 11-104 稀土氧化物 (REO) 的平衡分配表

矿物名称	矿物量/%	矿物中稀土氧化物含量/%	稀土氧化物量/%	分布率/%
独居石	2.08	72.93	1.517	26.52
氟碳铈矿	4.37	75.85	3.315	57.94
氟碳钡铈矿	0.37	57.71	0.214	3.73
氟碳铈钡矿	0.17	36.13	0.061	1.07
氟碳钙铈矿	0.84	62.94	0.529	9.24
氟碳钙钕矿	0.03	67.07	0.020	0.35
易解石	0.20	32.70	0.065	1.15

尾矿中铌主要分布在易解石中，其次分布于铌铁金红石及铌铁（锰）矿中。铌的元素平衡计算见表 11-105。

表 11-105 铌的平衡分配表

矿物名称	矿物量/%	矿物中铌含量/%	铌金属量/%	铌分布率/%
铌铁金红石	0.29	10.15	0.029	27.92
铌铁（锰）矿	0.06	52.55	0.032	29.91
易解石	0.20	22.23	0.044	42.17

尾矿中稀土主要以独立矿物的形式存在，这为稀土的选矿回收提供了可能性。但稀土矿物种类非常复杂，既有氟碳铈矿为主的氟碳酸盐矿物，又有以独居石产出的磷酸盐矿物，还有一部分赋存于易解石、烧绿石等氧化物矿物中，这些稀土矿物在物理化学性质上存在一定的差异；其次，稀土矿物的粒度普遍偏细，大部分在 0.045mm 以下；另从稀土矿物的连生特征来看，稀土矿物与萤石、磷灰石、霓石及磁铁矿等嵌布关系非常密切，常见稀土矿物与它们交错嵌生或者呈微细粒包裹于这些矿物中，磨矿过程中很难完全单体解离，将给选矿回收带来十分不利的影响。

尾矿中的铌矿物种类较多，铌主要分布在铌铁金红石、铌铁（锰）矿、易解石及少量烧绿石中，还有微量的铌分散于钛铁矿、赤铁矿等其他矿物中。这些铌矿物物理化学性质不尽相同，可选性差异大，与其他矿物之间的共生关系密切，分选难度较大；其次，铌矿物粒度很细，有约 60% 的铌矿物粒度小于 0.045mm，且铌矿物与萤石、霓石、镁钠铁闪石等嵌连关系紧密。在 -0.074mm 占 53% 的磨矿细度下，铌矿物的解离度仅有 22.40%，粒度微细及嵌布关系复杂将导致分选难度大。

12 X射线显微镜应用

在工艺矿物学研究中，研究人员往往需要获取矿石的矿物组成、结构和构造等关键特征参数，以进行选矿工艺指导和矿石可利用性评价。然而，通过传统二维分析方法（如光学显微镜、扫描电子显微镜下的观察）所得数据难免产生一定的体视学误差。X射线显微镜因具有对矿石结构特征的无损提取能力，近几年国际上开始运用X射线显微镜对矿石中矿物含量、矿物粒度及解离特征等工艺矿物学参数进行了研究。

12.1 矿物含量

南非Stellenbosc大学利用X射线显微镜对Riviera钨钼矿床中四个直径35mm的岩芯（W01~W04）进行了研究。该岩芯中金属矿物主要为白钨矿、黄铁矿和磁黄铁矿，非金属矿物主要为石英，这些矿物的密度差和X射线衰减系数差异均较大，在X射线CT图像中易于鉴别。由图12-1可见，在60~200keV的能量范围内，白钨矿具有最大的衰减幅度。

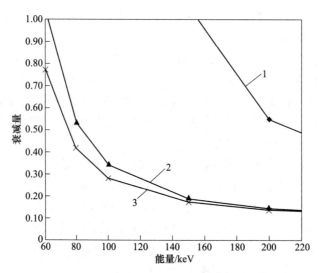

图12-1 岩芯样品中矿物的理论X射线衰减系数范围

1—白钨矿；2—黄铜矿；3—黄铁矿

通过X射线CT扫描测定岩芯中白钨矿的体积乘以白钨矿的密度（6.1g/cm³），然后与岩芯的质量（称重）相除就可以得到岩芯中白钨矿的含量（见表12-1）。为了检验X射线显微镜测量的岩芯中白钨矿含量的准确性，把岩芯中白钨矿含量乘以白钨矿理论含钨量，就可以计算出该岩芯中的钨品位，之后将此结果与该样品的传统化学分析（ICP）结果进行比较。表 12-1 显示，在岩芯中钨品位较高的情况下（钨品位大于 1.5%），X 射线 CT 的定量分析结果与 ICP 分析结果基本一致；而钨品位较低时（如，钨品位为 0.2%）则误差较大。因此，在特定矿物含量相对较高时，X 射线 CT 能够快速、准确地测定该矿物的含量。

表 12-1　岩芯的 X 射线 CT 分析结果及 ICP 数据对比

样品	岩芯质量 /g	岩芯体积 （CT）/mm³	白钨矿体积 （CT）/mm³	白钨矿含量 （CT）/%	钨品位 （CT）/%	钨品位 （ICP）/%	相对误差/%
W01	77.00	25641	39.26	0.31	0.20	0.29	−31.03
W02	55.40	17162	214.37	2.36	1.51	1.40	+7.86
W03	63.00	20583	375.37	3.63	2.32	2.20	+5.46
W04	40.00	13113	149.30	2.28	1.45	1.40	+3.57

12.2　矿物粒度分布

12.2.1　自然金

Nalunaq 金矿位于格陵兰南部，为石英脉型金矿。矿脉厚度从 1cm～3m 不等，平均约 0.8m。该矿脉可沿 Nalunaq 山北侧露头追踪 1.4km。矿脉侵位于细粒斜长角闪岩和中粗粒斜长角闪岩中。矿脉以石英为主，其次为钙质斜长石、单斜辉石、角闪石等硅酸盐矿物，其他硅酸盐矿物还有榍石、电气石、云母和绿帘石。矿石中金属矿物含量整体较低，有自然金、黑铋金矿、斜方砷铁矿、毒砂、磁黄铁矿、黄铁矿、黄铜矿、方铅矿、自然铋和钛铁矿等。

矿石中金品位很高，存在粗粒自然金，有时肉眼可见自然金呈浸染状分布于矿脉中，局部聚集形成极高品位带。该金矿单个样品金品位最高可达 2800g/t，在没有进行贫化处理的情况下，该金矿床金平均品位约为 50g/t。利用 X 射线显微镜对 7 个矿石样品（NAL01～07）进行研究。自然金相对于其载体矿物有很大的密度差异。金属硫化物矿物的密度也比硅酸盐矿物的高，但自然金的密度小很多。因此，可以通过灰度的差异进行金矿物的识别。

以样品 NAL04 为例，从图 12-2 可以看出 X 射线 CT 扫描检测到的金颗粒与肉眼观察到的金颗粒一致，也就说明 X 射线 CT 图像可以依据灰度差异能很好区分自然金和硫化物矿物。X 射线 CT 图像显示出一个富金区域和一个贫金区域，边界呈梯度状。大多数的金颗粒被显示为彼此隔离，但一些金颗粒在图像上出现重叠。

图 12-3 显示样品 NAL04 的自然金颗粒形状、大小各异。一般小颗粒呈圆形粒状，但有些看起来也具有多个小面，如图 12-3（a）所示。大颗粒表现为：球形，表面光滑圆整、多面或不规则，有的有凹面；有的似简单圆柱体；锥体；浅凹陷或深坑的盘状物；蘑菇形状等，如图 12-3（b）和（c）所示。

选取 3 个样品（NAL04、NAL05 和 NAL07）对 CT 测定的金颗粒数进行统计分析。从表 12-2 可知，3 个样本总共统计了 8900 个金颗粒。P95 的自然金粒径为 700μm。

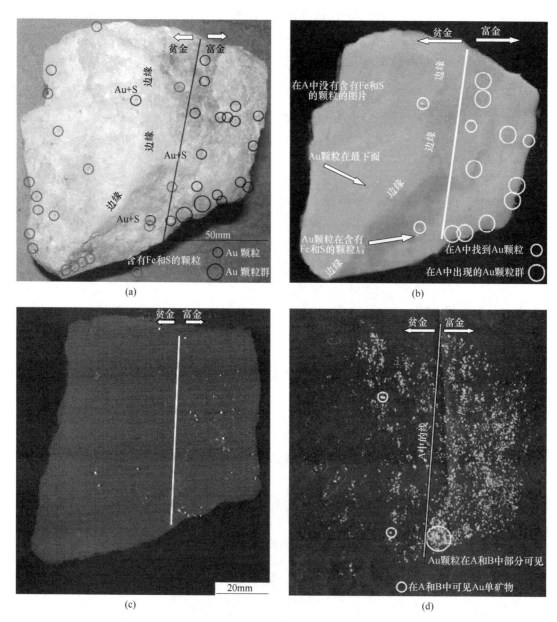

图 12-2 样品 NAL04 显示的金颗粒

（a）样品照片；（b）样品表面的扫描；（c）通过样品进行虚拟切片；（d）样品的三维扫描图像

表 12-2 CT 图像金颗粒直径统计分析

样品	识别的金颗粒数	金颗粒粒径范围/μm	P95 值/μm
全部	8900	80~6540	700
NAL04	4220	150~1100	700
NAL05	1807	80~1300	650
NAL07	2873	175~6540	800

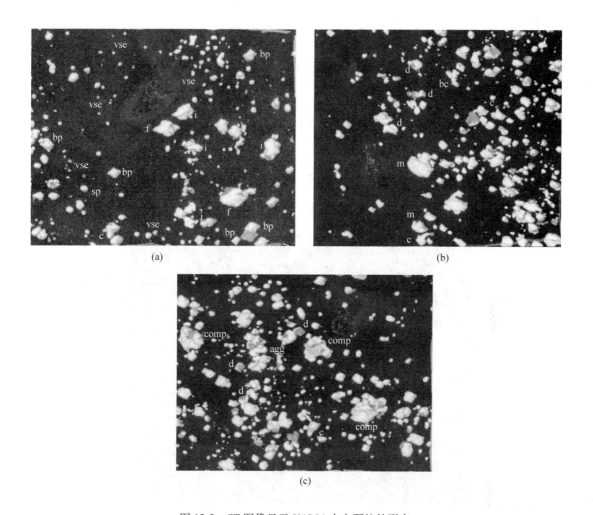

图 12-3 CT 图像显示 NAL04 中金颗粒的形态

（a）简单颗粒形状；（b）蘑菇状和其他非球形形状；（c）复杂形状的大颗粒和聚集体
agg—接触颗粒的聚集体；bc—分支不规则圆柱；bp—双锥面；c—锥体；comp—集合体；d—盘状物；
f—凸缘；i—不规则体；m—蘑菇状；sp—球形体；vse—在分辨率极限下小的等径体

12. 2. 2 黄铁矿

利用 X 射线显微镜对某金矿含金黄铁矿进行研究。该矿石的矿物组成简单，主要为黄铁矿、石英和铁白云石。矿石中的金主要赋存在黄铁矿中，通过浮选黄铁矿回收矿石中的金。矿石中各矿物的密度和 X 射线衰减系数差异均较大，在 CT 图像中易于鉴别（见图 12-4）。

图 12-5 为含金黄铁矿的三维重建图像。对 CT 扫描图像中所获取的黄铁矿颗粒的粒度大小进行统计计算，可得到黄铁矿粒度分布情况（见图 12-6）。测量结果表明，黄铁矿粒度分布较为均匀，主要集中在−425+75μm 范围内。

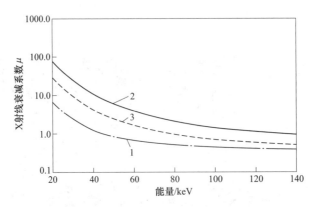

图 12-4　矿石中各矿物的 X 射线理论衰减值
1—石英；2—黄铁矿；3—铁白云石

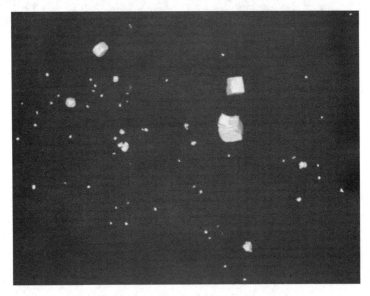

图 12-5　黄铁矿颗粒 X 射线 CT 三维图像

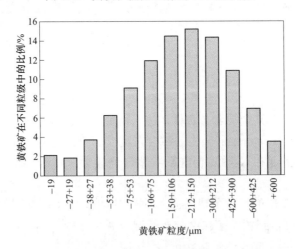

图 12-6　利用 X 射线 CT 测量的黄铁矿粒度分布柱状图

12.3　矿物解离特征

矿物解离特征是某矿物单体体积占其总体积的百分比，对于浮选过程来说，由于矿物颗粒的暴露面积直接决定了附着气泡的稳定性，因此暴露颗粒表面积更能反映矿物与药剂之间的相互作用，从而更能反映矿物解离特征。

利用 X 射线显微镜对美国西部某含金黄铁矿矿石−850+500μm 粒级的浮选产品进行颗粒暴露表面积分析。通过图像处理得到金精矿和尾矿中的颗粒暴露表面积分布的百分比（见图12-7）。结果表明，精矿和尾矿颗粒中，含金黄铁矿暴露表面积百分比可大致分为三个区间：>1.5%、0.5%~1.5%和<0.5%；其中，精矿中的含金黄铁矿颗粒的暴露面积占颗粒总表面积的 1.5%以上，而尾矿颗粒中含金黄铁矿的暴露面积通常小于 0.5%，二者在 0.5%~1.5%暴露面积百分比区间内存在重叠。而暴露面积百分比在 0.5%~1.5%区间内的贫连生体进入精矿或尾矿则取决于该颗粒中最大单颗粒暴露表面积及暴露面的聚集分散程度。

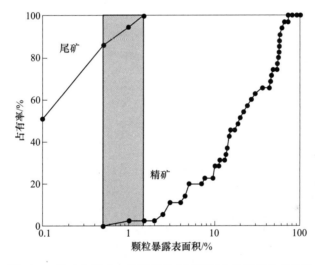

图 12-7　精矿和尾矿中暴露颗粒表面积百分比累积分布曲线

为了说明暴露表面积对浮选影响的重要性，对−850+500μm 粒级中暴露表面积占0.58%的浮选精矿和暴露表面积占 1.03%的浮选尾矿的矿物颗粒特性进行了比较。一般来说，如果暴露表面积为 0.58%的颗粒能漂浮，那么暴露表面积为 1.03%的颗粒肯定会浮选到金精矿中回收。然而，暴露表面积为 0.58%的颗粒被浮选进入金精矿，而暴露表面积为1.03%的颗粒则在尾矿中出现。图 12-8 比较了金精矿和尾矿中颗粒的三维视图和相应的暴露表面积。表 12-3 给出了来自精矿（总暴露颗粒的表面积为 23882μm²，暴露表面积百分比为 0.58%）和来自尾矿（总暴露颗粒表面积为 39923μm²，暴露粒表面积百分比为1.03%）的两种含金黄铁矿颗粒的暴露表面积测量值。结果表明，浮选尾矿中含金黄铁矿的暴露面积占比为 1.03%，约为精矿中有价物暴露面积比（0.58%）的两倍，但该尾矿中单个含金黄铁矿的暴露面积非常小，且呈浸染状分布在颗粒中。原因是精矿中呈连生体的含金黄铁矿仅有 5 颗，而且有 1 颗表面暴露面积为 16866μm²的大颗粒。尾矿中暴露的含金黄铁矿有 266 颗，呈浸染状分布在载体颗粒中，其中单个含金黄铁矿的暴露面积最大

也仅为 $2799\mu m^2$。因此，在研究暴露表面积对浮选影响时，不仅需要考虑有用矿物暴露表面积百分比，而且还要考虑单个有价矿物的暴露面积及其空间分布特征。

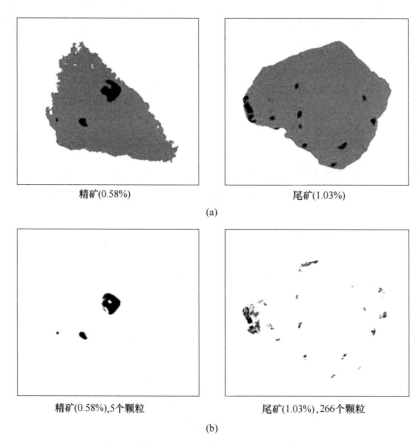

精矿(0.58%)   尾矿(1.03%)

(a)

精矿(0.58%),5个颗粒   尾矿(1.03%),266个颗粒

(b)

图 12-8   精矿颗粒和尾矿颗粒的表面三维视图和暴露表面图像
（a）单颗粒三维图像；（b）暴露颗粒表面三维图像

表 12-3   精矿颗粒和尾矿颗粒的暴露表面积测量结果

精矿颗粒 （0.58%)		尾矿颗粒 （1.03%)	
颗粒序号	暴露面积/μm^2	颗粒序号	暴露面积/μm^2
1	16866	1	2799
2	3955	2	1965
3	1617	3	1662
4	944	4	1655
5	501	5	1511
		⋮	⋮
		266	10.53
合计	23883	合计	39923.0

参 考 文 献

[1] 张学舒. 显微观察与生物制片技术 [M]. 北京：中国水利水电出版社，2012.

[2] 施明哲. 扫描电镜和能谱仪的原理与实用分析技术 [M]. 北京：电子工业出版社，2015.

[3] 孙传尧. 选矿工程师手册（第1册）[M]. 北京：冶金工业出版社，2015.

[4] 王莉，蒋洪，孙丽丽. 显微镜的发展综述 [J]. 科技信息，2009（11）：117-118.

[5] 李炘琪. 显微技术的发展 [J]. 现代物理知识，2002（3）：31-33.

[6] 肖仪武，方明山，付强，等. 工艺矿物学研究的新技术与新理念 [J]. 矿产保护与利用，2018（3）：49-54.

[7] 肖仪武. 中国选矿工艺矿物学发展历程、研究现状与展望 [J]. 有色金属（选矿部分），2019（5）：6-8.

[8] 李焱，龚旗煌. 从光学显微镜到光学"显纳镜"[J]. 物理与工程，2015，25（2）：31-36.

[9] 朱小洁，钱付平，张浩. X射线显微CT的应用现状及发展 [J]. 化工新型材料，2011，39（S1）：5-8.

[10] 桂建保，胡战利，周颖，等. 高分辨显微CT技术进展 [J]. CT理论与应用研究，2009，18（2）：106-116.

[11] 卢静文. 金属矿物显微镜鉴定手册 [M]. 北京：地质出版社，2010.

[12] 常丽华. 透明矿物薄片鉴定手册 [M]. 北京：地质出版社，2006.

[13] 廖立兵. 矿物材料现代测试技术 [M]. 北京：化学工业出版社，2010.

[14] 周玉. 材料分析方法 [M].4版. 北京：机械工业出版社，2020.

[15] 张朝宗. 工业CT技术和原理 [M]. 北京：科学出版社，2009.

[16] 刘剑霜，谢锋，吴晓京，等. 扫描电子显微镜 [J]. 上海计量测试，2003（6）：37-39.

[17] 凌妍，钟娇丽，唐晓山，等. 扫描电子显微镜的工作原理及应用 [J]. 山东化工，2018，47（9）：78-79.

[18] 陈莉，徐军，陈晶. 扫描电子显微镜显微分析技术在地球科学中的应用 [J]. 中国科学：地球科学，2015，45（9）：1347-1358.

[19] 须颖，邹晶，姚淑艳. X射线三维显微镜及其典型应用 [J]. CT理论与应用研究，2014，23（6）：967-977.

[20] 马礼敦. X射线显微镜 [J]. 上海计量测试，2012，39（2）：2-10.

[21] 方明山，肖仪武. 基于光学显微镜图像的金属矿物自动识别技术研究 [J]. 矿冶，2018增刊.

[22] 邱贵宝，吕学伟，白晨光，等. 基于彩色数字图像技术的矿物反射率计算模型研究 [J]. 冶金分析，2008（5）：5-9.

[23] 杨向荣，赵新生，张晓帆. 矿物反射色与计算机辅助矿物鉴定 [J]. 新疆大学学报（自然科学版），2002（2）：136-140.

[24] 白林，姚钰，李双涛，等. 基于深度学习特征提取的岩石图像矿物成分分析 [J]. 中国矿业，2018，27（7）：178-182.

[25] 吴耀坤，滕奇志，何海波，等. 岩矿薄片偏光序列图像的矿物颗粒分割方法 [J]. 计算机系统应用，2018，27（12）：175-180.

[26] 钟逸，熊淑华，滕奇志，等. 岩石薄片正交偏光融合图像的颗粒分割方法 [J]. 信息技术与网络安全，2019，38（10）：87-92.

[27] 姜志国，韩冬兵，谢凤英，等. 基于全自动显微镜的图像新技术研究 [J]. 中国体视学与图像分析，2004（1）：31-36.

[28] 陈文雄. 扫描电镜数字图像的采集处理和分析 [J]. 电子显微学报，1992（1）：49-54.

[29] 张弘. 数字图像处理与分析［M］. 北京：机械工业出版社，2010.

[30] 何东健. 数字图像处理［M］. 2版. 北京：电子科技大学出版社，2008.

[31] 刘惠，郭冬梅，邱天爽，等. 医学影像和医学图像处理［M］. 北京：电子工业出版社，2013.

[32] Gonzalez R. C.，Woods R. E. 数字图像处理［M］. 阮秋琦，阮宇智，等译. 3版. 北京：电子工业出版社，2017.

[33] 郑春，张继山. 基于神经网络的机器视觉图像识别算法应用［J］. 哈尔滨师范大学自然科学学报，2018，34（4）：41-45.

[34] 黄梅媚，黄紧德. 基于人工智能的图像识别技术研究［J］. 信息与电脑（理论版），2020，32（6）：135-137.

[35] 范会敏，王浩. 模式识别方法概述［J］. 电子设计工程，2012，20（19）：48-51.

[36] 郑远攀，李广阳，李晔. 深度学习在图像识别中的应用研究综述［J］. 计算机工程与应用，2019，55（12）：20-36.

[37] 张琦，张荣梅，陈彬. 基于深度学习的图像识别技术研究综述［J］. 河北省科学院学报，2019，36（3）：28-36.

[38] 刘方园，王水花，张煜东. 深度置信网络模型及应用研究综述［J］. 计算机工程与应用，2018，54（1）：11-18.

[39] 周俊宇，赵艳明. 卷积神经网络在图像分类和目标检测应用综述［J］. 计算机工程与应用，2017，53（13）：34-41.

[40] 许锋，卢建刚，孙优贤. 神经网络在图像处理中的应用［J］. 信息与控制，2003（4）：344-351.

[41] 周文静，徐强胜，于瀛洁. 基于三投影方向的层析重建分析［J］. 光子学报，2010，39（7）：1257-1262.

[42] 郁钱，路金晓，柏基权，等. 基于深度学习的三维物体重建方法研究综述［J］. 江苏理工学院学报，2022，28（4）：31-41.

[43] 朱莉，陈辉. 基于深度学习的单幅图像三维重建算法［J］. 吉林化工学院学报，2020，37（1）：58-62.

[44] 陈加，张玉麒，宋鹏，等. 深度学习在基于单幅图像的物体三维重建中的应用［J］. 自动化学报，2019，45（4）：657-668.

[45] 钱苏斌. 基于轮廓线的任意形体三维重建［J］. 成都大学学报（自然科学版），2013，32（3）：262-266.

[46] 王振波，罗梦，张永德，等. 基于轮廓线的三维表面重建方法的研究［C］//全国高等学校制造自动化研究会第十三届学术年会论文集，2008：1-4.

[47] 杨晓冬，刘炳辉，王扬. 基于等值面构造的CT图像三维重构［J］. 机械设计与研究，2007（4）：74-76.

[48] 闫涛，姜晓峰，王昱. 基于三角网格模型简化的研究［J］. 计算机工程与科学，2010，32（12）：69-72.

[49] 李光，罗守华，顾宁. Nano CT成像进展［J］. 科学通报，2013，58（7）：501-509.

[50] 周乐光. 工艺矿物学［M］. 北京：冶金工业出版社，2002.

[51] 叶润青，牛瑞卿，张良培，等. 基于图像分类的矿物含量测定及精度评价［J］. 中国矿业大学学报，2011，40（5）：810-815.

[52] 孙传尧，周俊武，贾木欣，等. 基因矿物加工工程研究［J］. 有色金属（选矿部分），2018（1）：1-7.

[53] 肖仪武. 影响有价元素回收的矿物学因素［J］. 有色金属（选矿部分），2013（S1）：54-57.

[54] 叶小璐，肖仪武. 工艺矿物学在选厂流程优化中的作用［J］. 有色金属（选矿部分），2020（4）：

13-16.

［55］李立，庞江平，瞿子易．钻探现场矿物自动化分析技术进展及应用前景［J］．天然气工业，2018，38（6）：46-52.

［56］高歌，王艳．MLA 自动检测技术在工艺矿物学研究中的应用［J］．黄金，2015，36（10）：66-69.

［57］方明山，肖仪武，童捷矢．山东某金矿中金的赋存状态研究［J］．矿冶，2012，21（3）：91-94.

［58］王俊萍，武慧敏，王玲．MLA 在银的赋存状态研究中的应用［J］．矿冶，2015，24（1）：77-80.

［59］方明山，王明燕．AMICS 在铜矿伴生金银综合回收中的应用［J］．矿冶，2018，27（3）：104-108.

［60］李艳峰，付强．利用 MLA 对某铜矿石中伴生微细粒金、银的工艺矿物学研究［J］．有色金属（选矿部分），2016（4）：1-4.

［61］王明燕，郜伟，叶小璐．南非某铂钯尾矿中铂钯的赋存状态研究［J］．矿产综合利用，2019（3）：74-77.

［62］方明山，王玲，肖仪武．非洲某铂钯矿工艺矿物学研究［J］．矿冶，2014，23（1）：72-76.

［63］周姣花，徐金沙，牛睿，等．利用扫描电镜和能谱技术研究四川会理铂钯矿床中的铂族矿物特征及铂族元素赋存状态［J］．岩矿测试，2018，37（2）：130-138.

［64］付强，金建文，李磊，等．白云鄂博尾矿中稀土的赋存状态研究［J］．稀土，2017，38（5）：103-110.

［65］温利刚，曾普胜，詹秀春，等．矿物表征自动定量分析系统（AMICS）技术在稀土稀有矿物鉴定中的应用［J］．岩矿测试，2018，37（2）：121-129.

［66］卢亚敏，苏克凡，付帆飞，等．X 射线 CT 扫描与三维重建技术在南海北部岩心 Core 01 中的应用及沉积环境初探［J］．海洋地质与第四纪地质，2021，41（4）：215-221.

［67］李伯平，郭冬发，李黎．三维 X-CT 成像技术在岩石矿物中的应用［J］．世界核地质科学，2020，37（4）：296-315.

［68］Nurdan Akhan Baykan，Nihat Yilmaz．Mineral identification using color spaces and artificial neural networks［J］．Computers & Geosciences，2010，36（1）：91-97.

［69］Veerendra Singh，S. Mohan Rao．Application of image processing and radial basis neural network techniques for ore sorting and ore classification［J］．Minerals Engineering，2005，18（15）：1412-1420.

［70］R BERRY，S G WALTERS，C MCMAHON．Automated Mineral Identification by Optical Microscopy［C］// Ninth International Congress for Applied Mineralogy：Australasian Institute of Mining and Metallurgy，2008：91-94.

［71］E Donskoi，S Hapugoda，L Lu，et al. Advances in Optical Image Analysis of Iron Ore Sinter［J］．Iron Ore Conference，2015，11（6）：562.

［72］Lanigan D J，McLean P A，Murphy D M，et al. Image analysis in the determination of ploidy and prognosis in renal cell carcinoma［J］．European urology，1992，22（3）：34-228.

［73］Sutherland D N，Gottlieb P. Application of automated quantitative mineralogy in mineral processing［J］．Minerals Engineering，1991，4（7-11）：753-762.

［74］Duncan M. Smythe，Annegret Lombard，Louis L. Coetzee．Rare Earth Element deportment studies utilising QEMSCAN technology［J］．Minerals Engineering，2013：52-61.

［75］Zhou J，Gu Y. Geometallurgical characterization and automated mineralogy of gold ores，Gold Ore Processing，2016：95-111.

［76］A R BUTCHER，T A HELMS，P GOTTLIEB．Advances in the Quantification of Gold Deportment by QemSCAN［C］//Seventh Mill Operators' Conference，Western Australia，October 12-14，2000，2000：267-271.

［77］Gu Y. Automated scanning electron microscope based mineral liberation analysis［J］．Journal of Minerals and Materials Characterization and Engineering, 2003 (1): 33-41.

[78] Ying Gu, Robert P. Schouwstra, Chris Rule. The value of automated mineralogy [J]. Minerals Engineering, 2014, 58: 100-103.

[79] Tomáš Hrstka, Paul Gottlieb, Roman Skála, et al. Automated mineralogy and petrology-applications of TESCAN Integrated Mineral Analyzer (TIMA) [J]. Journalof Geosciences, 2018, 63 (1): 44-63.

[80] L E Howard, P Elangovan, S C Dominy, et al. Characterisation of Gold Ores by X-Ray Computed Tomography-Part 1: Software for Calibration and Quantification of Mineralogical Phases [C] // The First Ausimm International Geometallurgy Conference, 2011: 321-330.

[81] S C Dominy, I M Platten, I E Howard, et al. Characterisation of Gold Ores by X-Ray Computed Tomography-Part 2: Applications to the Determination of Gold Particle Size and Distribution [C] // The First Ausimm International Geometallurgy Conference, 2011: 293-309.

[82] C. L. EVANS, E. M. WIGHTMAN, X. YUAN. CHARACTERISING ORE MICRO-TEXTURE USING X-RAY MICRO-TOMOGRAPHY [C]//Proceedings 2012: Canadian Institute of Mining, Metallurgy and Petroleum, 2012: 409-417.

[83] V. Cnudde, M. N. Boone. High-resolution X-ray computed tomography in geosciences: A review of the current technology and applications [J]. Earth-Science Reviews, 2013, 123: 1-17.

[84] C. L. Evans, E. M. Wightman, X. Yuan. Quantifying mineral grain size distributions for process modelling using X-ray micro-tomography [J]. Minerals Engineering, 2015: 78-83.

[85] J D Miller, C L Lin. X-ray tomography for mineral processing technology-3D particle characterization from mine to mill [J]. Minerals & Metallurgical Processing, 2018, 35 (1): 1-12.

[86] J. D. Miller, C. L. Lin. Three-dimensional analysis of particulates in mineral processing systems by cone beam X-ray microtomography [J]. Minerals & Metallurgical Processing, 2004, 21 (3): 113-124.

[87] Van Dalen G, Koster M. 2D and 3D particle size analysis of micro-CT images [C]//Presented to Bruker-micro-CT User Meeting, 2012: 157-171.

[88] Y. Wang, C. L. Lin, J. D. Miller. Quantitative analysis of exposed grain surface area for multiphase particles using X-ray microtomography [J]. Powder Technology, 2017, 308: 368-377.

[89] J. Richard Kyle, Richard A. Ketcham. Application of high resolution X-ray computed tomography to mineral deposit origin, evaluation, and processing [J]. Ore Geology Reviews, 2015, 65: 821-839.

[90] Stephan G. Le Roux, Anton Du Plessis, Abraham Rozendaal. The quantitative analysis of tungsten ore using X-ray micro-CT: Case study [J]. Computers and Geosciences, 2015, 85: 75-80.